PEDRO ODON

RACIOCÍNIO LÓGICO E MATEMÁTICA BÁSICA PARA CONCURSOS

PEDRO ODON

RACIOCÍNIO LÓGICO E MATEMÁTICA BÁSICA PARA CONCURSOS

EDITORA CIÊNCIA MODERNA

Editor: Paulo André P. Marques
Produção Editorial: Dilene Sandes Pessanha
Capa: Daniel Jara
Diagramação: Daniel Jara
Copidesque: Equipe Ciência Moderna

FICHA CATALOGRAFICA

ODON, Pedro Ivo.

Raciocínio Lógico e Matemática Básica para Concursos

Rio de Janeiro: Editora Ciência Moderna Ltda., 2018.

1. Matemática
I — Título

ISBN: 978-85-399-0926-1 CDD 510

Editora Ciência Moderna Ltda.
R. Alice Figueiredo, 46 – Riachuelo
Rio de Janeiro, RJ – Brasil CEP: 20.950-150
Tel: (21) 2201-6662/ Fax: (21) 2201-6896
E-MAIL: LCM@LCM.COM.BR
WWW.LCM.COM.BR

02/18

SUMÁRIO

Capítulo 1

Fundamentos da Teoria dos Conjuntos

1.1 Conjuntos

Um conjunto é formado de objetos que são seus **elementos**. Quando um elemento x pertence a um conjunto A, diz-se que x **pertence a** A e escreve-se

$$x \in A.$$

Se, porém, x não é um elemento do conjunto A, diz-se que x **não pertence a** A e escreve-se

$$x \notin A.$$

O sinal $\in$ representa uma **relação de pertinência** entre conjunto e elemento. Um conjunto A fica **definido** quando se dá uma regra que permite decidir se um elemento arbitrário x pertence ou não a A.

Usa-se a notação

$$A = \{a, b, c, \ldots\}$$

para representar o conjunto A de elementos a, b, c, etc. Ou seja, $a \in A$, $b \in A$ e $c \in A$. Abreviadamente, escreve-se $a, b, c \in A$.

Note que a reticência implica que o conjunto possui infinitos elementos. O conjunto $\{a, b, c\}$, por exemplo, possui somente 3 elementos. Um conjunto de um só elemento é dado por $\{a\}$.

O conjunto dos **números naturais** $0,1,2,3, \ldots$ é representado pelo símbolo $\mathbb{N}$. Assim,

$$\mathbb{N} = \{0,1,2,3,4,5,6, \ldots\}.$$ [1]

O conjunto dos **números inteiros** (positivos, negativos e zero) é indicado pelo símbolo $\mathbb{Z}$. Assim,

$$\mathbb{Z} = \{\ldots, -5, -4, -3, -2, -1,0,1,2, \ldots\}.$$ [2]

Observe que a reticência em $\mathbb{N}$ implica que o conjunto tem limite inferior 0, mas é **ilimitado superiormente**. Analogamente em $\mathbb{Z}$, a reticência a esquerda implica que o conjunto é **ilimitado inferiormente** enquanto a reticência a direita implica que o conjunto é ilimitado superiormente.

O conjunto $\mathbb{Q}$ dos **números racionais** é formado pelas frações $\frac{p}{q}$ onde p e q pertencem a $\mathbb{Z}$ e $q \neq 0$.

---

[1] IESES/CRA-SC/Advogado/2013/Questão 63

[2] UFMT /COPEL/Profissional de Nível Médio/Matemática/2013/Questão 63

Em notação, tem-se

$$\mathbb{Q} = \left\{ \frac{p}{q} \mid p \in \mathbb{Z}, q \in \mathbb{Z} \text{ e } q \neq 0 \right\}.$$

Aqui, $\mathbb{Q}$ consiste de todos os elementos $\frac{p}{q}$ que satisfazem as **propriedades** impostas após a barra vertical |. Lê-se: "$\mathbb{Q}$ é o conjunto das frações $\frac{p}{q}$ tais que p pertence a $\mathbb{Z}$, q pertence a $\mathbb{Z}$ e q é diferente de zero".

De uma forma geral, a barra vertical define uma propriedade comum e exclusiva dos elementos de seu conjunto. Escreve-se

$$A = \{x \mid x \text{ goza de uma propriedade}\}.$$

Usa-se também a notação $A = \{x: x \textit{ goza de uma propriedade}\}$ com dois pontos ao invés da barra vertical. Quando nenhum elemento x de A goza de uma propriedade, diz-se que A não possui elemento algum, ou seja, A é um conjunto vazio. Para representá-lo, usa-se o símbolo $\emptyset$ ou o símbolo $\{\ \}$.

Exemplo 1.1.1: Dados os conjuntos $A = \{x \mid x \text{ é vogal da palavra CARRO}\}$ e $B = \{x \mid x \text{ é letra da palavra CAMINHO}\}$, é correto afirmar que $A \cap B$ tem 2 elementos.[3]

Explicitamente, temos que os elementos do conjunto A são as vogais da palavra carro, isto é, $A = \{A, O\}$. Analogamente, os elementos do conjunto B são todas as letras da palavra caminho, ou seja, $B = \{C, A, M, I, N, H, O\}$. Conclui-se, portanto, que $A \cap B = \{A, O\} \cap \{C, A, M, I, N, H, O\} = \{A, O\}$. Logo, o conjunto $A \cap B$ possui somente 2 elementos.

1.2 Subconjuntos

Dados os conjunto A e B, diz-se que A é subconjunto de B quando todo elemento de A é também elemento de B.

Usa-se a notação

$$A \subset B.$$

[3] CETRO - 2012 – (TJ-RS - Oficial de Transportes)/Questão 76

A relação $A \subset B$ é chamada de **relação de inclusão**. Lê-se: "A está incluído em B", ou "A está contido em B".

É importante perceber que o conjunto numérico $\mathbb{N}$, $\mathbb{Z}$ e $\mathbb{Q}$ cumpre as relações de inclusão $\mathbb{N} \subset \mathbb{Z}$ e $\mathbb{Z} \subset \mathbb{Q}$, onde o conjunto dos números inteiros pode ser reescrito como as frações $\{\ldots, \frac{-3}{1}, \frac{-2}{1}, \frac{-1}{1}, \frac{0}{1}, \frac{1}{1}, \frac{2}{1}, \frac{3}{1}, \ldots\}$. Abreviadamente, tem-se $\mathbb{N} \subset \mathbb{Z} \subset \mathbb{Q}$.

Observe que a relação de pertinência conecta um elemento a um conjunto enquanto a relação de inclusão conecta dois conjuntos. Por exemplo, as declarações $1 \in \mathbb{N}$ e $\{1\} \subset \mathbb{N}$ estão corretas enquanto as declarações $\{1\} \in \mathbb{N}$ e $1 \subset \mathbb{N}$ estão incorretas.

Exemplo 1.2.1. Todo número irracional é real. [4]

As relações de inclusão entre os conjuntos dos naturais ($\mathbb{N}$), inteiros ($\mathbb{Z}$), racionais ($\mathbb{Q}$) e reais ($\mathbb{R}$) são dadas por:

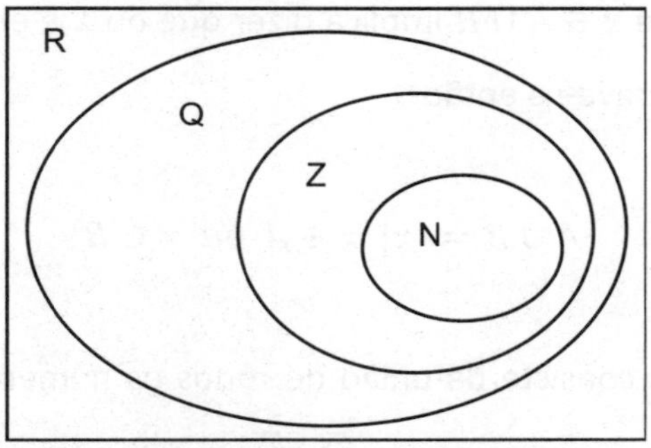

Figura 1.2: $\mathbb{N} \subset \mathbb{Z} \subset \mathbb{Q} \subset \mathbb{R}$

Exemplo 1.2.2. Em relação aos conjuntos: A={1, 2}, B={1, 2, 3} e C={1, 2, 3, 4}, segue que $A \subset B \subset C$. [5]

As relações de inclusão entre os conjuntos A, B e C são dadas por $A \subset B \subset C$. Lê-se: "A está incluído em B", e "B está incluído em C". Explicitamente, temos $\{1,2\} \subset \{1,2,3\} \subset \{1,2,3,4\}$.

Exemplo 1.2.3. O diagrama abaixo representa a população de animais (A), de certa região, que são mamíferos (M) ou herbívoros (H). De acordo com o diagrama, há mamíferos que são herbívoros. [6]

---

[4] CONSULPLAN/Pref. de Guaxupé-MG/Fiscal de Tributos/2010/Questão 16

[5] AOCP/BRDE/Assistente Administrativo/2012

[6] ESPP/BANPARÁ /Técnico Bancário/2012/Questão 61

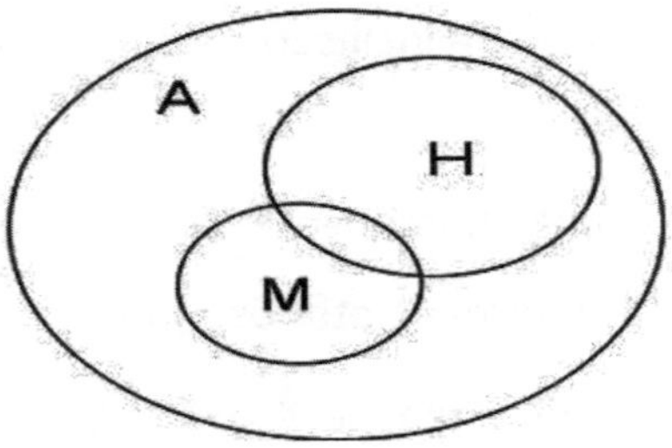

Pelo diagrama de Venn temos que $M \subset A$ e $H \subset A$. Interpreta-se $M \subset A$ da seguinte forma: "todos os mamíferos desta região são animais". Da mesma forma, para $H \subset A$ lê-se: "todos os herbívoros da região são animais". Já $H \cap M$ implica que "há mamíferos que são herbívoros".

1.3 União e Intersecção de Conjuntos

A **reunião** dos conjuntos A e B é o conjunto $A \cup B$, formado pelos elementos de A mais os elementos de B. Mais especificamente, afirmar que $x \in A \cup B$ implica dizer que ou x é elemento de A, ou x é elemento de B, ou x é elemento de ambos. Escreve-se então

$$A \cup B = \{x |\ x \in A\ \ ou\ \ x \in B\}.$$

O conjunto $\mathbb{R}$ dos **números reais** consiste da união de todos os números racionais e irracionais, ou seja, $\mathbb{R} = \mathbb{Q} \cup \{irracionais\}$. Note que números como $\sqrt{2}$, $\sqrt{3}$ e π por exemplo, não satisfazem as propriedades de $\mathbb{Q}$. Estes são chamados de **números irracionais.** [7]

Exemplo 1.3.1. *A soma entre dois números irracionais nem sempre é um número irracional.* [8]
Em uma primeira análise, a soma entre dois números irracionais aparenta ser sempre um número irracional. Um caso simples seria $\sqrt{2}+\pi$. Porém, uma análise mais profunda leva a conclusão que a soma de dois números irracionais pode levar a um número inteiro; por exemplo, $(\pi-1)+\pi=-1 \in \mathbb{Z}$.

A **interseção** dos conjuntos A e B é o conjunto $A \cap B$, formado pelos elementos comuns a A e B. Mais especificamente, afirmar que $x \in A \cap B$ implica dizer que x é ao mesmo tempo elemento de A e elemento

[7] AOCP/BRDE/Assistente Administrativo/2012
IESES /CRA-SC – Advogado /2013/Questão 63
CONSULPLAN/Pref. de Guaxupé-MG/Fiscal de Tributos/2010/Questão 16

[8] ESPP/COBRA/Tecnologia S-A (BB)/Analista Administrativo /Questão 249

de B. Pode-se escrever então

$$A \cap B = \{x|\ x \in A\ e\ x \in B\}.$$

A união e a interseção entre os conjuntos A e B pode ser visualizada através dos **diagramas de Venn**:

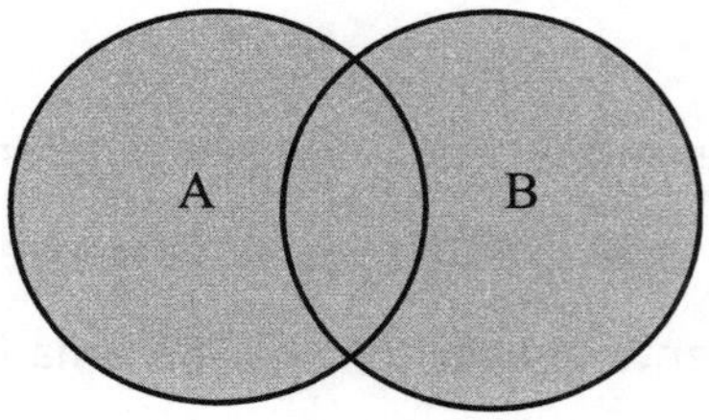

Figura 1.3: $A \cup B$

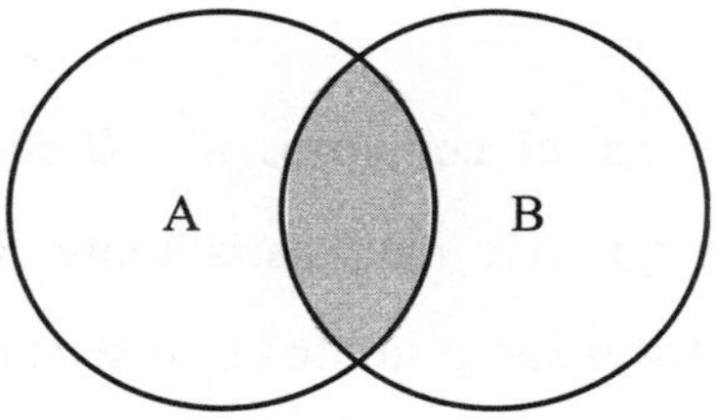

Figura 1.4: $A \cap B$

Nas figuras 1.3 e 1.4, acima, os conjuntos A e B são representados por discos e a união e a interseção são as partes hachuradas. Note que quaisquer que sejam os conjuntos A e B, tem-se que $A \subset A \cup B$, $B \subset A \cup B$, $A \cap B \subset A$ e $A \cap B \subset B$.

Pode ocorrer de não existir elemento algum comum a ambos os conjuntos A e B. Neste caso, tem-se $A \cap B = \emptyset$ e os conjuntos A e B dizem-se **disjuntos**.[9]

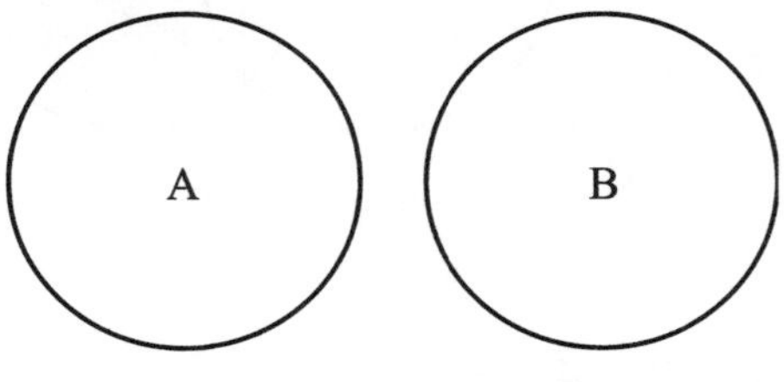

Figura 1.5: $A \cap B = \emptyset$

Observe que nenhuma região no diagrama é hachurada já que a interseção é o conjunto vazio.

Além das operações de união e interseção entre conjuntos, define-se também a operação de **diferença**: a diferença $A - B$, escrita nesta ordem, entre os conjuntos A e B é o conjunto formado pelos elementos de A que não pertencem a B, isto é,

$$A - B = \{x|\ x \in A\ e\ x \notin B\}.$$

[9] AOCP/BRDE/Assistente Administrativo/2012

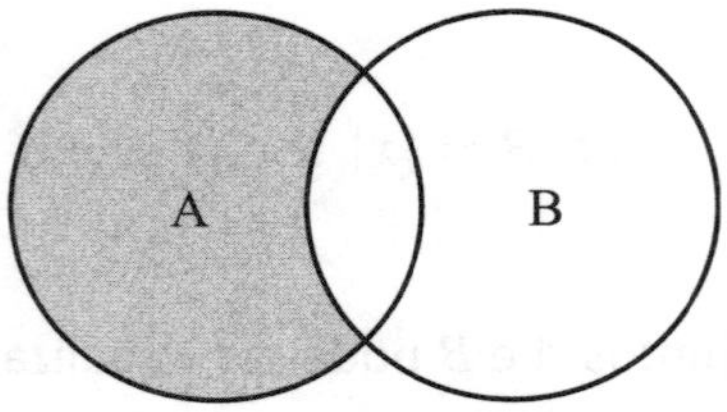

Figura 1.6: A−B

Na figura 1.6 acima, os conjuntos A e B são representados por discos e a diferença $A - B$ é a parte hachurada. Note que não necessariamente B deve estar contido em A para que a diferença $A - B$ se forme. Quando A e B são disjuntos tem-se simplesmente que $A - B = A$. De uma forma geral, escreve-se $A - B = A - A \cap B$.[10]

Já a diferença $B - A$ entre os conjuntos A e B é o conjunto formado pelos elementos de B que não pertencem a A:

$$B - A = \{x | \ x \in B \ e \ x \notin A\}.$$

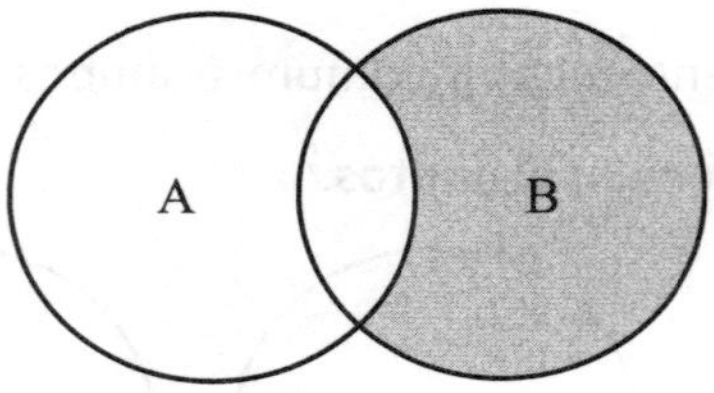

Figura 1.7: B−A

Analogamente, escreve-se $B - A = B - A \cap B$.

Quando tem-se o **conjunto universal** U, a diferenca $A - B$ chama-se o **complementar** de A com relação a U e escreve-se $\overline{A} = U - A$ ou $A^C = U - A$. Analogamente, chama-se a diferença $B - A$ o complementar de B com relação a U e escreve-se $\overline{B} = U - B$ ou $B^C = U - B$.

[10] CESGRANRIO/Chesf/ Profissional de Nível Superior/Administração/2012/Questão 172
CESGRANRIO/Chesf/ Profissional de Nível Superior/Analista de Sistemas/2012

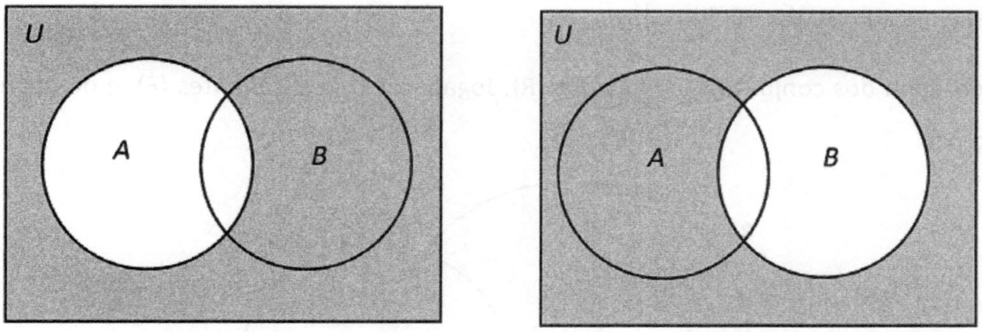

Figura 1.8: $\overline{A} = U - A$ e $\overline{B} = U - B$

De uma forma geral, no diagrama de Venn os conjuntos são representados por discos e as operações em questão são dadas pela parte hachurada.

Exemplo 1.3.2. 1 A intersecção entre o conjunto A = {0, 1, 2, 3, 4} e o conjunto B = {4, 5, 6, 7} é {4}.[11]
Explicitamente, obtemos $A \cap B = \{0,1,2,3,4\} \cap \{4,5,6,7\} = \{4\}$.

Exemplo 1.3.3. 2 *Considerando os conjuntos*

$$A_1 = \{1,2,3,4,5\},$$
$$A_2 = \{1,2,3,4,5,6,7,8,9,10\} \; e$$
$$A_3 = \{5,10\},$$

segue que $A_1 \cap A_3 = \{5\} \subset A_2$.[12]
Explicitamente, obtemos $A_1 \cap A_3 = \{1,2,3,4,5\} \cap \{,5,10\} = \{5\} \subset A_2$.

Exemplo 1.3.4.

Todos os jogadores são rápidos.

Jorge é rápido.

Jorge é estudante.

Nenhum jogador é estudante.
Supondo as frases verdadeiras pode-se afirmar que Jorge não pertence à intersecção entre os conjuntos

[11] IESES/CRA-SC/Agente Administrativo/2013
[12] CESPE/PETROBRAS/Nível Médio/2008/Questão 34

dos jogadores e o conjunto dos rápidos. [13]

O diagrama de Venn dos conjuntos dos Rápidos (R), Jogadores (J) e Estudantes (E), e do elemento Jorge é representado por:

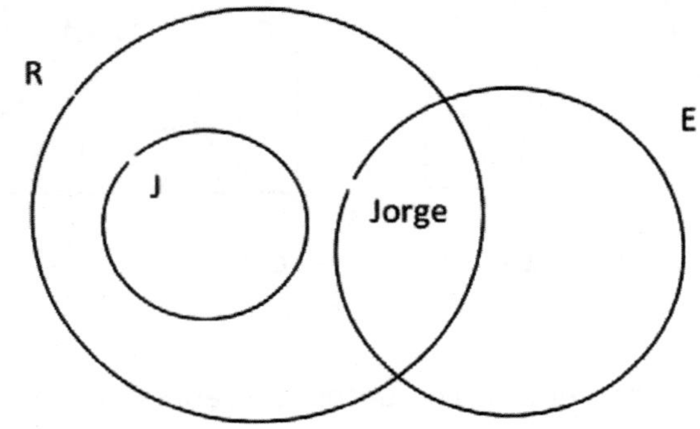

Figura 1.2: Diagrama de Venn dos conjuntos R, J e E

Reavaliando as quatro frases verdadeiras sob a notação de conjuntos, temos que "todos os jogadores são rápidos" é representado matematicamente por $J \subset R$. Da mesma forma, temos que "Jorge é rápido" é dado por $Jorge \in R$; "Jorge é estudante" é dado por $Jorge \in E$. E, finalmente, "Nenhum jogador é estudante" é escrito como $J \cap E = \varnothing$.

Além das frases dadas, observa-se também que $Jorge \notin J$, ou seja, "Jorge não é jogador". E, $Jorge \in R \cap E$. Lê-se: "Jorge pertence à intersecção entre o conjunto dos rápidos e o conjunto dos estudantes" ou, de forma coloquial, "Jorge é estudante e é rápido". Assim, conclui-se que Jorge não pertence à intersecção entre os conjuntos dos jogadores e o conjunto dos rápidos.

Exemplo 1.3.5. Em relação às pessoas presentes em uma festa, foi feito o diagrama abaixo, no qual temos:

P: conjunto das pessoas presentes nessa festa;

M: conjunto dos presentes nessa festa que são do sexo masculino;

C: conjunto das crianças presentes nessa festa.

[13] FCC/TCE-SP/Agente de Fiscalização Financeira - Administração/Raciocínio Lógico/2012/Questão 4

O diagrama em que o conjunto dos presentes na festa, que são do sexo feminino, está representado em cinza: [14]

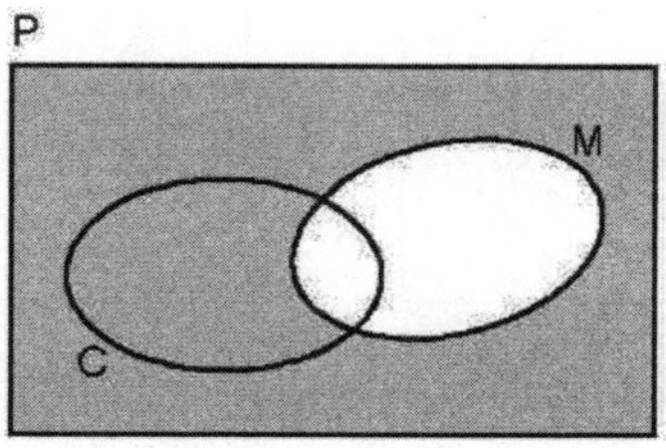

Figura 1.9: $P - M$

O diagrama de Venn representa o conjunto de todas as pessoas presentes na festa, sejam elas do sexo masculino ou feminino, adultos ou crianças. Este conjunto P é o conjunto universal.

Da mesma forma, M representa o conjunto de pessoas do sexo masculino presentes na festa, sejam elas adultos ou crianças. Isto implica que o conjunto dos presentes na festa que são do sexo feminino é dado pelo conjunto dos presentes na festa com exceção de todos os adultos e crianças do sexo masculino, ou seja, $P - M$, como hachurado na figura acima. Neste caso, a diferença $P - M$ é o complementar de M em relação a P e escreve-se $\overline{M} = P - M$.

Concluímos, portanto, que a parte hachurada representa o conjunto dos presentes na festa que são do sexo feminino.

Exemplo 1.3.6. Sejam P, Q e R conjuntos não vazios quaisquer para os quais são verdadeiras as seguintes premissas: $P \cap Q = \varnothing$ e $Q \subset R$. Se a notação $\overline{X}$ indica o complementar do conjunto X, então tem-se que $R \cap \overline{P} \neq \varnothing$.[15]

Representando as premissas acima num diagrama de Venn, obtemos as duas seguintes possibilidades:

[14] Secretaria da Administração BA/Agente Penitenciário/FCC/Nível Superior/2010/Questão 15

[15] CESGRANRIO – Chesf/ Profissional de Nível Superior - Administração /2012/Questão 173

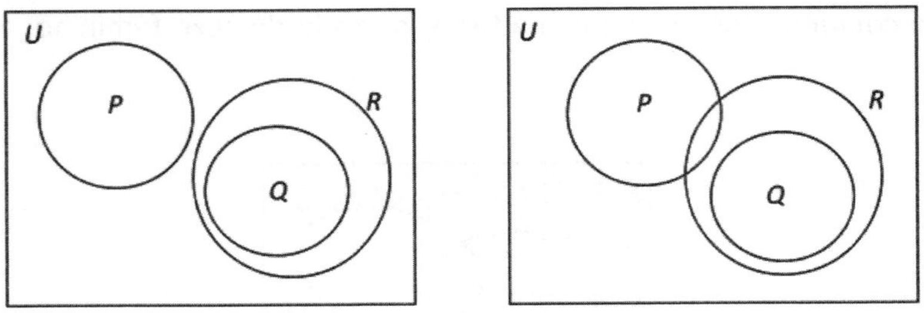

Figura 1.10: Diagrama de Venn dos conjuntos P, Q e R para $P \cap Q = \varnothing$ e $Q \subset R$

Observe que os conjuntos P e Q são disjuntos em ambos os diagramas e $\overline{P} = U - P$, onde U é o conjunto universal. Isto implica que em ambos os casos temos que $R \cap \overline{P} \neq \varnothing$. Note que para $R = Q$ ainda segue que $Q \subset R$, já que todo elemento de Q continua sendo elemento de R. Para este caso específico teríamos $R \cap \overline{Q} = \varnothing$.

Exemplo 1.3.7. Considere um espaço amostral Ω, e os eventos A e B, definidos em Ω, tal que $A \subset B$. Nessas condições, $B^C \subset A^C$.[16]

Nos diagramas de Venn temos o conjunto universal Ω e os conjuntos A e B tal que $A \subset B$:

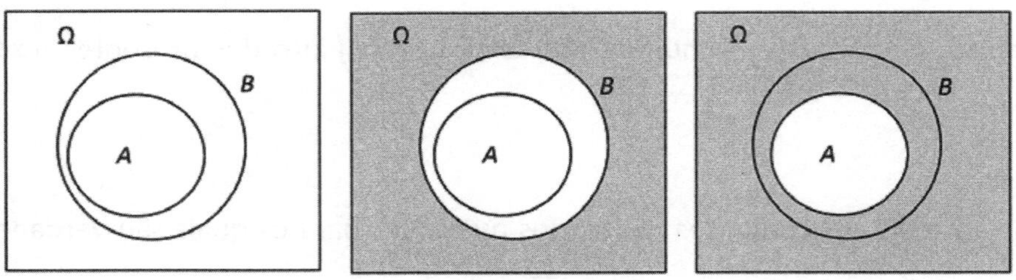

Figura 1.11: Diagrama de Venn dos conjuntos Ω, A e B, de B^C e de A^C

A parte hachurada no segundo diagrama de Venn representa $B^C = \Omega - B$. Analogamente, a parte hachurada no terceiro diagrama de Venn representa $A^C = \Omega - A$. Concluímos que $B^C \subset A^C$.

Exemplo 1.3.8. Considere o diagrama a seguir, em que U é o conjunto de todos os professores universitários que só lecionam em faculdades da cidade X, A é o conjunto de todos os professores que

[16] AOCP/BRDE/Analista de Sistemas-Desenvolvimento de Sistemas/Prova TIPO 4/Raciocínio-Lógico/2012/Questão 29

lecionam na faculdade A, B é o conjunto de todos os professores que lecionam na faculdade B e M é o conjunto de todos os médicos que trabalham na cidade X.

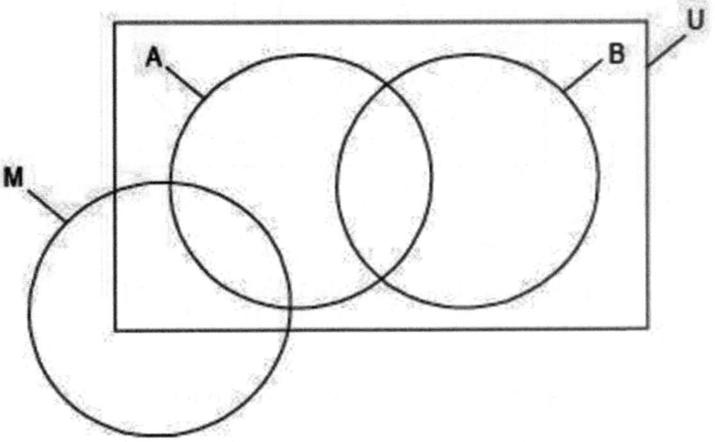

Em todas as regiões do diagrama, é correto representar pelo menos um habitante da cidade X. A respeito do diagrama, foram feitas quatro afirmações:

I. Todos os médicos que trabalham na cidade X e são professores universitários lecionam na faculdade A

II. Todo professor que leciona na faculdade A e não leciona na faculdade B é médico.

III. Nenhum professor universitário que só lecione em faculdades da cidade X, mas não lecione nem na faculdade A e nem na faculdade B, é médico.

IV. Algum professor universitário que trabalha na cidade X leciona, simultaneamente, nas faculdades A e B, mas não é médico.

Está correto o que se afirma APENAS em IV.[17]

Analisando cada afirmação separadamente, temos:

I. A afirmação "Todos os médicos que trabalham na cidade X e são professores universitários" é dada por $M \cap U$. Pelo diagrama de Venn observamos que nem todos os médicos que trabalham na cidade X e são professores universitários lecionam na faculdade A.

[17] FCC/SEFAZ-SP/Agente Fiscal de Rendas/Prova 1/2009

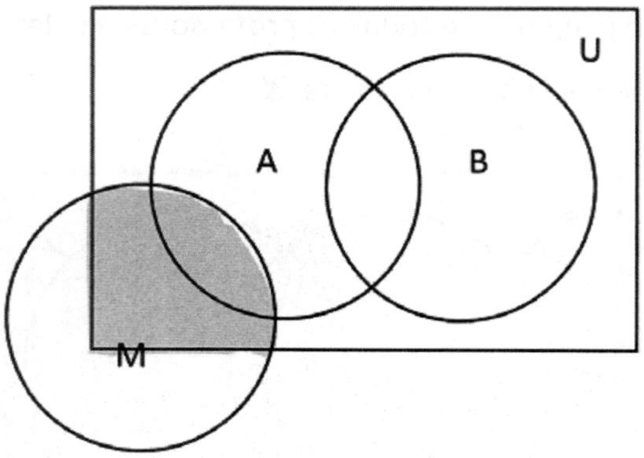

Figura 1.12: Diagrama de Venn de $M \cap U$

II. A afirmação "Todo professor que leciona na faculdade A e não leciona na faculdade B" é representada matematicamente por $A-B$. Note que $A-B$ não está contido em M, ou seja, nem todo professor que leciona na faculdade A e não leciona na faculdade B é médico. Portanto a afirmação I é falsa.

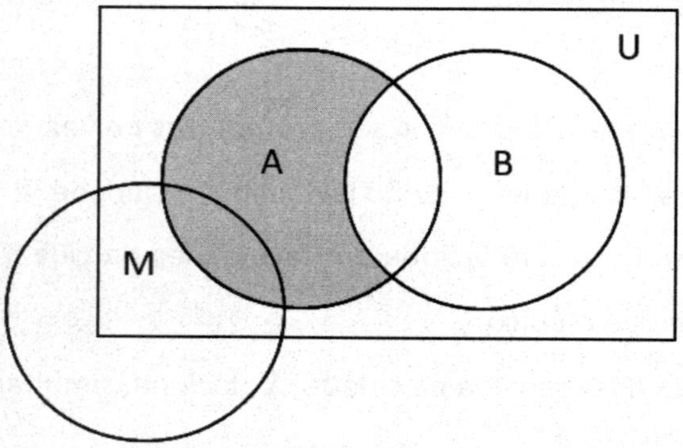

Figura 1.13: Diagrama de Venn de $A-B$

III. A afirmação "Nenhum professor universitário que só lecione em faculdades da cidade X, mas não lecione nem na faculdade A e nem na faculdade B" é dada por $U-A\cap B$. Observe que $(U-A\cap B)\cap M \neq \varnothing$. Isto implica que alguns professores universitários que só lecionem em faculdades da cidade X, mas não lecionem nem na faculdade A e nem na faculdade B, são médicos. Portanto a afirmação II é falsa.

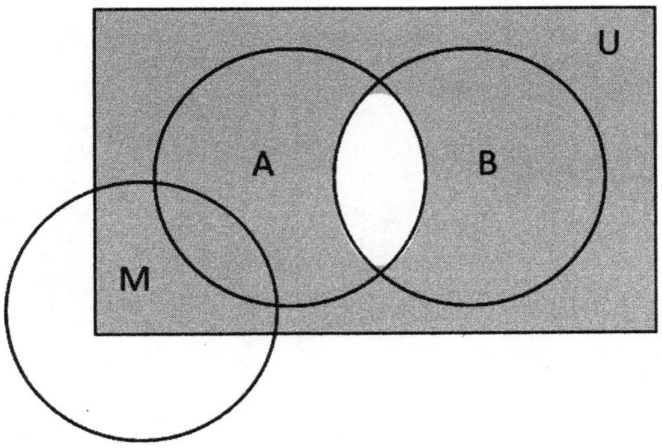

Figura 1.14: Diagrama de Venn de $U - A \cap B$

IV. A afirmação "Algum professor universitário que trabalha na cidade X leciona, simultaneamente, nas faculdades A e B" é representada matematicamente por $A \cap B$. Observe que $A \cap B$ não está contido em M. Ou seja, existem professores universitários que trabalham na cidade X e lecionam, simultaneamente, nas faculdades A e B, que não são médicos. Portanto, a afirmação IV é verdadeira.

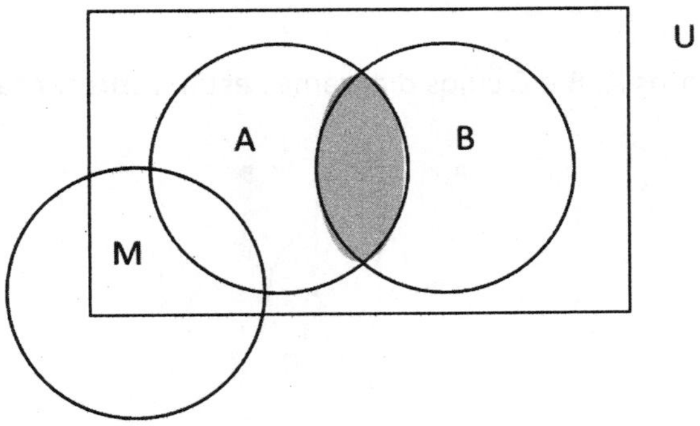

Figura 1.15: Diagrama de Venn de $A \cap B$

1.4 Exercícios Propostos

Exercício 1.4.1. Observe o diagrama a seguir:

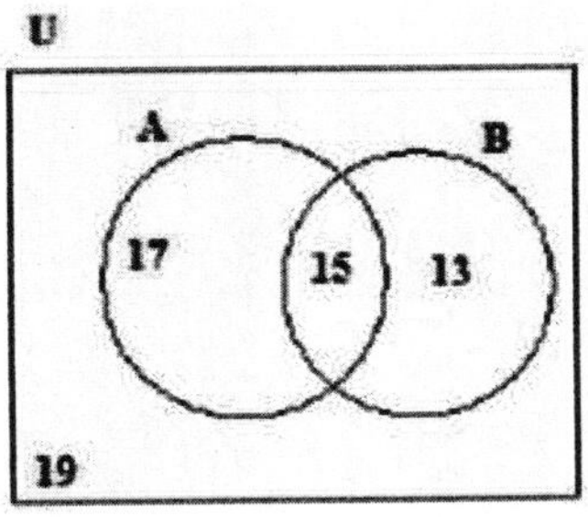

Marque a alternativa correta: [18]

a) $n_{A-B} < n_{B-A}$
b) $n_U = n_A + n_B + n_{A\cap B}$
c) $n_{A\cap B} > n_{A\cup B}$
d) $n_{A\cap B} > n_{B-A}$
e) $n_U = n_A + n_B$

Exercício 1.4.2. Sendo $M = \{\{a\},\{b\},\{b\},\{a,b\},\{a,c\},\{b,c\},\{a,b,c\}\}$, é correto afirmar que: [19]

a) $c \in M$
b) $\{a,b\} \supset M$
c) $M \subset \{a,b,c\}$
d) $\{a,b,c\} \in M$
e) $\{\{a,b\}\} \supset M$

Exercício 1.4.3. Sejam os conjuntos A, B e C cujos diagramas estão representados a seguir:

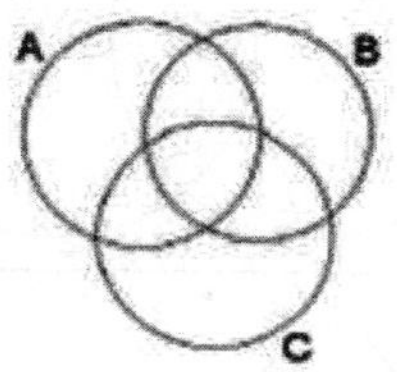

Qual das representações gráficas indica o conjunto $(A \cup C) \cap (B - A)$? [20]

a) 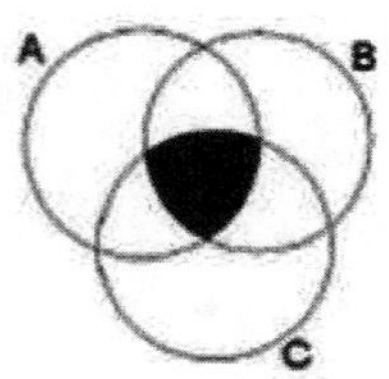

b) 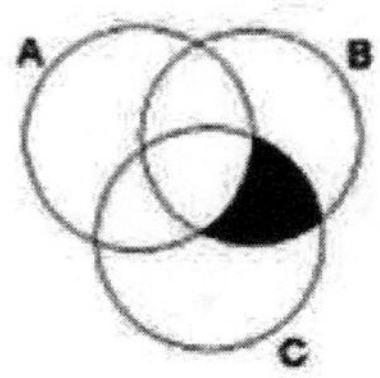

---

[18] CONSULPLAN/Pref. de Guaxupé-MG/Fiscal de Tributos/2010/Questão 11
[19] CONSULPLAN/Pref. de Guaxupé-MG/Agente de Administração/2010/Questão 18
[20] CONSULPLAN/Pref. de Guaxupé-MG/Advogado/2010/Questão 12

c) 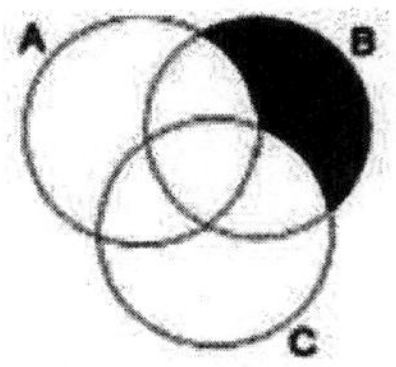

d) 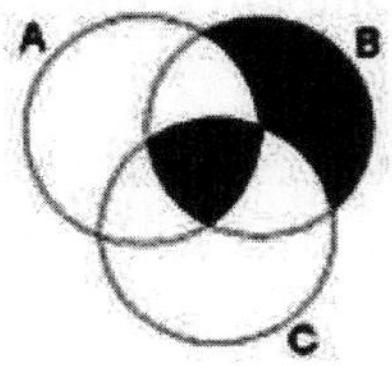

e) 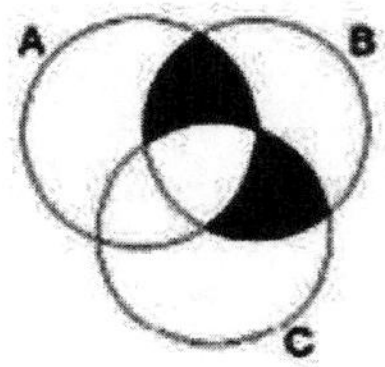

Exercício 1.4.4. Numa empresa, 75% dos funcionários possuem telefone celular e 50% possuem telefone fixo. Qual a porcentagem de funcionários dessa empresa que possuem telefone celular e fixo, considerando que 5% de todos os funcionários **NÃO** possuem telefone celular nem telefone fixo? [21]

a) 30%

b) 25%

c) 35%

d) 15%

e) 40%

Exercício 1.4.5. Sejam P, Q e R conjuntos não vazios quaisquer para os quais são verdadeiras as seguintes premissas:

premissa 1: $P \cap Q = \varnothing$

premissa 2: $Q \subset R$

Se a notação X indica o complementar do conjunto X, então tem-se que: [22]

a) $R \subset P$

b) $R \cap Q \neq \varnothing$

c) $R \cap P \neq \varnothing$

[21] CONSULPLAN/Pref. de Guaxupé-MG/Agente de Administração/2010/Questão 14

[22] CESGRANRIO/Chesf - Profissional de Nível Superior/Analista de Sistemas/2012

d) $Q \cap P = \varnothing$

e) $P \cap R \neq \varnothing$

Exercício 1.4.6. Dois conjuntos B e C são subconjuntos de um conjunto A, porém A também é subconjunto de B e contém os elementos de C. Desse modo, pode-se afirmar que: [23]

a) $A = B$ e $C \subset B$

b) $A \supset B$ e $C \supset B$

c) $A \in B$ e $C \supset B$

d) $A \in B$ e $C = B$

e) $A = B$ e $B = C$

Exercício 1.4.7. Numa certa comunidade, 35% de seus habitantes são leitores do jornal M; 40% são leitores do jornal N; 30% são leitores do jornal P; 25% leem os jornais M e N; 15% leem os jornais M e P; 20% leem os jornais N e P; e 10% leem os três jornais.

Se o contingente de habitantes dessa comunidade que não leem nenhum dos três jornais está entre 270 e 360, então o contingente de leitores exclusivos do jornal M se situa entre: [24]

a) 30 e 50

b) 20 e 40

c) 30 e 40

d) 200 e 300

e) 210 e 280

Exercício 1.4.8. Em um grupo de 120 empresas, 57 estão situadas na Região Nordeste, 48 são empresas familiares, 44 são empresas exportadoras e 19 não se enquadram em nenhuma das classificações acima. Das empresas do Nordeste, 19 são familiares e 20 são exportadoras. Das empresas familiares, 21 são exportadoras. O número de empresas do Nordeste que são ao mesmo tempo familiares e exportadoras é: [25]

---

[23] CEPERJ/DEGASE/Técnico de Suporte e Comunicação - TI/2012

[24] CESGRANRIO/Petrobrás/Administrador Júnior/2012

[25] ESAF/CGU/Analista de Finanças e Controle/prova 1/2012

a) 21

b) 14

c) 16

d) 19

e) 12

Exercício 1.4.9. O diagrama mostra a distribuição dos amigos de Leônidas, dos amigos do Friaça e dos amigos do Almir. São 3 os amigos apenas do Almir. São 6 os amigos do Almir que também são amigos do Friaça. Amigos apenas do Friaça são 3 a mais que todos os amigos do Almir. Amigos do Friaça e do Leônidas são o dobro daqueles que só são amigos do Friaça. Amigos apenas do Leônidas são a metade dos amigos que são apenas amigos do Friaça. Veja a figura.

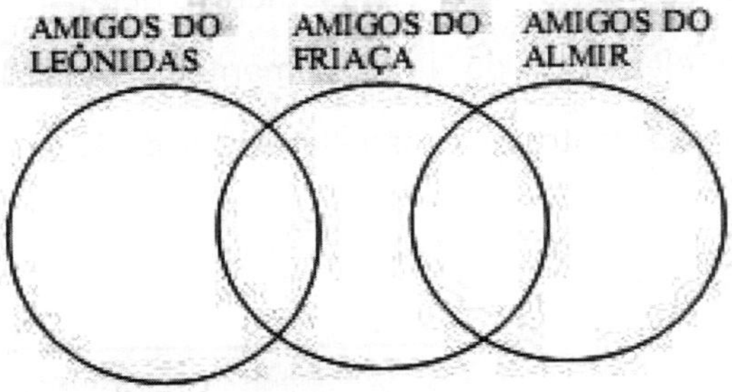

Com base nessas informações, pode-se afirmar corretamente que: [26]

a) Leônidas é o que tem mais amigos.

b) os amigos que Friaça tem a mais do que Leônidas são 6.

c) a quantidade total desses amigos é de 81.

d) a quantidade de amigos apenas do Leônidas é o dobro da quantidade de amigos apenas do Almir.

e) a quantidade de todos os amigos do Almir somada com a quantidade de todos os amigos do Leônidas equivale exatamente à metade de todos os amigos do Friaça.

[26] VUNESP/FUNDUNESP/Analista Programador Júnior/2013

Exercício 1.4.10. Considere que cada região do diagrama possua elementos.

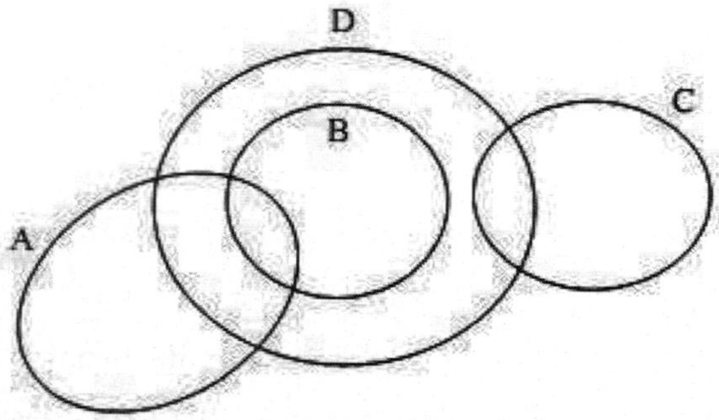

A partir dessa representação, pode-se concluir corretamente que: [27]

a) todo elemento de A, que é elemento de D, é também elemento de B.

b) os elementos de B, que não são elementos de A, são elementos de D.

c) os elementos de C, que não são elementos de D, são elementos de A.

d) os elementos de D, que não são elementos de B, são elementos de A ou de C.

e) os elementos de B, que não são elementos de C, são elementos de A.

Exercício 1.4.11.

	quantidade de servidores		
faixa etária (anos)	telefonia	protocolo	reprografia
≥ 18 e < 30	2	1	2
≥ 30 e < 45	1	2	1
≥ 45 e < 65	1	3	2

A tabela acima mostra o quadro de servidores dos setores de telefonia, reprografia e protocolo de uma repartição pública, por faixa etária, em anos. Sabe-se que sempre que um dos servidores da telefonia não estiver trabalhando em sua função, um dos servidores do protocolo o substituirá; sempre que um dos servidores do protocolo não estiver trabalhando em sua função, um dos servidores da reprografia o substituirá; e não há previsão para substituição de servidores da reprografia.

Julgue os itens seguintes, acerca dos servidores dessa repartição.

( ) Se os conjuntos A, B e C são tais que A = {servidores dos três setores com idade maior ou igual a 45

[27] VUNESP/FUNDUNESP/Analista Programador Júnior/2013

anos}, B = {servidores do setor de protocolo} e C = {servidores do setor de telefonia}, então, se A^C representa o conjunto dos servidores dos três setores que não estão no conjunto A, o conjunto $A^C \cap (B \cup C)$ contém mais de 8 servidores.

( ) Se, em determinado dia, 3 servidores, um de cada setor mencionado, não puderem comparecer ao trabalho, então apenas 2 servidores trabalharão na reprografia nesse dia.

( )Se pelo menos 2 servidores desses 3 setores tiverem idades entre 23 e 30 anos, então a soma das idades de todos os servidores desses 3 setores será superior a 500 anos. [28]

Exercício 1.4.12. Dos 500 frequentadores de uma academia de ginástica, 100 dedicam-se à musculação, 200 à natação e 250 a outras atividades que não musculação nem natação. O número de frequentadores da academia que se dedicam simultaneamente à musculação e à natação é: [29]

a) 50

b) 100

c) 200

d) 250

e) 300

Exercício 1.4.13. Considerando que o conjunto U tenha 32 elementos, A tenha 20 elementos e B tenha 18 elementos, assinale a opção em que é apresentado o número máximo de homens que não poderiam satisfazer aos requisitos de nenhum anúncio. [30]

a) 32

b) 2

c) 6

d) 12

e) 14

Exercício 1.4.14. Uma escola oferece reforço escolar em todas as disciplinas. No mês passado, dos 100 alunos que fizeram reforço escolar nessa escola, 50 fizeram reforço em Matemática, 25 fizeram reforço em Português e 10 fizeram reforço em Matemática e Português. Então, é correto afirmar que, no mês passado,

[28] CESPE/CNJ/Técnico Judiciário/Programação de Sistemas/2013

[29] FMP-RS/MPE-AC/Analista/Tecnologia da Informação/2013

[30] CESPE/SEGER-ES/Analista Executivo/Direito/2013

desses 100 alunos, os que não fizeram reforço em Matemática e nem em Português é igual a: [31]

a) 15

b) 35

c) 20

d) 30

e) 25

Exercício 1.4.15. Em um grupo de 90 funcionários de uma repartição pública sabe-se que:

- 12 têm conhecimentos jurídicos, contábeis e de informática;

- 56 têm conhecimentos de informática;

- 49 têm conhecimentos contábeis.

Além disso, todos que têm conhecimentos jurídicos também conhecem informática, e 8 funcionários não têm conhecimento jurídico, nem de informática e nem contábil. Nas condições dadas, o número de funcionários que tem conhecimentos de informática e de contabilidade (simultaneamente), mas que não tem conhecimentos jurídicos, é igual a: [32]

a) 26

b) 25

c) 18

d) 11

e) 7

Exercício 1.4.16. Em uma pequena cidade, circulam apenas dois jornais diferentes. O jornal A e o jornal B. Uma pesquisa realizada com os moradores dessa cidade mostrou que 33% leem o jornal A, 45% leem o jornal B, e 7% leem os jornais A e B. Sendo assim, quantos por cento não leem nenhum dos dois jornais? [33]

a) 15%

b) 25%

---

[31] ESAF/DNIT/Técnico Administrativo/2013

[32] FCC/AL-PE/Analista Legislativo/2014

[33] AOCP/UFGD/Farmacêutico/2014

c) 27%

d) 29%

e) 35%

Exercício 1.4.17. Foi realizada uma pesquisa em um colégio no bairro de Boa viagem sobre a preferência musical dos alunos. Foram feitas 2 perguntas:

--- Você gosta de Música Popular Brasileira - MPB?

--- Você gosta de Música Erudita - ME?

Os resultados obtidos foram os seguintes: MPB recebeu 481 votos e ME recebeu 413 votos. Nesses montantes, incluem-se 68 votos de alunos que votaram em ambas modalidades musicais. Outros 78 votos foram de alunos que optaram por nenhuma delas. Considerando que cada aluno votou apenas uma vez, então o número de alunos consultado foi: [34]

a) 1.108

b) 1.040

c) 972

d) 938

e) 904

Exercício 1.4.18. Uma pesquisa em uma chocolateria, sobre o consumo das marcas de chocolates A, B e C, revelou que, entre 300 consumidores:

- 115 compram a marca A,
- 113 compram a marca B,
- 127 compram a marca C,
- 15 compram as três marcas,
- 23 compram as marcas A e B,
- 22 compram as marcas A e C
- 25 compram as marcas B e C.

Considerando estas informações, assinale a alternativa incorreta: [35]

a) Todos os entrevistados compram ao menos uma das marcas A, B ou C.

---

[34] PENUM/MPE-PE/Estágio/Nível Médio/2011/Questão 20

[35] PENUM/MPE-PE/Estágio/Nível Superior/2011/Questão 22

b) Duzentos e sessenta entrevistados compram exatamente uma das marcas A, B ou C.

c) Existem 173 entrevistados que compram a marca A ou a B, mas não compram a marca C.

d) Existem 35 entrevistados que compram exatamente duas das marcas.

e) Cento e quinze entrevistados compram a marca A.

Exercício 1.4.19. Uma pesquisa foi realizada com 250 alunos acerca da preferência entre Álgebra e Geometria. Constatou-se que 10 alunos gostam das duas matérias, 42 gostam de Geometria e 187 não gostam de nenhuma dessas duas matérias. [36]

a) No total, 52 alunos gostam de Álgebra e Geometria.

b) No total, 43 alunos gostam apenas de uma só dessas matérias.

c) 22 alunos gostam apenas de Geometria.

d) 21 alunos gostam apenas de Álgebra.

Exercício 1.4.20. Em certa empresa, os 1.920 funcionários trabalham distribuídos em dois turnos, diurno e noturno. Se, para cada 7 funcionários que trabalham no turno diurno, há 5 trabalhando no noturno, quantos funcionários trabalham no turno diurno? [37]

a) 720

b) 800

c) 960

d) 1.120

e) 1.200

Exercício 1.4.21. Cento e dez pessoas compareceram a uma festa de confraternização realizada por uma empresa. Nessa festa, houve partidas de vôlei e de futebol. Se 54 pessoas jogaram futebol, 38 jogaram vôlei e 44 não participaram de nenhuma das duas atividades, quantas pessoas jogaram vôlei e, também, futebol? [38]

a) 21

b) 26

c) 34

d) 36

---

[36] Prefeitura Municipal de Manaus/MOVENS/Professor/Matemática/2010/Questão 35

[37] CITEPE/Técnico de manutenção Têxtil Júnior/Nível Médio/Cesgranrio/2010/Questão 13

[38] CITEPE/Técnico de manutenção Têxtil Júnior/Nível Médio/Cesgranrio/2010/Questão 14

e) 39

Exercício 1.4.22. Em uma escola foi feita uma pesquisa em que os alunos tiveram que indicar sua disciplina preferida. Cada aluno escolheu apenas uma disciplina. Dentre os entrevistados, $\frac{1}{4}$ dos alunos escolheu Inglês como a disciplina preferida, ao passo que $\frac{1}{3}$ preferiu Matemática. Sabe-se que $\frac{3}{5}$ do restante dos alunos indicou História como a disciplina preferida. Se o número de alunos que escolheu História é 90, conclui-se que o número total de funcionários entrevistados foi: [39]

a) 180 alunos.

b) 240 alunos.

c) 300 alunos.

d) 360 alunos.

e) 420 alunos.

Exercício 1.4.23. Usando as operações com conjuntos, julgue os itens seguintes.

( ) Considere-se o conjunto de dois elementos $\Gamma = \{0,1\}$. A quantidade de códigos com até três caracteres que se pode construir usando os elementos de Γ, de modo que esses códigos sejam iguais quando lidos da esquerda para a direita e da direita para a esquerda é no máximo 7. [40]

( ) Sabendo que a intersecção de dois conjuntos A e B é o conjunto dos elementos que estão em A e em B, e que o produto cartesiano desses conjuntos é o conjunto dos pares (x,y) em que x pertence a A e y pertence a B, se o conjunto $\mathrm{A} = \{\mathrm{x} | \text{é um número inteiro divisível por } 3\}$ e $\mathrm{B} = \{3,9,27,81,243\}$, então o conjunto intersecção de A e B é vazio. [41]

( ) Considere-se que os números representados nas faces de um dado sejam os elementos de um conjunto. Considere-se, ainda, que, ao se lançarem dois dados, representados pelos conjuntos A e B, seja obtido, nas faces superiores dos dados, um par de números que pode ser representado por um elemento do produto cartesiano de A e B. Dessa forma, a quantidade de elementos do conjunto produto cartesiano de A e B que possuem pelo menos um número 2 no par que os representa é igual a 6. [42]

[39] INVEST/Técnico em Administração com Ênfase em RH/Vunesp/2010/Questão 16

[40] Prefeitura de Vila Velha/Nível Médio/CESPE 2008/Questão 118

[41] Prefeitura de Vila Velha/Nível Médio/CESPE 2008/Questão 119

[42] Prefeitura de Vila Velha/Nível Médio/Cespe/2008/Questão 120

Exercício 1.4.24. Uma pesquisa envolvendo 85 juízes de diversos tribunais revelou que 40 possuíam o título de doutor, 50 possuíam o título de mestre, 20 possuíam somente o título de mestre e não eram professores universitários, 10 possuíam os títulos de doutor e mestre e eram professores universitários, 15 possuíam somente o título de doutor e não eram professores universitários e 10 possuíam os títulos de mestre e doutor e não eram professores universitários.

( ) Menos de 50 desses juízes possuem o título de doutor ou de mestre, mas não são professores universitários. [43]

( ) Mais de 3 desses juízes possuem somente o título de doutor e são professores universitários. [44]

Exercício 1.4.25. Qual NÃO pertence ao grupo? [45]

a) Rio de Janeiro

b) Ceará

c) São Paulo

d) Macapá

e) Piauí

Exercício 1.4.26. No ano passado, todos os novos assinantes do Diário do Galo informaram corretamente como souberam pela primeira vez da existência do jornal. Cada um apresentou uma única maneira dentre três possíveis: por um amigo assinante; por um amigo não assinante; em uma banca de revistas. As seguintes informações foram coletadas: [46]

• 440 não conheceram o jornal por um amigo assinante;

• 470 não conheceram o jornal por um amigo não assinante;

• 590 não conheceram o jornal em uma banca de jornal.

Com isso, conclui-se que no ano passado o número total de novos assinantes do Diário do Galo foi igual a

a) 680

b) 730

c) 750

d) 780

e) 830

---

[43] STF/Técnico Judiciário/Tecnologia da Informação/Cespe/2008/Questão 113

[44] STF/Técnico Judiciário/Tecnologia da Informação/Cespe/2008/Questão 114

[45] CONSULPLAN/IBGE/Agente Censitário/2008/Questão 30

[46] VUNESP/SEMA-SP/Gestão Governamental em Meio Ambiente/2008/Questão 13

Exercício1.4.27. Numa pesquisa sobre esportes realizada com 1.000 adolescentes, 780 afirmaram gostar de futebol e 460 afirmaram gostar de vôlei. O número mínimo de entrevistados que disseram gostar de futebol e, também, de vôlei foi:[47]

a) 240

b) 260

c) 380

d) 300

e) 320

Exercício 1.4.28. Em um grupo de 25 pessoas, há 16 pessoas com mais de 25 anos e 17 com menos de 35 anos. Nesse grupo, quantas pessoas têm mais que 25 e menos que 35 anos? [48]

a) 5

b) 6

c) 7

d) 8

e) 9

[47] CESGRANRIO/Petrobrás/Técnico de Contabilidade Jr/2008/Questão 17

[48] CESGRANRIO/FINEP/Técnico - Apoio Administrativo e Secretariado/Nível Médio/2011/Questão 36

Capítulo 2

Lógica

2.1 Proposições Simples e Sentenças Abertas

Uma **proposição** é uma afirmação ou uma declaração que tem exatamente um **valor lógico**, ou seja, uma proposição é verdadeira (V) ou falsa (F). As proposições são matematicamente representadas por letras latinas: p, q ou r. Comentários, opiniões e questionamentos não são considerados proposições.

As proposições verdadeiras são denotadas **postulados**, **axiomas**, **lemas**, proposições, **teoremas** ou **corolários**. Os axiomas e postulados são o ponto de partida de uma teoria matemática ou de um raciocínio e, consequentemente, são aceitos sem qualquer demonstração. Já os lemas, proposições, teoremas e corolários são afirmações verdadeiras acompanhadas de uma demostração atestando sua veracidade.

Exemplo 2.1.1. Exemplos de proposições simples:

p : "Hoje é dia de Natal". [1]

q : "12 é menor que 6". [2]

Uma **sentença aberta** é uma afirmação contendo uma ou mais variáveis. Quando um valor é atribuído à sua variável, a veracidade da sentença aberta passa a ser determinável. Esse conjunto de valores para a variável da sentença aberta é denotado conjunto universal.

Exemplo 2.1.2. Exemplos de sentenças abertas:

$p(x)$: "$x+3>10$". [3]

$p(a,b)$: "$b>a$". [4]

$q(x)$: "$x^2+2x-4=0$". [5]

---

[1] CONSULPLAN/TSE/Técnico Judiciário/Área Administrativa/2012/Raciocínio-Lógico

[2] CESPE/STJ/Comum a todos os Cargos/2008/Questão 45

[3] CESPE/STJ/Comum a todos os Cargos/2008/Questão 45

[4] FUMARC/PRODEMGE/Analista de Gestão Administrativa/Nível Superior/2011

[5] FUMARC/PRODEMGE/Analista de Gestão Administrativa/Nível Superior/2011

As três sentenças abertas não são consideradas proposições porque seu valor lógico (V ou F) depende do valor atribuído às variáveis a,b e x. Por exemplo, ao atribuir o valor 8 a x na sentença aberta $p(x)$: "$x+3>10$", esta transforma-se na proposição $p(8)$: "$11>10$" cujo valor logico é V. Analogamente, ao atribuir o valor 1 a x na sentença aberta $q(x)$: "$x^2+2x-4=0$", esta transforma-se na proposição $q(1)$: "$-1=0$" cujo valor logico é F.

Há duas maneiras de transformar sentenças abertas em proposições: atribuindo valores às variáveis, como observado nos exemplos acima, ou utilizando quantificadores.

Os quantificadores são símbolos matemáticos utilizados para dar significado aos valores que a variável pode assumir e para determinar a veracidade da sentença aberta. O **quantificador universal** $\forall$, lê-se ¨para qualquer¨, e o **quantificador existencial** $\exists$, lê-se ¨existe pelo menos um¨, tornam uma sentença aberta em uma proposição.

Exemplo 2.1.3. A proposição $(\forall a\in\mathbb{N})(\exists b\in\mathbb{N})(b>a)$ é verdadeira.[6]

Note que a sentença aberta $p(a,b)$: "$b>a$" passa a ser uma proposição verdadeira com a adição dos quantificadores $\forall$ e $\exists$. Além disso, tem-se que o conjunto universal é o conjunto dos números naturais, ou seja a e b são quaisquer números naturais.

Separadamente, lemos a proposição da seguinte forma:

$(\forall a\in\mathbb{N})$: "Para qualquer a pertencente ao conjunto dos números naturais".

$(\exists b\in\mathbb{N})$: "Existe b pertencente ao conjunto dos números naturais".

$(b>a)$: "b é maior que a".

Em língua portuguesa, a proposição lê: "Para qualquer a pertencente ao conjunto dos números naturais, existe um b pertencente ao conjunto dos números naturais tal que b é maior que a". A proposição é claramente verdadeira. Isto é, para qualquer número natural a, existe um número natural b maior que a.

[6] FUNIVERSA/COFECON/Profissional de Atividades Estratégicas/2010/Questão 11

Exemplo 2.1.4. A proposição $(\exists b \in \mathbb{N})(\forall a \in \mathbb{N})(b > a)$ é falsa.[7]

Mais uma vez temos a sentença aberta $p(a,b)$:" $b > a$ " com quantificadores $\forall$ e $\exists$ e conjunto universal $\mathbb{N}$. Em língua portuguesa, a proposição lê: "Existe b pertencente ao conjunto dos números naturais, para qualquer a pertencente ao conjunto dos números naturais tal que b é maior que a". A proposição é falsa. Um contraexemplo é $b = 0$. Para $b = 0$ não há um número natural a tal que $0 > a$.

A **negação** de uma proposição é sua negativa. Se p representa uma proposição, então $\sim p$ representa sua negação. Lê-se: ¨não p¨. Usa-se também a notação $\neg p$ para representar a negação de uma proposição p.

Exemplo 2.1.5. A negação $\sim p$ da proposição simples p: "Hoje é dia de Natal" corresponde a $\sim p$: "Hoje não é dia de Natal".[8]

A negativa de uma proposição não necessariamente contém a palavra não. Por exemplo, para a proposição p: "A licitação não pode ser repetida sem prejuízo para a administração", a sua negação é dada por $\sim p$: "A licitação pode ser repetida sem prejuízo para a administração".[9]

Exemplo 2.1.6. A negação da proposição p: $\exists x \in \mathbb{Z},\ x^2 + 2x - 4 = 0$ é dada por

$\sim p$: $\forall x \in \mathbb{Z},\ x^2 + 2x - 4 \neq 0$.[10]

Pela equação do 2º grau calculamos as duas soluções da equação $x^2 + 2x - 4 = 0$:

$x_1 = \dfrac{-2+\sqrt{2^2 - 4\cdot 1\cdot(-4)}}{2\cdot 1} = \dfrac{-2+\sqrt{20}}{2} = -1+\sqrt{5}$ e $x_2 = \dfrac{-2-\sqrt{20}}{2} = -1-\sqrt{5}$. Ora, $x_1, x_2 \in \mathbb{R}$. Isto implica que p é falsa, já que não existe um valor x inteiro que torne a equação igual a 0.

Consequentemente, concluímos que para qualquer valor x inteiro ($\forall x \in \mathbb{Z}$), a equação $x^2 + 2x - 4$ é diferente de 0 ($x^2 + 2x - 4 \neq 0$). Assim, a negação $\sim p$: $\forall x \in \mathbb{Z},\ x^2 + 2x - 4 \neq 0$ é verdadeira.

---

[7] FUMARC/PRODEMGE/Analista de Gestão Administrativa/Nível Superior/2011
[8] CONSULPLAN/TSE/Técnico Judiciário/Área Administrativa/2012/Raciocínio-Lógico
[9] CESPE/MPU/Técnico Administrativo/2013
[10] FUMARC/PRODEMGE/Analista de Gestão Administrativa/Nível Superior/2011

De uma forma geral, a negação de uma proposição do tipo $(\exists x \in U)(p(x))$, onde $p(x)$ representa a sentença aberta e U o conjunto universal, é dada por $(\forall x \in U)(\sim p(x))$. Ou, de uma forma mais simples, $(\sim \exists x \in U)(p(x))$, onde $\sim \exists$ significa "não existe".

Tabela 2.1: $\sim p$

p	$\sim p$
$\exists x \in \mathbb{Z},\ x^2 + 2x - 4 = 0$	$\forall x \in \mathbb{Z},\ x^2 + 2x - 4 \neq 0$ Ou $\sim \exists x \in \mathbb{Z},\ x^2 + 2x - 4 = 0$

A tabela-verdade abaixo mostra que $\sim p$ é falso quando p é verdadeiro, e que $\sim p$ é verdadeiro quando p é falso, como pode ser observado no exemplo 2.1.6.

Tabela 2.2: $\sim p$

p	$\sim p$
V	F
F	V

A tabela é válida para quaisquer proposições. Um diagrama de Venn pode ser utilizado para representar uma proposição e sua negação.

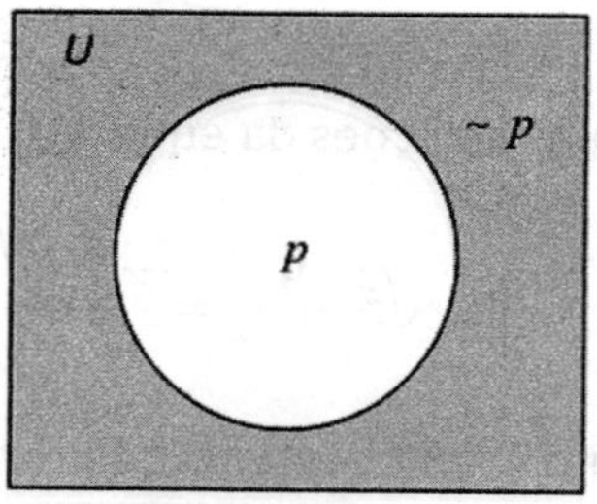

Figura 2.1: Diagrama de Venn do conjunto p

Observe que $p \cap \sim p = \varnothing$. Isto implica que, como esperado, ou uma proposição é verdadeira ou ela é falsa.

A negação das palavras **todo**, **nenhum** e **algum** são dadas por:

Tabela 2.3: $\sim p$

p	$\sim p$
Algum...	Nenhum...
Nenhum...	Algum...
Todo...	Algum... não...
Algum... não...	Todo...

Exemplo 2.1.7: A contraditória do enunciado "**Todo** homem é mortal" é "**Algum** homem **não** é mortal". [11]

Exemplo 2.1.8: O enunciado que é o contraditório de "**Todo** homem é loiro" é "**Algum** homem **não** é loiro". [12]

Exemplo 2.1.9: A negação da proposição "**Todos** os peixes dos oceanos são saborosos" é "**Alguns** peixes dos oceanos **não** são saborosos". [13]

Outra possibilidade para a negação da proposição seria "**Existem** peixes dos oceanos que **não** são saborosos".

Exemplo 2.1.10: A negação da proposição "**Algum** funcionário da agência P do Banco do Brasil tem menos de 20 anos" é "**Nenhum** funcionário da agência P do Banco do Brasil tem menos de 20 anos." [14]

2.2 Proposições Compostas

Proposições compostas são afirmações ou declarações formadas usando **conectivos** como **e**, **ou**, **se... então...** e **se e somente se**.

Exemplo 2.2.1: Exemplos de proposições compostas:

"Jornalistas entrevistam celebridades ou políticos". [15]

"Mais seis meses e logo virá o verão". [16]

"Marta não é estudante e Murilo trabalha". [17]

---

[11] VUNESP/PC-SP/Investigador da Polícia/2013
[12] VUNESP/PC-SP/Escrivão da Polícia Civil/2013
[13] FUNCAB/PC-ES/Perito em Telecomunicação/2013
[14] CESGRANRIO/Banco do Brasil/Escriturário/2010/Questão 27
[15] Cespe/EBC/Analista/Nível Superior/2011/CGeral (4)
[16] CESPE/TRT-RN/Técnico Judiciário/2010/Questão 44

"Queira receber mensagem publicitária desta prestadora ou envie um SMS gratuito com a palavra SAIR para 1111".[18]

"Se Pedro é engenheiro, então Pedro fez faculdade". [19]

"Martha é psicóloga se, e somente se, Cíntia é assistente social". [20]

Quando duas proposições simples são unidas pela palavra **e**, diz-se que a nova proposição composta é a **conjunção** das proposições simples originais. Em notação matemática, se p e q são proposições, $p \wedge q$ denota sua conjunção.

Exemplo 2.2.2: Um jovem, ao ser flagrado no aeroporto portando certa quantidade de entorpecentes, argumentou com os policiais conforme o esquema a seguir:

Premissa 1: Eu não sou traficante, eu sou usuário.

Se P e Q representam, respectivamente, as proposições "Eu não sou traficante" e "Eu sou usuário", então "Eu não sou traficante, eu sou usuário" estará corretamente representada por P∧Q. [21]

Note que nesse contexto a vírgula pode ser substituída pela palavra e, já que o jovem está afirmando que não é traficante e é usuário de entorpecentes:

p : "Eu não sou traficante".

$\wedge$: , (e)

q : "Eu sou usuário".

Assim, em notação matemática temos que a proposição composta "Eu não sou traficante, eu sou usuário" é representada por $P \wedge Q$.

Exemplo 2.2.3. "Ana é capixaba e Leonardo é carioca" não é verdade. [22]

---

17 ESAF/MF/Assistente Técnico-Administrativo/2012
18 CESPE/ANATEL/Técnico Administrativo/2012
19 VUNESP/PC-SP/Escrivão da Polícia Civil/2013
20 FUNCAB/PC-ES/Psicóloga/2013
21 CESPE/Polícia Federal/Agente da Polícia Federal/2012
22 FUNCAB/PC-ES/Médico Legista/2013

Seja p a proposição simples p : “Ana é capixaba” e q a proposição simples q : “Leonardo é carioca”. Em notação matemática, temos que a proposição composta “Ana é capixaba e Leonardo é carioca” é dada por $p \wedge q$.

A tabela-verdade de $p \wedge q$ é igual a:

Tabela 2.4: $p \wedge q$

p	q	$p \wedge q$
V	V	V
V	F	F
F	V	F
F	F	F

Observe pela tabela-verdade que a conjunção é verdadeira somente quando ambas as proposições originais são verdadeiras.[23] Ou seja, $p \wedge q$ é verdadeira somente se Ana realmente for capixaba e Leonardo realmente for carioca. Basta que Ana não seja capixaba ou que Leonardo não seja carioca para que a proposição “Ana é capixaba e Leonardo é carioca” seja falsa.

O diagrama de Venn de $p \wedge q$ é dado por:

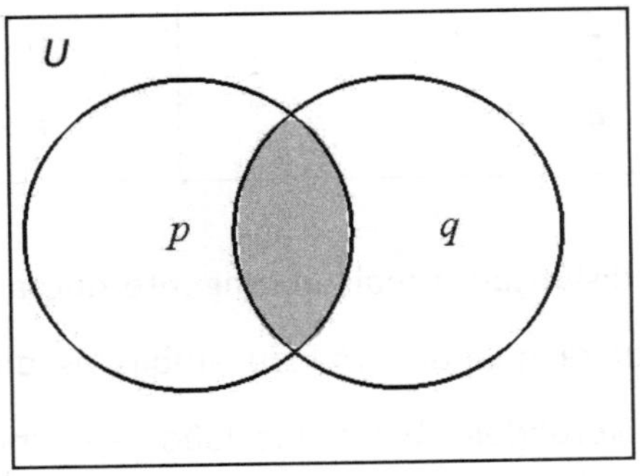

Figura 2.2: $p \wedge q$

Quando duas proposições simples são unidas pela palavra **ou**, diz-se que a nova proposição composta é a **disjunção** das proposições originais. Novamente, se p e q são proposições, $p \vee q$ denota sua disjunção.

Exemplo 2.2.4: A proposição “Esta prova não está dificil ou estudei bastante” pode ser corretamente

[23] VUNESP/PC-SP/Investigador de Polícia/2013

representada por $\sim p \quad q$.[24]

Seja p a proposição simples p: "Esta prova está dificil" e q a proposição simples q:"Estudei bastante". A negação $\sim p$ da proposição p é dada por $\sim p$:"Esta prova não está dificil". Assim, a proposição "Esta prova não está dificil ou estudei bastante" pode ser representada matematicamente por $\sim p \vee q$.

Exemplo 2.2.5: A proposição "João é funcionário público e Maria é advogada" apresenta menor probabilidade de ser logicamente verdadeira do que a proposição "João é funcionário público ou Maria é advogada". [25]

Seja p a proposição simples p: "João é funcionário público" e q a proposição simples q:"Maria é advogada". Pela tabela 2.4 concluímos que a proposição $p \wedge q$: "João é funcionário público e Maria é advogada" é verdadeira somente quando ambas as proposições são verdadeiras, ou seja, apenas se João realmente for funcionário público e Maria de fato for advogada.

A proposição "João é funcionário público ou Maria é advogada" é representada simbolicamente por $p \vee q$. A tabela-verdade de $p \vee q$ é dada por:

Tabela 2.5: $p \vee q$

p	q	$p \vee q$
V	V	V
V	F	V
F	V	V
F	F	F

Observe que a tabela-verdade da disjunção é mais abrangente que a tabela-verdade da conjunção. Isto significa que a disjunção é verdadeira quando uma ou ambas as proposições são verdadeiras. [26] Isto significa que para a proposição ser verdadeira basta que João seja funcionário público ou que Maria seja advogada ou ambos. Portanto, a proposição $p \wedge q$ apresenta uma menor probabilidade de ser verdadeira.

O diagrama de Venn de $p \vee q$ é dado por:

[24] CESPE/TER-ES/Técnico-Operação de Computadores/Conhecimentos Básicos/2011
[25] FESMIP/MPE-BA/Analista de Sistemas/2011
[26] VUNESP/PC-SP/Investigador de Polícia/2013

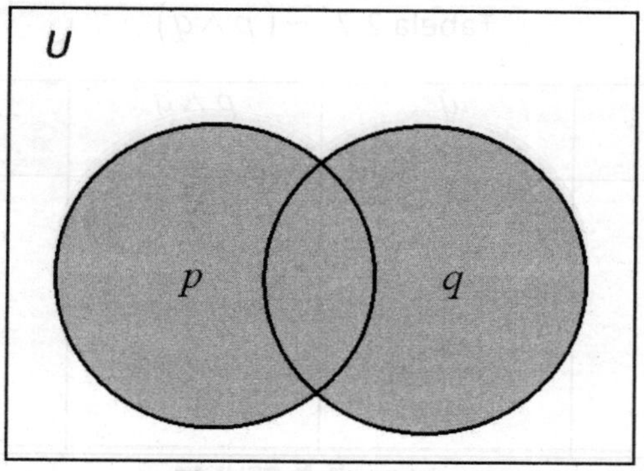

Figura 2.3: $p \vee q$

As tabelas-verdade para negação, conjunção e disjunção podem ser resumidas em uma única tabela:

Tabela 2.6: $\sim p$, $p \wedge q$ e $p \vee q$

p	q	$\sim p$	$p \wedge q$	$p \vee q$
V	V	F	V	V
V	F	F	F	V
F	V	V	F	V
F	F	V	F	F

2.3 Equivalência Lógica e Leis de DeMorgan

Quando duas proposições têm a mesma coluna V/F diz-se que essas proposições são **logicamente equivalentes.** p e $\sim(\sim p)$ são proposições logicamente equivalentes.

As Leis de DeMorgan são exemplos clássicos de proposições compostas logicamente equivalentes. A 1ª lei de DeMorgan diz que a proposição composta $\sim(p \wedge q)$ é logicamente equivalente a proposição composta $\sim p \vee \sim q$.

A tabela-verdade de $\sim(p \wedge q)$ é dada por:

Tabela 2.7: $\sim(p \wedge q)$

p	q	$p \wedge q$	$\sim(p \wedge q)$
V	V	V	F
V	F	F	V
F	V	F	V
F	F	F	V

Analogamente, a tabela-verdade de $\sim p \vee \sim q$ é dada por:

Tabela 2.8: $\sim p \vee \sim q$

p	q	$\sim p$	$\sim q$	$\sim p \vee \sim q$
V	V	F	F	F
V	F	F	V	V
F	V	V	F	V
F	F	V	V	V

As últimas colunas das tabelas 2.7 e 2.8 são idênticas. Assim, obtém-se a 1ª Lei de DeMorgan:

$$\sim(p \wedge q) = \sim p \vee \sim q \,.$$ [27]

A 1ª Lei de DeMorgan afirma que negar que duas dadas proposições são ao mesmo tempo verdadeiras equivale a afirmar que uma pelo menos é falsa. [28]

Exemplo 2.3.1: Considere a afirmação: "Isabel não almoçou e foi ao dentista". A negação dessa afirmação é "Isabel almoçou ou não foi ao dentista". [29]

Observe que a proposição "Isabel não almoçou e foi ao dentista" é representada pelo lado esquerdo da 1ª Lei de DeMorgan:

[27] CESPE/INPI/Todos os Cargos/Conhecimentos Básicos/2013

[28] PONTUA/TER-SC/Técnico Judiciário/Área Administrativa/Prova Branca/2011

[29] CEPERJ/PROCON-RJ/Analista de Proteção e Defesa do Consumidor/2012

p : "Isabel não almoçou".

$\wedge$: e

q : "(Isabel) foi ao dentista".

Assim, temos que a negação $\sim(p \wedge q)$ da proposição $p \wedge q$: "Isabel não almoçou e foi ao dentista" é dada pelo lado direito da 1ª Lei de DeMorgan: $\sim p \vee \sim q$. Traduzindo da notação matemática para a língua portuguesa, obtemos:

$\sim p$: "Isabel almoçou".
$\vee$: ou
$\sim q$: "(Isabel) não foi ao dentista".

Abreviadamente, escreve-se $\sim p \vee \sim q$: "Isabel almoçou ou não foi ao dentista."

A 2ª Lei de DeMorgan afirma que as proposições compostas $\sim(p \vee q)$ e $\sim p \wedge \sim q$ são logicamente equivalentes. Analogamente à 1ª Lei de DeMorgan, montam-se as tabelas-verdade de ambas as proposições.

A tabela-verdade de $\sim(p \vee q)$ é dada por:

Tabela 2.9: $\sim(p \vee q)$

p	q	$p \vee q$	$\sim(p \vee q)$
V	V	V	F
V	F	V	F
F	V	V	F
F	F	F	V

E a tabela-verdade de $\sim p \wedge \sim q$ é dado por:

Tabela 2.10: $\sim p \wedge \sim q$

p	q	$\sim p$	$\sim q$	$\sim p \wedge \sim q$
V	V	F	F	F
V	F	F	V	F
F	V	V	F	F
F	F	V	V	V

Observe mais uma vez que as últimas colunas das tabelas são idênticas. Obtém-se portanto a 2ª Lei de DeMorgan:

$$\sim(p \vee q) = \sim p \wedge \sim q.$$

A 2ª Lei de DeMorgan afirma que negar que pelo menos uma de duas proposições é verdadeira equivale a afirmar que ambas são falsas. [30]

Exemplo 2.3.2: Seja a proposição p: "Maria é estagiária" e a proposição q: "Marcos é estudante". A negação da frase "Maria é estagiária ou Marcos é estudante" é equivalente à "Maria não é estagiária e Marcos não é estudante". [31]

A proposição "Maria é estagiária ou Marcos é estudante" está representada no lado esquerdo da 2ª Lei de DeMorgan:

p : "Maria é estagiária".

$\vee$: ou

q : "Marcos é estudante".

Portanto, a negação $\sim(p \vee q)$ da proposição $p \vee q$: "Maria é estagiária ou Marcos é estudante" é dada pelo lado direito da 2ª Lei de DeMorgan: $\sim p \wedge \sim q$.Traduzindo da forma simbólica para a língua portuguesa:

$\sim p$: "Maria não é estagiária".

[30] PONTUA/TER-SC/Técnico Judiciário/Área Administrativa/Prova Branca/2011

[31] IBFC/EBSERH/Advogado/2013

$\wedge$: e

$\sim q$: "Marcos não é estudante".

Finalmente, escreve-se $\sim p \wedge \sim q$: "Maria não é estagiária e Marcos não é estudante", onde $\sim p \wedge \sim q$ é logicamente equivalente a $\sim (p \vee q)$.

2.4 Tautologias

Quando o resultado da tabela-verdade de uma proposição composta é toda verdadeira, diz-se que essa proposição é uma **tautologia**. Como esperado, a proposição $p \vee \sim p$ é uma tautologia:

Tabela 2.11: $p \vee \sim p$

p	$\sim p$	$p \vee \sim p$
V	F	V
F	V	V

Exemplo 2.4.1: Um enunciado é uma tautologia quando não puder ser falso. A proposição composta "Está chovendo ou não está chovendo" é uma tautologia.[32]

Seja p a proposição simples p: "Está chovendo" e $\sim p$ a sua negação $\sim p$: "Não está chovendo". Assim, temos que a forma simbólica da proposição "Está chovendo ou não está chovendo" é dada por $p \vee \sim p$. Como observado na tabela 2.11, $p \vee \sim p$ é uma tautologia.

É importante perceber que a proposição "Está chovendo e não está chovendo" não é uma tautologia, já que a conjunção só é verdadeira quando ambas as proposições originais são verdadeiras, o que neste caso, é impossível.

Analogamente, uma **contradição lógica** é uma proposição composta tal que todas as possibilidades da tabela-verdade são falsas.

Exemplo 2.4.2: Exemplos de contradições lógicas:

[32] VUNESP/PC-SP/Escrivão de Polícia Civil/2013

"São Paulo é a capital do Brasil". [33]

"4 é um número primo". [34]

Exemplo 2.4.3: A proposição "Todo diabético é homem e alguma mulher é diabética" é uma contradição lógica. [35]

Denotando p a proposição simples p: "Todo diabético é homem" e q a proposição simples q: "Alguma mulher é diabética", temos que a proposição composta "Todo diabético é homem e alguma mulher é diabética" é representada simbolicamente por $p \wedge q$. Analisando as proposições simples, chegamos à conclusão que p e q não podem ser verdadeiras. Porém, a conjunção só é verdadeira quando ambas as proposições são verdadeiras (tabela 2.4). Portanto, concluímos que a proposição "Todo diabético é homem e alguma mulher é diabética" é uma contradição lógica.

2.5 Proposições Condicionais e Implicações Lógicas

Uma proposição p **implica** em uma proposição q se a suposição da veracidade de p leva a conclusão da veracidade de q. Abreviadamente, escreve-se $p \rightarrow q$. Lê-se "se p então q". [36] É comum denotar p a **hipótese**, **premissa** ou **antecedente** da implicação $p \rightarrow q$, q a sua **tese** ou **consequente,** e $p \rightarrow q$ a **proposição condicional**.

Assim, a tabela-verdade da proposição condicional $p \rightarrow q$ é dada por:

Tabela 2.12: $p \rightarrow q$

p	q	$p \rightarrow q$
V	V	V
V	F	F
F	V	V
F	F	V

[33] FUNIVERSA/COFECON/PST/Administrativo/2010/Questão 10
[34] FUNIVERSA/COFECON/PST/Administrativo/2010/Questão 10
[35] CESGRANRIO/DETRAN-AC/Técnico Administrativo/2009/Questão 28
[36] VUNESP/PC-SP/Escrivão da Polícia/2014

Como observado nas linhas 3 e 4 da tabela-verdade, a veracidade da proposição condicional $p \longrightarrow q$ independe do fato da hipótese p ser efetivamente verdadeira. Basta demonstrar que a veracidade da tese q é de fato uma consequência da suposição da veracidade de p. [37]

Note também que os valores lógicos da proposição condicional são falsos somente quando a hipótese é verdadeira e a tese é falsa, ou seja, a definição da proposição condicional nunca leva uma hipótese verdadeira a uma tese falsa.

Exemplo 2.5.1: Em uma implicação do tipo "Se A, então B", dizemos que A é o antecedente e B é o consequente. Considere a seguinte implicação: "Se José é promotor, então José é o acusador dos réus". O antecedente é "José é promotor". [38]

Vemos que o antecedente (premissa ou hipótese) da proposição condicional é "José é promotor" e o consequente (tese) é "José é o acusador de réus".

Observe pela tabela 2.12 que a proposição condicional "Se José é promotor, então José é o acusador dos réus" só é falsa quando o antecedente "José é promotor" é verdadeiro e o consequente "José é o acusador de réus" é falso. No caso em que o antecedente é falso e o consequente verdadeiro, a proposição condicional ainda assim é verdadeira! Analogamente, no caso em que ambos, o antecedente e o consequente são falsos, a proposição condicional também é verdadeira. Em ambas situações é importante entender que para que a proposição condicional "Se José é promotor, então José é o acusador dos réus" seja verdadeira, basta que a veracidade da tese "José é o acusador de réus" seja de fato uma consequência da suposição da veracidade de "José é promotor.

Exemplo 2.5.2: A expressão $\left[(p \rightarrow q) \rightarrow p\right] \rightarrow p$ é uma tautologia. [39]

Utilizando repetidamente a tabela 2.12, obtemos a tabela-verdade da proposição $\left[(p \rightarrow q) \rightarrow p\right] \rightarrow p$:

[37] VUNESP/PC-SP/Investigador de Polícia/2013
[38] VUNESP/PC-SP/Escrivão da Polícia Civil/2013
[39] CESPE/INPI/Todos os Cargos/Conhecimentos Básicos/2013

Tabela 2.13: $[(p \to q) \to p] \to p$

p	q	$p \to q$	$(p \to q) \to p$	$[(p \to q) \to p] \to p$
V	V	V	V	V
V	F	F	V	V
F	V	V	F	V
F	F	V	F	V

Aparentemente, montar a tabela-verdade parece confuso e complicado, porém não precisamos entender as proposições. Tudo que precisamos entender é que a proposição condicional nunca leva uma hipótese verdadeira a uma tese falsa.

Concluímos que a proposição $[(p \to q) \to p] \to p$ é uma tautologia.

Exemplo 2.5.3: A proposição $p \wedge (p \to q)$ é logicamente equivalente à proposição $p \wedge q$.[40]
Montando a tabela-verdade da proposição $p \wedge (p \to q)$ passo a passo, obtemos:

Tabela 2.14: $p \wedge (p \to q)$

p	q	$p \to q$	$p \wedge (p \to q)$
V	V	V	V
V	F	F	F
F	V	V	F
F	F	V	F

Note que a última coluna da tabela-verdade é construída focando-se na conjunção $\wedge$ e não nas proposições que estão sendo conectadas. Como sabemos, a tabela-verdade de $\wedge$ é verdadeira somente quando ambas proposições são verdadeiras (tabela 2.4), não importando a complexidade das proposições analisadas. Isto implica que as proposições $p \wedge (p \to q)$ e $p \wedge q$ são logicamente equivalentes, como pode ser concluído comparando as tabelas 2.4 e 2.14.

[40] ESAF/MF/Assistente Técnico-Administrativo/2012

Exemplo 2.5.4. A proposição Q: "Se jornalistas entrevistam celebridades, então são irônicos ou sensacionalistas" é logicamente equivalente a "Se jornalistas entrevistam celebridades e não são irônicos, então são sensacionalistas".[41]

Reescrevendo a proposição condicional Q em proposições simples, obtemos p: "Jornalistas entrevistam celebridades", q: "(Jornalistas são) irônicos" e r: "(Jornalistas são) sensacionalistas". Desta forma, podemos traduzir Q da língua portuguesa para notação matemática como $p \to q \vee r$.

Utilizando a tabela 2.5 como auxílio para a 4ª coluna e a tabela 2.12 como auxílio para a 5ª coluna, completamos a tabela-verdade de $p \to q \vee r$:

Tabela 2.15: $p \to q \vee r$

p	q	r	$q \vee r$	$p \to q \vee r$
V	V	V	V	V
V	V	F	V	V
V	F	V	V	V
V	F	F	F	F
F	V	V	V	V
F	V	F	V	V
F	F	V	V	V
F	F	F	F	V

Da mesma forma, a proposição condicional "Se jornalistas entrevistam celebridades e não são irônicos, então são sensacionalistas" pode ser reescrita em proposições simples. Novamente, obtemos p: "Jornalistas entrevistam celebridades", q: "(Jornalistas) são irônicos" e r: "(Jornalistas) são sensacionalistas". Em notação matemática, escrevemos $p \wedge \sim q \to r$.

Utilizando a tabela 2.4 como auxílio para a 4ª coluna e a tabela 2.12 como auxílio para a 5ª coluna, completamos a tabela-verdade de $p \wedge \sim q \to r$:

---

[41] CESPE/EBC/Analista/Nível Superior/2011/CGeral(4)

Tabela 2.16: $p \wedge \sim q \rightarrow r$

p	q	$\sim q$	r	$p \wedge \sim q$	$p \wedge \sim q \rightarrow r$
V	V	F	V	F	V
V	V	F	F	F	V
V	F	V	V	V	V
V	F	V	F	V	F
F	V	F	V	F	V
F	V	F	F	F	V
F	F	V	V	F	V
F	F	V	F	F	V

Observe que as proposições $p \rightarrow q \vee r$ e $p \wedge \sim q \rightarrow r$ têm a mesma coluna V/F. Assim, concluímos que essas proposições são logicamente equivalentes.

Quando duas proposições são tais que a primeira implica a segunda e a segunda implica a primeira, diz-se que essas proposições são **bicondicionais**. Denota-se a bicondicionalidade entre p e q por $p \leftrightarrow q$. Lê-se ¨ p é verdadeiro se e somente se q o for¨ ou ¨ p é falso se e somente se q o for¨.

Portanto, para as proposições p e q, a **proposição bicondicional** $p \leftrightarrow q$ é a conjunção das proposições condicionais $p \rightarrow q$ e $q \rightarrow p$, ou seja, $p \leftrightarrow q$ é logicamente equivalente a $(p \rightarrow q) \wedge (q \rightarrow p)$:

Tabela 2.17: $(p \rightarrow q) \wedge (q \rightarrow p)$ e $p \leftrightarrow q$

p	q	$p \rightarrow q$	$q \rightarrow p$	$(p \rightarrow q) \wedge (q \rightarrow p)$	$p \leftrightarrow q$
V	V	V	V	V	V
V	F	F	V	F	F
F	V	V	F	F	F
F	F	V	V	V	V

Conclui-se que a tabela-verdade da proposição bicondicional $p \leftrightarrow q$ é dada por:

Tabela 2.18: $p \leftrightarrow q$

p	q	$p \leftrightarrow q$
V	V	V
V	F	F
F	V	F
F	F	V

Observe que, como esperado, ou ambas proposições são verdadeiras ou ambas são falsas. Ou seja, as proposições são equivalentes (iguais).

O significado de $q \rightarrow p$ será detalhado na próxima seção.

Exemplo 2.5.6: A proposição "Os mineiros são tímidos e os cariocas são extrovertidos são expressões equivalentes" pode ser corretamente representada por $P \leftrightarrow Q$ escolhendo-se convenientemente as proposições P e Q.[42]

Denotando P a proposição simples P: "Os mineiros são tímidos" e Q a proposição simples Q: "Os cariocas são extrovertidos", temos que a proposição composta "Os mineiros são tímidos e os cariocas são extrovertidos são expressões equivalentes" pode ser reescrita como "Os mineiros são tímidos se e somente se os cariocas são extrovertidos". Em notação matemática, a proposição reescrita é igual a $P \leftrightarrow Q$.

2.6 Recíproca, Contrária e Contrapositiva

A **recíproca** de uma proposição condicional $p \rightarrow q$ é dada por $q \rightarrow p$. Lê-se ¨se q então p¨. É fundamental não confundir uma proposição condicional com sua recíproca, como pode ser observado pelas tabelas-verdade de $p \rightarrow q$ e $q \rightarrow p$:[43]

Tabela 2.19: $p \rightarrow q$ e $q \rightarrow p$

p	q	$p \rightarrow q$	$q \rightarrow p$
V	V	V	V

[42] CESPE/IBAMA/Analista Ambiental-Tema 2/2013

[43] CESPE/SERPRO/Técnico/Operação de Redes/2008

V	F	F	V
F	V	V	F
F	F	V	V

Exemplo 2.5.5: A proposição "Se Cíntia é assistente social, então Martha é psicóloga" não é logicamente equivalente à proposição "Se Martha é psicóloga, então Cíntia é assistente social." [44]

Seja p a proposição simples p:"Cíntia é assistente social" e q a proposição simples q:"Martha é psicóloga". Dados p e q temos que a proposição condicional "Se Cíntia é assistente social, então Martha é psicóloga" é representada simbolicamente por $p \rightarrow q$. Da mesma forma, a proposição "Se Martha é psicóloga, então Cíntia é assistente social" é dada por $q \rightarrow p$ e representa a recíproca da proposição condicional $p \rightarrow q$. Portanto, pela tabela 2.19 concluímos que as proposições $p \rightarrow q$:"Se Cíntia é assistente social, então Martha é psicóloga" e $q \rightarrow p$: "Se Martha é psicóloga, então Cíntia é assistente social" não são logicamente equivalentes.

A **contrária** da proposição condicional $p \rightarrow q$ é a proposição $\sim p \rightarrow \sim q$. A tabela-verdade da contrária é dada por:

Tabela 2.20: $q \rightarrow p$ e $\sim p \rightarrow \sim q$

p	q	$q \rightarrow p$	$\sim p$	$\sim q$	$\sim p \rightarrow \sim q$
V	V	V	F	F	V
V	F	V	F	V	V
F	V	F	V	F	F
F	F	V	V	V	V

Observe que $q \rightarrow p$ e $\sim p \rightarrow \sim q$ são logicamente equivalentes. Ou seja, a contrária e a recíproca de uma proposição condicional são logicamente equivalentes.

A **contrapositiva** da proposição condicional $p \rightarrow q$ é a proposição $\sim q \rightarrow \sim p$. A tabela-verdade da contrapositiva é dada por:

[44] FUNCAB/PC-ES/2013

Tabela 2.21: $p \rightarrow q$ e $\sim q \rightarrow \sim p$

p	q	$p \rightarrow q$	$\sim p$	$\sim q$	$\sim q \rightarrow \sim p$
V	V	V	F	F	V
V	F	F	F	V	F
F	V	V	V	F	V
F	F	V	V	V	V

Note que a contrapositiva e a proposição condicional são logicamente equivalentes.[45]

Exemplo 2.6.1: "Se Elisângela é psicóloga, então ela é observadora". Logo "Se Elisângela não é observadora, então ela não é psicóloga". [46]

Primeiramente, temos que a proposição condicional "Se Elisângela é psicóloga, então ela é observadora" é representada matematicamente por $p \rightarrow q$, onde p é a proposição simples p: "Elisângela é psicóloga" e q é a proposição simples q: "Ela é observadora".

Lembrando que a contrapositiva e a proposição condicional são logicamente equivalentes (tabela 2.21), concluímos que a contrapositiva $\sim q \rightarrow \sim p$, escrita como "Se Elisângela não é observadora, então ela não é psicóloga", é equivalente a proposição "Se Elisângela é psicóloga, então ela é observadora".

Segue um resumo das proposições equivalentes:

Tabela 2.22: proposições equivalentes

$p \rightarrow q = \sim q \rightarrow \sim p$ (condicional = contrapositiva)	$p \rightarrow q = \sim p \vee q$ (condicional = disjunção)
$q \rightarrow p = \sim p \rightarrow \sim q$ (recíproca = contrária)	$p \vee q = \sim p \rightarrow q$ (disjunção = condicional)

[45] CESGRANRIO/TRANSPETRO/Analista de Sistemas Júnior/2011
[46] FUNCAB/PC-ES/Médico Legista/2013

Exemplo 2.6.2: Considere a proposição condicional $p \rightarrow q$: "Se Paulo estuda, então Marta é atleta".[47]

A recíproca de proposição condicional é dada por $q \rightarrow p$: "Se Marta é atleta, então Paulo estuda". A contrária é dada por $\sim p \rightarrow \sim q$: "Se Paulo não estuda, então Marta não é atleta". Pela tabela 2.22 sabemos que as proposições $q \rightarrow p$ e $\sim p \rightarrow \sim q$ são logicamente equivalentes.

A contrapositiva da proposição condicional é dada por $\sim q \rightarrow \sim p$: "Se Marta não é atleta, então Paulo não estuda". Novamente pela tabela 2.22 concluímos que $p \rightarrow q$ e $\sim q \rightarrow \sim p$ são proposições logicamente equivalentes.

Além disso, temos que $p \rightarrow q$ é logicamente equivalente a $\sim p \vee q$; em língua portuguesa, $\sim p \vee q$ é dado por $\sim p \vee q$: "Paulo não estuda ou Marta é atleta". A tabela-verdade de $p \rightarrow q$ e $\sim p \vee q$ é igual a:

Tabela 2.23: $p \rightarrow q$ e $\sim p \vee q$

p	q	$\sim p$	$p \rightarrow q$	$\sim p \vee q$
V	V	F	V	V
V	F	F	F	F
F	V	V	V	V
F	F	V	V	V

E, finalmente, pela tabela 2.22 notamos que as proposições $\sim p \rightarrow q$: "Se Paulo não estuda, então Marta é atleta" e $p \vee q$: "Paulo estuda ou Marta é atleta" são logicamente equivalentes, como pode ser observado na tabela-verdade abaixo:

Tabela 2.24: $\sim p \rightarrow q$ e $p \vee q$

p	q	$\sim p$	$\sim p \rightarrow q$	$p \vee q$
V	V	F	V	V
V	F	F	V	V
F	V	V	V	V
F	F	V	F	F

[47] ESAF/Receita Federal/Analista Tributário da Receita Federal/2012

Exemplo 2.6.3: Considere a sentença "Se tenho saúde, então sou feliz". A sentença "Não tenho saúde ou sou feliz" é logicamente equivalente à sentença dada. [48]

Seja p a proposição simples p: "Tenho saúde" e q a proposição simples q: "Sou feliz". Logo, a proposição condicional "Se tenho saúde então sou feliz" é representada matematicamente por $p \to q$. Pelas tabelas 2.22 e 2.23 sabemos que a proposição $\sim p \vee q$: "Não tenho saúde ou sou feliz" é logicamente equivalente a $p \to q$: "Se tenho saúde então sou feliz".

Exemplo 2.6.4: A afirmação "Não dirija após ingerir bebidas alcoólicas ou você pode causar um acidente de trânsito" é do ponto de vista lógico equivalente à proposição "Se você dirige após ingerir bebidas alcoólicas, então você pode causar um acidente de trânsito". [49]

Seja p a proposição simples p: "Não dirija após ingerir bebidas alcoólicas" e q a proposição simples q: "Você pode causar um acidente de trânsito". A proposição composta "Não dirija após ingerir bebidas alcoólicas ou você pode causar um acidente de trânsito" é representada matematicamente por $p \vee q$. Pelas tabelas 2.22 e 2.24, sabemos que a proposição $\sim p \to q$: "Se você dirige após ingerir bebidas alcoólicas, então você pode causar um acidente de trânsito" é logicamente equivalente a $p \vee q$.

2.7 Negação de Proposições Condicionais

Segue um resumo de todas as negações vistas até o momento, além da negação das proposições condicionais e bicondicionais:

Tabela 2.25: Negação de Proposições

Proposição	Negação
$p \wedge q$	$\sim(p \wedge q) = \sim p \vee \sim q$ (1ª. Lei de DeMorgan)
$p \vee q$	$\sim(p \vee q) = \sim p \wedge \sim q$ (2ª. Lei de DeMorgan)
Algum...	Nenhum...
Nenhum...	Algum...
Todo...	Algum... não...
Algum... não...	Todo...

[48] FVG/FIOCRUZ/Técnico em Saúde Pública/Biblioteconomia/2010/Questão 19

[49] CESPE/DETRAN-ES/Técnico Superior/Advogado/2010/Questão 26

$(\exists x \in U)(p(x))$	$(\forall x \in U)(\sim p(x))$ ou $(\sim \exists x \in U)(p(x))$
$p \leftrightarrow q$	$\sim(p \leftrightarrow q) = (\sim p \wedge q) \vee (p \wedge \sim q)$
$p \rightarrow q$	$\sim(p \rightarrow q) = p \wedge \sim q$

Lembre que $p \leftrightarrow q$ foi definido como $(p \rightarrow q) \wedge (q \rightarrow p)$ (tabela 2.17). Assim a negação de $\sim[(p \rightarrow q) \wedge (q \rightarrow p)]$ é dada por $(\sim p \wedge q) \vee (p \wedge \sim q)$, como visto na tabela 2.25.

Exemplo 2.7.1: A especificação P: "A luz permanece acesa se, e somente se, há movimentos e não há claridade natural suficiente no recinto" pode ser corretamente representada por $p \leftrightarrow (q \wedge r)$, em que p, q e r correspondem a proposições adequadas e os símbolos e representam, respectivamente, a bicondicional e a conjunção. [50]

Seja p a proposição simples p: "A luz permanece acesa", q a proposição simples q: "Há movimentos" e r a proposição simples r: "Não há claridade natural suficiente no recinto". A proposição composta "A luz permanece acesa se, e somente se, há movimentos e não há claridade natural suficiente no recinto" é representada matematicamente por $p \leftrightarrow (q \wedge r)$.

A negação da especificação P é "A luz não permanece acesa e há movimentos e não há claridade natural suficiente no recinto ou, a luz permanece acesa e não há movimentos ou há claridade natural suficiente no recinto ". [51]

Pela tabela 2.25, temos que a negação da proposição bicondicional é dada por $\sim[p \leftrightarrow (q \wedge r)] = [\sim p \wedge (q \wedge r)] \vee [p \wedge \sim(q \wedge r)]$. Note que no segundo termo do lado direito, a expressão $\sim(q \wedge r)$ representa a negação de $q \wedge r$. Pela 1ª. Lei de DeMorgan, $\sim(q \wedge r)$ é dada por $\sim(q \wedge r) = \sim q \vee \sim r$. Assim, a negação da especificação P é igual a $\sim[p \leftrightarrow (q \wedge r)] = [\sim p \wedge (q \wedge r)] \vee [p \wedge (\sim q \vee \sim r)]$. Finalmente, em língua portuguesa escrevemos "A luz não permanece acesa e, há movimentos e não há claridade natural suficiente no recinto, ou, a luz permanece acesa e, não há movimentos ou há claridade natural suficiente no recinto ".

[50] CESPE/TC-DF/Auditor de Controle Externo/2012
[51] CESPE/TC-DF/Auditor de Controle Externo/2012

Exemplo 2.7.2: A negação lógica da sentença "Se não há higiene então não há saúde" é "Não há higiene e há saúde". [52]

Seja p a proposição simples p: "Não há higiene" e q a proposição simples q: "Não há saúde". A proposição condicional "Se não há higiene então não há saúde" é representada matematicamente por $p \to q$. Pela tabela 2.25, a negação $\sim(p \to q)$ de $p \to q$: "Se não há higiene então não há saúde" é dada por $p \wedge \sim q$. Em linguagem portuguesa, escrevemos $p \wedge \sim q$: "Não há higiene e há saúde".

2.8 Argumentos Válidos

Um **argumento** consiste de uma proposição (premissa) que leva a uma conclusão. Normalmente em um argumento encontram-se palavras como **então**, **assim** ou **portanto**. É importante perceber que um argumento matemático parte do pressuposto que a premissa é sempre verdadeira. Isto implica que a validade do argumento é testada analisando-se o que se pode ser inferido da premissa e não se a premissa é verdadeira ou falsa. [53]

Exemplo 2.8.1: Considere as seguintes premissas:
"Todos os generais são oficiais do exército".
"Todos os oficiais do exército são militares".

Para obter um silogismo válido, a conclusão que logicamente se segue de tais premissas é "Todos os generais são militares". [54]

O argumento pode ser organizado da seguinte forma:

Premissa 1: "Todos os generais são oficiais do exército".
Premissa 2: "Todos os oficiais do exército são militares".

Ora, se todos os generais são oficiais do exército, e todos os oficiais do exército são militares, conclui-se que:

Conclusão: Todos os generais são militares.

[52] FVG/FIOCRUZ/Técnico em Saúde Pública/Biblioteconomia/2010/Questão 27
[53] CESPE/TC-DF/Auditor de Controle Externo/2012
[54] VUNESP/PC-SP/Escrivão da Polícia/2014

Exemplo 2.8.2: Considere como verdadeiras as duas premissas seguintes:

I - Nenhum professor é veterinário;

II- Alguns agrônomos são veterinários.

A partir dessas premissas, é correto afirmar que, necessariamente alguns agrônomos não são professores. [55]

O argumento pode ser organizado da seguinte forma:

Premissa 1: "Nenhum professor é veterinário;"

Premissa 2: "Alguns agrônomos são veterinários."

Se nenhum professor é veterinário e alguns agrônomos são veterinários, conclui-se que:

Conclusão: Alguns agrônomos não são professores.

Após os exemplos acima, é importante distinguir entre dedução, indução e inferência. Um argumento dedutivo é um argumento cuja conclusão é inferida diretamente das premissas do argumento. Ou seja, a conclusão de um argumento dedutivo é garantida. Já em um argumento indutivo a conclusão pode ou não ser inferida das premissas. Em outras palavras, a conclusão de um argumento indutivo é provável, dependendo da evidência das premissas dadas. De uma forma geral, em um argumento indutivo infere-se uma conclusão ao generalizar-se as premissas. Já inferência, é o simples ato de chegar a uma conclusão.

Exemplo 2.8.3:

Premissa 1: "Nenhum mortal pode parar o tempo".

Premissa 2: "Nós somos mortais".

Conclusão: Nós não podemos parar o tempo.

Ora, se nenhum mortal pode parar o tempo, e nós somos mortais, infere-se que nós não podemos parar o tempo. Esse é um exemplo de um argumento dedutivo. A conclusão é inferida diretamente das premissas do argumento.

---

[55] MS-Concursos/Creci-1ª Região (RJ)/Advogado/2016

Exemplo 2.8.4:

Premissa 1: "Dias de chuva são usualmente nublados".

Premissa 2: "Está chovendo".

Conclusão: Está nublado.

Se dias de chuva são usualmente nublados, e está chovendo, infere-se que está nublado. Esse é um exemplo de um argumento indutivo. A conclusão é inferida ao generalizar-se a premissa 1 para dias de chuvas são nublados, ao invés de dias de chuvas são usualmente nublados.

Exemplo 2.8.5:

Premissa 1: "Não existem relatos oficiais de humanos com mais de 4m de altura".
Conclusão: Não existem humanos com mais de 4m de altura.

Se não existem relatos oficiais de humanos com mais de 4m de altura, infere-se que não existem humanos com mais de 4m de altura. Esse é um exemplo de um argumento indutivo. O fato de não existirem relatos oficiais é uma forte evidência que provavelmente não existam humanos com mais de 4m de altura.

Finalmente, argumentos implícitos são expressos de forma incompleta. Ou seja, o argumento possui premissas que não foram explicitadas.

Exemplo 2.8.6: Partindo das premissas:

I. Todo médico é formado em medicina.

II. Todo médico é atencioso.

III. Ribamar é atencioso.

IV. Francisca é funcionária do hospital.

Pode-se concluir que há pessoas atenciosas que são formadas em medicina.
O argumento pode ser organizado da seguinte forma:

Premissa 1: "Todo médico é formado em medicina."

Premissa 2: "Todo médico é atencioso."

Premissa 3: "Ribamar é atencioso."

Premissa 4: "Francisca é funcionária do hospital."[56]

Ora, Ribamar é atencioso, mas não necessariamente é médico. Está implícito há pessoas atenciosas que são somente formadas em medicina.

2.9 Exercícios Propostos

Exercício 2.9.1. Considerando que cada proposição lógica simples seja representada por uma letra maiúscula e utilizando os símbolos usuais para os conectivos lógicos, julgue os itens seguintes. [57]

( ) A sentença "Homens e mulheres, ou melhor, todos da raça humana são imprevisíveis" é representada corretamente pela expressão simbólica $(P \wedge Q) \rightarrow R$.

( ) A sentença "Trabalhar no TRT é o sonho de muitas pessoas e, quanto mais elas estudam, mais chances elas têm de alcançar esse objetivo" é representada corretamente pela expressão simbólica $S \wedge T$.

( ) A sentença "Maria é mais bonita que Sílvia, pois Maria é *Miss* Universo e Sílvia é *Miss* Brasil" é representada corretamente pela expressão simbólica $(P \wedge Q) \rightarrow R$.

( ) A sentença "Mais seis meses e logo virá o verão" é representada corretamente pela expressão simbólica $P \rightarrow Q$.

Exercício 2.9.2.

Considerando as regras da lógica sentencial, julgue os itens a seguir. [58]

( ) A negação da proposição "estes papéis são rascunhos ou não têm mais serventia para o desenvolvimento dos trabalhos" é equivalente a "estes papéis não são rascunhos e têm serventia para o desenvolvimento dos trabalhos".

( ) A proposição "um papel é rascunho ou não tem mais serventia para o desenvolvimento dos trabalhos" é equivalente a "se um papel tem serventia para o desenvolvimento dos trabalhos, então é um rascunho".

---

[56] FUNCAB/EMSERH/Assistente Social/2016

[57] CESPE/TRT-RN/Técnico Judiciário/2010/Questões 41 a 44

[58] CESPE/ABIN/Agente Técnico de Inteligência – Administração/2010/Questões 16 e 17

Exercício 2.9.3.

( ) A negação da proposição "Não dirija após ingerir bebidas alcoólicas ou você pode causar um acidente de trânsito" é, do ponto de vista lógico, equivalente à afirmação "Dirija após ingerir bebidas alcoólicas e você não causará um acidente de trânsito". [59]

Exercício 2.9.4.

( ) A proposição "Se estou há 7 anos na faculdade e não tenho capacidade para assumir minhas responsabilidades, então não tenho um mínimo de maturidade" é equivalente a "Se eu tenho um mínimo de maturidade, então não estou há 7 anos na faculdade e tenho capacidade para assumir minhas responsabilidades". [60]

Exercício 2.9.5. A afirmação "A menina tem olhos azuis ou o menino é loiro" tem como sentença logicamente equivalente: [61]

a) se o menino é loiro, então a menina tem olhos azuis.

b) se a menina tem olhos azuis, então o menino é loiro.

c) se a menina não tem olhos azuis, então o menino é loiro.

d) não é verdade que se a menina tem olhos azuis, então o menino é loiro.

e) não é verdade que se o menino é loiro, então a menina tem olhos azuis.

Exercício 2.9.6.

( ) Simbolicamente, a proposição P pode ser expressa na forma $(p \rightarrow q) \wedge (r \rightarrow s)$ em que p, q, r e s são proposições convenientes e os símbolos $\rightarrow$ e $\wedge$ representam, respectivamente, os conectivos lógicos "se ..., então" e "e". [62]

Exercício 2.9.7. Sabe-se que as proposições

- Se Aristides faz gols então o GFC é campeão.

- O Aristides faz gols ou o Leandro faz gols.

- Leandro faz gols.

[59] CESPE/DETRAN-ES/Técnico Superior – Advogado/2010/ Questão 25

[60] CESPE/PRF/Nível Superior/2012

[61] ESAF/Receita Federal/Auditor Fiscal da Receita Federal/ Prova 1-Gabarito 1/2012

[62] CESPE/TRE-RJ/Técnico Judiciário/Operação de Computador/2012

são, respectivamente, verdadeira, verdadeira e falsa. Daí, conclui-se que: [63]

a) Aristides não faz gols ou o GFC não é campeão.

b) Aristides faz gols e o GFC não é campeão.

c) Aristides não faz gols e o GFC é campeão.

d) Aristides faz gols e o GFC é campeão.

e) Aristides não faz gols e o GFC não é campeão.

Exercício 2.9.8. Em lógica, pelo princípio do terceiro excluído, [64]

a) uma proposição falsa pode ser verdadeira e uma proposição verdadeira pode ser falsa.

b) uma proposição verdadeira pode ser falsa, mas uma proposição falsa é sempre falsa.

c) uma proposição ou será verdadeira, ou será falsa, não há outra possibilidade.

d) uma proposição verdadeira é verdadeira e uma proposição falsa é falsa.

e) nenhuma proposição poderá ser verdadeira e falsa ao mesmo tempo.

Exercício 2.9.9. Eu sou homem. O filho de Cláudio é pai do meu filho.

Nesse caso, o que sou de Cláudio? [65]

a) Pai.

b) Avô.

c) Neto.

d) Filho.

e) Bisavô.

Exercício 2.9.10.

Um jovem, ao ser flagrado no aeroporto portando certa quantidade de entorpecentes, argumentou com os policiais conforme o esquema a seguir:

Premissa 1: Eu não sou traficante, eu sou usuário;

Premissa 2: Se eu fosse traficante, estaria levando uma grande quantidade de droga e a teria escondido;

Premissa 3: Como sou usuário e não levo uma grande quantidade, não escondi a droga.

Conclusão: Se eu estivesse levando uma grande quantidade, não seria usuário.

---

[63] CESGRANRIO/Petrobrás/Técnico de Exploração de Petróleo Júnior/Informática/2012

[64] PC-SP/PC-SP/Delegado de Polícia/2011

[65] FCC/MPE-PE/Técnico Ministerial/Área Administrativa/2012

Considerando a situação hipotética apresentada acima, julgue os itens a seguir. [66]

( ) A proposição correspondente à negação da premissa 2 é logicamente equivalente a "Como eu não sou traficante, não estou levando uma grande quantidade de droga ou não a escondi".

( ) Se a proposição "Eu não sou traficante" for verdadeira, então a premissa 2 será uma proposição verdadeira, independentemente dos valores lógicos das demais proposições que a compõem.

( ) Sob o ponto de vista lógico, a argumentação do jovem constitui argumentação válida.

( ) Se P e Q representam, respectivamente, as proposições "Eu não sou traficante" e "Eu sou usuário", então a premissa 1 estará corretamente representada por $P \wedge Q$.

Exercício 2.9.11.

( ) A negação da proposição "Se houver corrupção, os níveis de violência crescerão" é equivalente a "Se não houver corrupção, os níveis de violência não crescerão". [67]

Exercício 2.9.12.

( ) A negação da proposição "Toda pessoa pobre é violenta" é equivalente a "Existe alguma pessoa pobre que não é violenta". [68]

Exercício 2.9.13. Uma das regras elaboradas pela associação dos bancos de um país define que:

Se o vencimento de uma conta não cair em um dia útil, então ele deverá automaticamente ser transferido para o próximo dia útil.

Para que esta regra não tenha sido cumprida, basta que: [69]

a) uma conta cujo vencimento caía num dia útil tenha tido seu vencimento antecipado para o dia útil imediatamente anterior.

b) uma conta cujo vencimento caía num dia útil tenha tido seu vencimento transferido para o próximo dia útil.

c) uma conta cujo vencimento caía num dia útil não tenha tido seu vencimento transferido para o próximo dia útil.

d) uma conta cujo vencimento não caía num dia útil tenha tido seu vencimento transferido para o próximo dia útil.

[66] CESPE/Polícia Federal/Agente da Polícia Federal/2012
[67] CESPE/PC-CE/Inspetor de Polícia Civil/2012
[68] CESPE/PC-CE/Inspetor de Polícia Civil/2012
[69] CONSULPLAN/TSE/Técnico Judiciário/Área Administrativa/2012

e) uma conta cujo vencimento não caía num dia útil não tenha tido seu vencimento transferido para o próximo dia útil.

Exercício 2.9.14. Observe as proposições lógicas simples P, Q e R:

- P: *Hoje é dia de Natal.*
- Q: *Eu vou ganhar presente.*
- R: *A família está feliz.*

As proposições $\sim P, \sim Q, \sim R$ são, respectivamente, as negações das proposições P, Q e R. O conectivo "e" é representado pelo símbolo $\wedge$, enquanto o conectivo "ou" é representado por $\vee$. A implicação é representada por $\rightarrow$. A proposição composta $(\sim P \wedge R) \rightarrow Q$ corresponde a: [70]

a) Hoje é dia de Natal e a família está feliz e eu vou ganhar presente.

b) Hoje não é dia de Natal e a família está feliz ou eu vou ganhar presente.

c) Se hoje não é dia de Natal e a família está feliz então eu vou ganhar presente.

d) Se hoje é dia de Natal ou a família está feliz então eu vou ganhar presente.

Exercício 2.9.15. O responsável por um ambulatório médico afirmou:

"Todo paciente é atendido com certeza, a menos que tenha chegado atrasado."

De acordo com essa afirmação, conclui-se que, necessariamente, [71]

a) nenhum paciente terá chegado atrasado se todos tiverem sido atendidos.

b) nenhum paciente será atendido se todos tiverem chegado atrasados.

c) se um paciente não for atendido, então ele terá chegado atrasado.

d) se um paciente chegar atrasado, então ele não será atendido.

e) se um paciente for atendido, então ele não terá chegado atrasado.

Exercício 2.9.16.

( ) A negação da proposição "A licitação anterior não pode ser repetida sem prejuízo para a administração" está corretamente expressa por "A licitação anterior somente poderá ser repetida com prejuízo para a administração". [72]

---

[70] CONSULPLAN/TSE/Técnico Judiciário/Área Administrativa/2012
[71] FCC/TCE-AP/Técnico de Controle Externo/2012
[72] CESPE/MPU/Técnico Administrativo/2013

Exercício 2.9.17. Em uma ilha, as pessoas são divididas em dois clãs. O clã dos *cavaleiros* que só falam a verdade e o clã dos *cafajestes* que só falam mentiras (enunciados falsos). Nessas condições, assinale a alternativa que apresenta corretamente o enunciado que nenhum habitante da ilha pode proferir. [73]

a) A lua é feita de queijo suíço.

b) Está nevando e não está nevando.

c) Eu sou cafajeste.

d) Dois mais dois é igual a quatro.

e) Os cavaleiros só falam falsidades.

Exercício 2.9.18. Considerando os conectivos usuais de negação, disjunção (inclusiva), conjunção e implicação (material), assinale a alternativa correta. [74]

a) Não existem tautologias só com o conectivo de implicação.

b) Não existem tautologias com o conectivo de conjunção.

c) Não existem contradições sem que ocorra o conectivo de negação.

d) Não existem contradições com apenas uma letra sentencial (considerando que ela pode ser utilizada mais de uma vez).

e) Existem tautologias que só possuem os conectivos de disjunção e conjunção.

Exercício 2.9.19. Todas as pessoas que comem pão com manteiga gostam de manteiga. Algumas pessoas que comem manteiga não gostam de manteiga. Logo, pode-se afirmar, corretamente, que: [75]

a) ninguém gosta de manteiga.

b) todos os que comem manteiga, gostam de manteiga.

c) alguns dos que comem manteiga, não comem pão com manteiga.

d) quem come pão, gosta de manteiga.

e) só quem come pão com manteiga, gosta de manteiga.

Exercício 2.9.20. A afirmativa "Se a rosa é amarela, então o cravo é vermelho" é falsa, apenas quando a rosa: [76]

a) não é amarela e o cravo não é vermelho.

b) não é amarela e o cravo é vermelho.

---

[73] VUNESP/PC-SP/Escrivão de Polícia Civil/2013

[74] VUNESP/PC-SP/Investigador de Polícia/2013

[75] VUNESP/FUNDUNESP/Analista Programador Júnior/2013

[76] FUNIVERSA/PM-DF/Soldado da Polícia Militar–Combatente/2013

c) não é amarela e o cravo é branco.

d) é amarela e o cravo é vermelho.

e) é amarela e o cravo não é vermelho.

Exercício 2.9.21.

( ) A proposição "Fiscalizar os poderes constituídos é um dos pilares da democracia e garantir a liberdade de expressão, outro pilar da democracia" pode ser corretamente representada por $p \wedge q$. [77]

Exercício 2.9.22. *(FUNCAB - 2013 - PC-ES - Médico Legista)*

Considere que as seguintes afirmações são verdadeiras:

"Alguma candidata é médica."

"Toda candidata é formada."

Assim sendo, das opções abaixo, a única verdadeira é:

a) Alguma candidata médica não é formada.

b) Alguma candidata não médica não é formada.

c) Alguma candidata formada é médica.

d) Toda candidata médica não é formada.

e) Toda candidata formada é médica.

Exercício 2.9.23. Partindo das premissas:

(1) Todo delegado é justo.

(2) Todo delegado é formado em direito.

(3) Leonardo é justo.

(4) Amanda é perita.

Pode-se concluir que: [78]

a) Toda pessoa justa é formada em direito.

b) Leonardo é delegado.

---

[77] CESPE/IBAMA/Analista Ambiental/Tema 2/2013

[78] FUNCAB/PC-ES/Médico Legista/2013

c) Amanda é justa.

d) Há pessoas formadas em direito que são justas.

e) Leonardo e Amanda são formados em direito.

Exercício 2.9.24. Considere verdadeira a declaração:

"Se alguém é delegado, então não tem medo."

Com base na declaração, é correto concluir que: [79]

a) Se alguém não tem medo, então é delegado.

b) Se alguém tem medo, então não é delegado.

c) Se alguém não tem medo, então não é delegado.

d) Se alguém não é delegado, então tem medo.

e) Se alguém não é delegado, então não tem medo.

Exercício 2.9.25. A negação da proposição condicional "Luciana é médica e legista da Polícia Civil" é: [80]

a) Luciana é médica ou é legista da Polícia Civil.

b) Luciana não é médica e é legista da Polícia Civil.

c) Luciana não é médica ou é legista da Polícia Civil.

d) Luciana não é médica e não é legista da Polícia Civil.

e) Luciana não é médica ou não é legista da Polícia Civil.

Exercício 2.9.26. Considerando verdadeira a frase "Todo brasileiro é apaixonado por futebol", pode-se concluir, corretamente: [81]

a) Se é apaixonado por futebol, então não é brasileiro.

b) Se é apaixonado por futebol, então é brasileiro.

c) Se não é apaixonado por futebol, então não é brasileiro.

d) Se não é apaixonado por futebol, então é brasileiro.

e) Se não é brasileiro, então não é apaixonado por futebol.

Exercício 2.9.27. Considerando que todos os passarinhos são pardais e que nenhum pardal sabe cantar,

---

[79] FUNCAB/PC-ES/Médico Legista/2013

[80] FUNCAB/PC-ES/Médico Legista/2013

[81] FUNCAB/PC-ES/Perito em Telecomunicações/2013

marque a alternativa correta. [82]

a) Algum passarinho não é pardal.

b) Algum passarinho sabe cantar.

c) Nenhum passarinho é pardal.

d) Algum pardal sabe cantar.

e) Nenhum passarinho sabe cantar.

Exercício 2.9.28. A negação da proposição "Se andar rápido fizesse bem, coelhos não morreriam cedo" é logicamente equivalente a: [83]

a) Se andar rápido não fizesse bem, coelhos morreriam cedo.

b) Se coelhos não morressem cedo, andar rápido faria bem.

c) Andar rápido não faz bem, ou coelhos morreriam cedo.

d) Se coelhos morressem cedo, andar rápido faria bem.

e) Andar rápido faz bem e coelhos não morrem cedo.

Exercício 2.9.29. Um vereador afirmou que, no último ano, compareceu a todas as sessões da Câmara Municipal e não empregou parentes em seu gabinete. Para que essa afirmação seja falsa, é necessário que, no último ano, esse vereador: [84]

a) tenha faltado em todas as sessões da Câmara Municipal ou tenha empregado todos os seus parentes em seu gabinete.

b) tenha faltado em pelo menos uma sessão da Câmara Municipal e tenha empregado todos os seus parentes em seu gabinete.

c) tenha faltado em pelo menos uma sessão da Câmara Municipal ou tenha empregado um parente em seu gabinete.

d) tenha faltado em todas as sessões da Câmara Municipal e tenha empregado um parente em seu gabinete.

e) tenha faltado em mais da metade das sessões da Câmara Municipal ou tenha empregado pelo menos um parente em seu gabinete.

---

[82] FUNCAB/PC-ES/Perito em Telecomunicações/2013

[83] CESPE/SEGER-ES/Analista Executivo/Direito/2013

[84] FCC/TRT/1ª REGIÃO (RJ)/Analista Judiciário/Área Administrativa/2013

Exercício 2.9.30. A negação de "Paulo é botafoguense e gosta de cinema" é: [85]

a) Paulo não é botafoguense e não gosta de cinema

b) Paulo não é botafoguense, mas gosta de cinema

c) Paulo não é botafoguense ou não gosta de cinema

d) Paulo não gosta de cinema

Exercício 2.9.31. A negação de "se Joaquim passa no concurso então faz uma viagem" é: [86]

a) Joaquim não passa no concurso e não viaja

b) Joaquim passa no concurso e não viaja

c) Joaquim não passa no concurso ou não viaja

d) se Joaquim não passa no concurso então não viaja

Exercício 2.9.32. Os silogismos são formas lógicas compostas por premissas e uma conclusão que se segue delas. Um exemplo de silogismo válido é: [87]

a) Curitiba é capital de Estado. São Paulo é capital de Estado. Belém é capital de Estado.

b) Alguns gatos não têm pelo. Todos os gatos são mamíferos. Alguns mamíferos não têm pelo.

c) Todas as aves têm pernas. Os mamíferos têm pernas. Logo, todas as mesas têm pernas.

d) Antes de ontem choveu. Ontem também choveu. Logo, amanhã certamente choverá.

e) Todas as plantas são verdes. Todas as árvores são plantas. Todas as árvores são mortais

Exercício 2.9.33. Durante um comício de sua campanha para o Governo do Estado, um candidato fez a seguinte afirmação:

"Se eu for eleito, vou asfaltar 2.000 quilômetros de estradas e construir mais de 5.000 casas populares em nosso Estado." Considerando que, após algum tempo, a afirmação revelou-se falsa, pode-se concluir que, necessariamente, [88]

a) o candidato foi eleito e foram construídas mais de 5.000 casas populares no Estado.

b) não foram asfaltados 2.000 quilômetros de estradas ou não foram construídas mais de 5.000 casas populares no Estado.

[85] BIO-RIO/EMGEPRON/Advogado/2014
[86] BIO-RIO/EMGEPRON/Advogado/2014
[87] VUNESP/PC-SP/Escrivão de Polícia/2014
[88] FCC/TRT/2ª REGIÃO (SP)/Analista Judiciário/Área Administrativa/2014

c) o candidato não foi eleito e não foram asfaltados 2.000 quilômetros de estradas no Estado.

d) o candidato não foi eleito, mas foram construídas mais de 5.000 casas populares no Estado.

e) o candidato foi eleito, mas não foram asfaltados 2.000 quilômetros de estradas no Estado.

Exercício 2.9.34. Seja a afirmação: "Se o chão está molhado e o céu está limpo, então não choveu." A negação dessa afirmação é: [89]

a) Se o chão está molhado e o céu não está limpo, então choveu.

b) O chão está molhado e o céu está limpo, e choveu

c) Se chove o chão fica molhado e o céu não fica limpo.

d) Choveu, então o céu está limpo e o chão não está molhado.

e) Choveu, então o céu não está limpo ou o chão não está molhado.

Exercício 2.9.35. Uma frase logicamente equivalente a "Se jogo xadrez, então sou bom em matemática" é: [90]

a) Se sou bom em matemática, então jogo xadrez

b) Se não sou bom em matemática, então não jogo xadrez.

c) Se não jogo xadrez, então não sou bom em matemática.

d) Posso ser bom em matemática sem saber jogar xadrez.

e) Posso ser jogador de xadrez sem ser bom em matemática

Exercício 2.9.36. Jonas está isolado no deserto a 100 km de distância de sua tribo e possui uma carga de 300 bananas. Ele tem um camelo que consegue transportar 100 bananas por vez, mas, para andar 1 km, o camelo precisa comer uma banana. As bananas podem ser deixadas ao longo do caminho para que o camelo volte para pegar aquelas que foram deixadas para trás, lembrando que o camelo sempre precisa comer uma banana antes de percorrer 1 km, estando ou não carregado de bananas. O número máximo de bananas que esse camelo conseguirá transportar para a tribo de Jonas é: [91]

a) 1

b) 40

c) 53

[89] VUNESP/EMPLASA/Analista de Geomática/Engenharia da Computação/2014

[90] VUNESP/EMPLASA/Analista de Geomática/Engenharia da Computação/2014

[91] VUNESP/EMPLASA/Analista de Geomática/Engenharia da Computação/2014

d) 75

e) 99

Exercício 2.9.37. Augusto, Beatriz, Carlos, Daniela e Érica estão sentados, nessa ordem, em uma mesa circular, sendo que Beatriz está à esquerda de Augusto. Todos levantaram-se para buscar seus pratos de comida e quando voltaram à mesa, perceberam que nenhum deles ficou sentado ao lado de alguém com quem, inicialmente, estava lado a lado. Sabendo-se que, após a mudança, à esquerda de Augusto e entre ele e Érica, sentou-se mais de uma pessoa, seus nomes são, nessa ordem, [92]

a) Daniela e Beatriz

b) Carlos e Daniela

c) Carlos e Beatriz.

d) Carlos, Daniela e Beatriz.

e) Daniela, Beatriz e Carlos.

[92] VUNESP/EMPLASA/Analista Administrativo/Tecnologia da Informação/2014

Capítulo 3

Álgebra Básica

3.1 Potência

Seja $x \in \mathbb{R} - \{0\}$ (x é um número real com exceção de zero) a **base** e $n \in \mathbb{N}$ o **expoente**. A multiplicação de x por ele mesmo n vezes é abreviada para

$$x^n = \underbrace{x \cdot x \cdot x \cdot x \ldots \cdot x}_{\text{n vezes}}.$$

É importante ressaltar que para uma base negativa, se n é um número natural par, tem-se $(-x)^n = x^n$ $\left(ex:(-5)^2 = 25\right)$; e para n ímpar, tem-se $(-x)^n = -x^n$ $\left(ex:(-5)^3 = -125\right)$.

As seguintes propriedades de potenciação podem ser observadas:

P1. $x^0 = 1;$

P2. $x^{-n} = \frac{1}{x^n};$

P3. $x^{\frac{1}{n}} = \sqrt[n]{x}, \quad n \in \mathbb{N} - \{0\}.$

Note que na propriedade P2 n é um número positivo ($n \in \mathbb{N}$) porém o expoente da base, $-n$, é negativo. Na propriedade P3, o expoente representa a raiz enésima de x e n é denotado o índice da raiz. Neste caso, não faz sentido tratar da raiz zero de x. Sendo assim, n é um número natural com exceção de zero. Lembre-se que para $n = 2$, o índice 2 é omitido da raiz: $x^{\frac{1}{2}} = \sqrt[2]{x} = \sqrt{x}.$

Exemplo 3.1.1. O valor da expressão $(-7 + 6)^2 \cdot (-13 + 14)^0 \div (5 - 7)^2 \cdot (-1 - 1)^3$ é exatamente igual a -2. [1]

Reescrevendo a expressão acima, segue que

[1] VUNESP/Pref. São José do Rio Preto-SP/Técnico Jurídico/Nível Superior/2011/Questão 18

$$(-7+6)^2\cdot(-13+14)^0\div(5-7)^2\cdot(-1-1)^3 \;=\; (-7+6)^2\cdot\left[\frac{(-13+14)^0}{(5-7)^2}\right]\cdot(-1-1)^3.$$

Observando a propriedade P1, obtemos

$$\begin{aligned}(-7+6)^2\cdot\left[\frac{(-13+14)^0}{(5-7)^2}\right]\cdot(-1-1)^3 &= (-1)^2\cdot\left[\frac{\overbrace{(1)^0}^{=1(\text{por P1})}}{(-2)^2}\right]\cdot(-2)^3\\ &= \overbrace{1\cdot\frac{1}{4}\cdot(-8)}^{=-8/4(\text{por O3})}\\ &= \frac{-8}{4}\end{aligned}$$

$$\boxed{(-7+6)^2\cdot(-13+14)^0\div(5-7)^2\cdot(-1-1)^3=-2.}$$

As seguintes propriedades podem ser observadas para operações entre bases com potência quando $x, y \in \mathbb{R}-\{0\}$ e $m, n \in \mathbb{Z}$:

P4. $x^m \cdot x^n = x^{m+n}$;

P5. $\frac{x^m}{x^n} = x^{m-n}$;

P6. $(x\cdot y)^n = x^n \cdot y^n$;

P7. $\left(\frac{x}{y}\right)^n = \frac{x^n}{y^n}$;

P8. $(x^m)^n = x^{m\cdot n}$.

Agora, percebe-se que as propriedades P4 a P8 podem ser utilizadas tanto para n e m positivos quanto para n e m negativos (Daí $m, n \in \mathbb{Z}$).

Note que a propriedade P8 é diferente da operação x^{m^n}. Aqui, m está elevado a n enquanto que em $(x^m)^n$, m multiplica n.

Exemplo 3.1.2. Para todo número inteiro x, tem-se $\dfrac{4^{x-1}+4^x+4^{x+1}}{4^{x-2}+4^{x-1}}=16,8.$ [2]

Simplificando o lado esquerdo da igualdade, temos que a expressão é igual a

$$\frac{4^{x-1}+4^x+4^{x+1}}{4^{x-2}+4^{x-1}}=\frac{\overbrace{\frac{4^x}{4^1}}^{\text{por P5}}+4^x+\overbrace{4^x\cdot 4^1}^{\text{por P4}}}{\overbrace{\frac{4^x}{4^2}}^{\text{por P5}}+\overbrace{\frac{4^x}{4^1}}^{\text{por P5}}}$$

$$=\frac{\cancel{4^x}\left(\underbrace{\frac{1}{4}+1+4}_{m.m.c(4,1)=4}\right)}{\cancel{4^x}\left(\underbrace{\frac{1}{16}+\frac{1}{4}}_{m.m.c(16,4)=16}\right)}$$

$$=\overbrace{\frac{\frac{1\cdot 1+4\cdot 1+4\cdot 4}{4}}{\frac{1\cdot 1+4\cdot 1}{16}}}^{\text{por O1}}$$

$$=\frac{\frac{21}{4}}{\frac{5}{16}}$$

$$=\overbrace{\frac{21}{\cancel{4}_{1}}\times\frac{\cancel{16}^{4}}{5}}^{\text{por O4}}$$

$$=\frac{84}{5}$$

$$\boxed{\frac{4^{x-1}+4^x+4^{x+1}}{4^{x-2}+4^{x-1}}=\frac{84}{5}=16,8.}$$

[2] FCC/TRF - 2ª REGIÃO/Técnico Judiciário/Segurança e Transporte/2012/Questão 259

É importante ressaltar que as propriedades de operações de frações O1 e O4 utilizadas acima serão detalhadas na próxima seção.

Além das propriedades P1 a P8 acima, quando o expoente é uma raiz enésima, as seguintes propriedades para $x, y \in \mathbb{R}_+$ e $m \in \mathbb{Z}$, $n \in \mathbb{N} - \{0\}$ são observadas:

P9. $\sqrt[n]{x^m} = x^{\frac{m}{n}}$;

P10. $\sqrt[n]{x \cdot y} = \sqrt[n]{x} \cdot \sqrt[n]{y}$;

P11. $\sqrt[n]{\frac{x}{y}} = \frac{\sqrt[n]{x}}{\sqrt[n]{y}}, \qquad y \neq 0$;

P12. $\left(\sqrt[n]{x}\right)^m = \sqrt[n]{x^m}, \qquad x \neq 0, m \neq 0$;

P13. $\sqrt[p]{\sqrt[n]{x}} = \sqrt[p \cdot n]{x}, \qquad p \in \mathbb{N} - \{0\}$.

É importante ressaltar que a propriedade P9 é uma extensão de P3. E em P12, note que somente a base x é elevada a m, ou seja, m não altera a raiz enésima.

Exemplo 3.1.3. O conjunto solução da equação $\sqrt{2^x \cdot \sqrt{2^{2x}}} = \frac{1}{8}$ está contido no intervalo [-3,-2[. [3]

Simplificando ambos os lados da equação, e observando continuamente as propriedades P2, P4, P9, P10 e P13, obtemos

[3] Unicentro/Nível Médio/2012/Questão 174

$$\sqrt{2^x \cdot \sqrt{2^{2x}}} = \frac{1}{8}$$

$$\overbrace{\sqrt{2^x} \cdot \sqrt{\sqrt{2^{2x}}}}^{\text{por P10}} = \frac{1}{2^3}$$

$$\overbrace{2^{\frac{x}{2}}}^{\text{por P9}} \cdot \overbrace{\sqrt[4]{2^{2x}}}^{\text{por P13}} = \overbrace{2^{-3}}^{\text{por P2}}$$

$$2^{\frac{x}{2}} \cdot 2^{\overbrace{\frac{2x}{4}}^{\text{por P9}}} = 2^{-3}$$

$$2^{\frac{x}{2}} \cdot 2^{\frac{x}{2}} = 2^{-3}$$

$$2^{\overbrace{\frac{x}{2}+\frac{x}{2}}^{\text{por P4}}} = 2^{-3}$$

$$2^x = 2^{-3}.$$

Note que a base em ambos os lados da equação é igual a 2. Isto implica que potências iguais e de mesma base têm os expoentes iguais. Segue, portanto, que

$$\boxed{x = -3.}$$

Ou seja, $\boxed{-3 \le x < -2}$ $([-3,-2[)$.

Finalmente, as seguintes expressão algébricas são continuamente utilizadas para $x, y \in \mathbb{R}$:

E1. $(x+y)^2 = x^2 + 2xy + y^2$;

E2. $(x-y)^2 = x^2 - 2xy + y^2$;

E3. $(x^2 - y^2) = (x-y)(x+y)$.

Exemplo 3.1.4. Efetuando-se $\left(\sqrt[4]{6+2\sqrt{5}}\right) \times \left(\sqrt[4]{6-2\sqrt{5}}\right)$ obtém-se um número menor que 5. [4]

Observe que a expressão acima é um exemplo da expressão algébrica E3. Assim, temos que

[4] FCC/TRF - 2ª REGIÃO/Técnico Judiciário/Segurança e Transporte/2012/Questão 259

$$\left(\sqrt[4]{6+2\sqrt{5}}\right)\times\left(\sqrt[4]{6-2\sqrt{5}}\right)=\sqrt[4]{6^2-\left(2\sqrt{5}\right)^2}$$
$$=\sqrt[4]{36-\overbrace{\left(2^2\cdot\left(\sqrt{5}\right)^2\right)}^{\text{por P6}}}$$
$$=\sqrt[4]{36-(4\cdot 5)}$$
$$=\sqrt[4]{16}$$

$$\boxed{\left(\sqrt[4]{6+2\sqrt{5}}\right)\times\left(\sqrt[4]{6-2\sqrt{5}}\right)=2.}$$

O cálculo de $\left(\sqrt{5}\right)^2$ pode ser efetuado explicitamente da seguinte forma:

$$\left(\sqrt{5}\right)^2=\overbrace{\sqrt{5^2}}^{\text{por P12}}=\sqrt{25}=5.$$

Analogamente, temos que $\sqrt[4]{16}$ é igual a $\sqrt[4]{16}=\sqrt[4]{2^4}=\overbrace{2^{\frac{4}{4}}}^{\text{por P9}}=2^1=2.$

Exemplo 3.1.5. O número primo 7 não divide $3^{16}-2^{16}$. [5]

Expandindo $3^{16}-2^{16}$ por E3, e observando continuamente a propriedade P8, temos

$$\begin{aligned}3^{16}-2^{16} &= ((3^8)^2-(2^8)^2)\\ &= (3^8-2^8)\cdot(3^8+2^8)\\ &= \overbrace{((3^4)^2-(2^4)^2)}^{\text{por P8}}\cdot(3^8+2^8)\\ &= (3^4-2^4)\cdot(3^4+2^4)\cdot(3^8+2^8)\end{aligned}$$

[5] PENUM/MPE-PE/Estágio/Nível Médio/2011/Questão 19

$$\begin{aligned}
3^{16}-2^{16} &= (3^4-2^4)\cdot(3^4+2^4)\cdot(3^8+2^8)\\
&= \overbrace{((3^2)^2-(2^2)^2)}^{\text{por P8}}\cdot(3^4+2^4)\cdot(3^8+2^8)\\
&= (3^2-2^2)\cdot(3^2+2^2)\cdot(3^4+2^4)\cdot(3^8+2^8)
\end{aligned}$$

$$\boxed{3^{16}-2^{16}=5\cdot(3^2+2^2)\cdot(3^4+2^4)\cdot(3^8+2^8).}$$

Concluímos que $3^{16}-2^{16}$ é divisível por 5, não 7.

Exemplo 3.1.6. Se p é o maior fator primo de $3^{14}+3^{13}-12$, então p é igual a 73. [6]

Decompondo o número $3^{14}+3^{13}-12$ em fatores primos, obtemos

$$\begin{aligned}
3^{14}+3^{13}-12 &= \overbrace{3^{13}\cdot(3^1+\underbrace{3^0}_{=1(\text{por P1})})}^{\text{por P6}}-3\cdot 4\\
&= 3^{13}\cdot 4-3\cdot 4\\
&= 4(3^{13}-3)\\
&= 4\cdot(\overbrace{3^1\cdot 3^{12}}^{\text{por P4}}-3)\\
&= 4\cdot 3\cdot(3^{12}-1)\\
&= 2^2\cdot 3\cdot(\overbrace{(3^6)^2}^{\text{por P8}}-1^2)\\
&= 2^2\cdot 3\cdot\overbrace{(3^6-1)\cdot(3^6+1)}^{\text{por E3}}\\
&= 2^2\cdot 3\cdot(\overbrace{(3^3)^2}^{\text{por P8}}-1^2)\cdot(3^6+1)\\
&= 2^2\cdot 3\cdot\overbrace{(3^3-1)\cdot(3^3+1)}^{\text{por E3}}\cdot(3^6+1)\\
&= 2^2\cdot 3\cdot(26)\cdot(28)\cdot(730)\\
&= 2^2\cdot 3\cdot(3\cdot 13)\cdot(4\cdot 7)\cdot(73\cdot 10)\\
&= 2^2\cdot 3^2\cdot 13\cdot 2^2\cdot 7\cdot 73\cdot 2\cdot 5\\
&= \overbrace{2^5}^{\text{por P4}}\cdot 3^2\cdot 5\cdot 7\cdot 13\cdot 73.
\end{aligned}$$

[6] PENUM/MPE-PE/Estágio/Nível Superior/2011/Questão 21

Assim, já pela antepenúltima linha concluímos que o maior fator primo é $\boxed{73.}$

3.2 Frações Ordinárias e Números Decimais

As frações $\frac{p}{q}$, onde $\frac{p}{q} \in \mathbb{Q}$, $p, q \in \mathbb{Z}$ e $q \neq 0$, são chamadas de números racionais. Note que p pode ser dividido por q caso eles tenham fatores comuns. Neste caso, $\frac{p}{q}$ é chamado de uma **fração redutível**. Do contrário, $\frac{p}{q}$ é uma **fração irredutível**. E para o numerador ou o denominador negativo, ou para ambos o numerador e o denominador negativos, segue que $\frac{-p}{q} = \frac{p}{-q} = -\frac{p}{q}$ $\left(ex: \frac{-3}{2} = \frac{3}{-2} = -\frac{3}{2}\right)$ e $\frac{-p}{-q} = \frac{p}{q}$ $\left(ex: \frac{-5}{-6} = \frac{5}{6}\right)$.

Assim como nos números naturais e nos inteiros, os números racionais podem ser adicionados, subtraídos, multiplicados e divididos.[7] Para as frações $x = \frac{a}{b}$ e $y = \frac{c}{d}$, as quatro operações resultam no seguinte:

01. $x + y = \frac{a}{b} + \frac{c}{d} = \frac{a \cdot d + c \cdot b}{b \cdot d}$;[8]
02. $x - y = \frac{a}{b} - \frac{c}{d} = \frac{a \cdot d - c \cdot b}{b \cdot d}$;
03. $x \cdot y = \frac{a}{b} \cdot \frac{c}{d} = \frac{a \cdot c}{b \cdot d}$;
04. $\frac{x}{y} = \frac{\frac{a}{b}}{\frac{c}{d}} = \frac{a}{b} \times \frac{d}{c} = \frac{a \cdot d}{b \cdot c}$.

Note que na soma e na subtração de frações o **mínimo múltiplo comum (m.m.c.)** $b \cdot d$ entre b e d é calculado. Em termos de conjuntos, seja $M(b)$ o conjunto de todos os múltiplos inteiros de b e $M(d)$ o conjunto de todos os múltiplos inteiros de d. O m.m.c. entre b e d é dado pelo menor número inteiro positivo de $m.m.c.(b, d) = M(b) \cap M(d)$.

Para o caso específico em que os denominadores das frações x e y são iguais, a adição e a subtração são simplesmente $x + y = \frac{a}{b} + \frac{c}{b} = \frac{a+c}{b}$ e $x - y = \frac{a}{b} - \frac{c}{b} = \frac{a-c}{b}$.

---

[7] ESPP/COBRA/Tecnologia S-A (BB)/Analista Administrativo/Matemática/2013/Questão 249
[8] UFMT/COPEL/Profissional de Nível Médio/Matemática/2013/Questão 63

Já a divisão é sempre efetuada multiplicando a primeira fração pelo inverso da segunda.

Exemplo 3.2.1. *A expressão* $\frac{1.000}{0{,}01}$ *fornece o resultado 100.000.* [9]

O cálculo de $\frac{1.000}{0{,}01}$ pode ser efetuado tanto por operações entre frações como por potenciação:

Método 1: $= \frac{1.000}{\frac{1}{100}} = \overbrace{1.000 \times \frac{100}{1}}^{\text{por O4}} = \frac{100.000}{1} = 100.000;$

Método 2: $= \frac{10^3}{10^{-2}} = \overbrace{10^5}^{\text{por P5}} = 100.000.$

Exemplo 3.2.2. A expressão $\left(\frac{5}{2}+\frac{3}{4}\right)^3 \times \left(\frac{26}{8}\right)^2$ é igual a $\left(\frac{13}{4}\right)^5$. [10]

$$\left(\underbrace{\frac{5}{2}+\frac{3}{4}}_{m.m.c(2,4)=4}\right)^3 \times \left(\frac{26}{8}\right)^2 = \left(\overbrace{\frac{5\cdot 2+3\cdot 1}{4}}^{\text{por O1}}\right)^3 \times \overbrace{\frac{26^2}{8^2}}^{\text{por P7}}$$

$$= \left(\frac{13}{4}\right)^3 \times \frac{26^2}{8^2}$$

$$= \overbrace{\frac{13^3}{4^3}}^{\text{por P7}} \times \frac{26^2}{8^2}$$

$$= \frac{13^3}{4^3} \times \frac{(2\cdot 13)^2}{8^2}$$

$$= \frac{13^3}{4^3} \times \frac{\overbrace{2^2\cdot 13^2}^{\text{por P6}}}{8^2}.$$

Rearranjando os números no numerador,

[9] IBFC/MPE-SP/Oficial de Promotoria/Nível Médio/2011/Questão 40
[10] FMP-RS/MPE-AC/Analista Pericial/Engenharia Civil/2013

$$\left(\frac{5}{2}+\frac{3}{4}\right)^3 \times \left(\frac{26}{8}\right)^2 = \frac{\overbrace{13^3 \cdot 4 \cdot 13^2}^{\text{por O3}}}{4^3 \cdot 8^2}$$

$$= \frac{\overbrace{13^3 \cdot 13^2}^{\text{por P4}} \cdot \overbrace{4^1}^{\text{por P5}}}{8^2 \cdot 4^3}$$

$$= \frac{13^5}{\underbrace{8^2}_{=64=4^3} \cdot 4^2}$$

$$= \frac{13^5}{\underbrace{4^3 \cdot 4^2}_{\text{por P4}}}$$

$$\boxed{= \frac{13^5}{4^5} = \overbrace{\left(\frac{13}{4}\right)^5}^{\text{por P7}}.}$$

Exemplo 3.2.3. O valor de x na equação $x+2/4=(5+15/5)/(8-16/4)$ é 1,5. [11]

$$x+\frac{2}{4}=\frac{5+\frac{15}{5}}{8-\frac{16}{4}}$$

$$x+\frac{1}{2}=\frac{5+3}{8-4}$$

$$x+\frac{1}{2}=\frac{8}{4}$$

$$x=2-\frac{1}{2}$$

$$x=\underbrace{\frac{2}{1}-\frac{1}{2}}_{m.m.c(1,2)=2}$$

$$x=\underbrace{\frac{2\cdot 2-1\cdot 1}{2}}_{\text{por O2}}$$

$$\boxed{x=\frac{3}{2}=1,5.}$$

[11] IESES/CRA-SC/Advogado/2013

Os números racionais positivos possuem sua **parte inteira** e sua **parte fracionária**: $x = \frac{a}{b} = q + \frac{r}{b}$; q é o quociente da divisão e r é o resto onde $0 \leq r < b$. [12]

A expansão decimal de um número racional positivo é dado pela soma de sua parte inteira q mais a expansão decimal de sua parte fracionária $\frac{r}{b}$ que pode ou não ser uma **dízima periódica.** [13] Este resultado é um **número decimal**. No exemplo 3.2.3, $\frac{3}{2}$ é um número racional positivo e 1,5 sua expansão decimal. Sua parte inteira é 1 e a expansão de sua parte fracionária é 0,5.

Note que todos as frações podem ser convertidas em números decimais ou dízimas periódicas e que, analogamente, todo número decimal ou dízima periódica pode ser escrita com uma fração de denominador e numerador inteiros.[14]

Exemplo 3.2.4. Somando 2,33... e 3,11... podemos dizer que a terça parte dessa soma vale $\frac{49}{27}$. [15]

A parte inteira da dízima periódica 2,33... é 2; e a expansão da parte fracionária de 2,33... é 0,33... Convertendo em uma fração, temos que 0,33... é igual a $\frac{1}{3}$. E, portanto, 2,33.. é igual a

$$\begin{aligned} 2{,}33\ldots &= 2 + \frac{1}{3} \\ &= \underbrace{\frac{2}{1} + \frac{1}{3}}_{\text{m.m.c.}(1,3)=3} \\ &= \frac{\overbrace{2 \cdot 3 + 1 \cdot 1}^{\text{por O1}}}{3} \\ &= \frac{7}{3}. \end{aligned}$$

Analogamente, a parte inteira de 3,11... é 3 e a expansão de sua parte fracionária é 0,11...; como uma fração, 0,11... é igual a um terço de 0,33... ou $\frac{1}{9}$. Assim, 3,11... é igual a

---

[12] FCC/AL-PB/Assistente Legislativo/Matemática/2013/Questão 74
[13] ESPP/COBRA/Tecnologia S-A (BB)/Analista Administrativo/Matemática/2013/Questão 235
[14] ESPP/COBRA/Tecnologia S-A (BB)/Analista Administrativo/Matemática/2013/Questão 249
[15] IBFC/MPE-SP/Oficial de Promotoria/Nível Médio/2011/Questão 39

$$\begin{aligned} 3{,}11\ldots &= 3+\frac{1}{9} \\ &= \underbrace{\frac{3}{1}+\frac{1}{9}}_{m.m.c.(1,9)=9} \\ &= \frac{\overbrace{3\cdot 9+1\cdot 1}^{\text{por } 01}}{9} \\ &= \frac{28}{9}. \end{aligned}$$

Finalmente, a terça de 2,33… +3,11.. . é igual a

$$\begin{aligned} \frac{1}{3}\cdot\underbrace{\left(\frac{7}{3}+\frac{28}{9}\right)}_{m.m.c.(3,9)=9} &= \frac{1}{3}\overbrace{\left(\frac{7\cdot 3+28\cdot 1}{9}\right)}^{\text{por } 01} \\ &= \underbrace{\frac{7\cdot 3+28\cdot 1}{27}}_{\text{por } 03}. \end{aligned}$$

$$\boxed{2{,}33\ldots+3{,}11\ldots=\frac{49}{27}.}$$

Fatorando explicitamente o $m.m.c(3,9)$ por motivos de clareza na resolução do exemplo, encontramos

3-9	3
1-3	3
1-1	$3\cdot 3=9$

O mesmo procedimento pode ser efetuado para os demais m.m.c calculados nos exemplos.

Exemplo 3.2.5. 71 é o número natural que ao ser dividido por 9 tem quociente 7 e deixa o maior resto possível.[16]

[16] IBF/FUNCAB/SEAD-PB/Técnico Administrativo/2012/Questão 119

Note que 7 é a parte inteira da divisão de x por 9. Isto implica que $63 \le x < 72$. Segue que 63 ao ser dividido por 9 tem quociente 7 e deixa o menor resto possível: 0. Analogamente, 72 ao ser dividido por 9 tem quociente 8 e também deixa resto 0. Conclui-se que

$\boxed{\text{71 ao ser dividido por 9 deixa o maior resto } r \text{ possível}}$. Note que r não precisa ser calculado para sabermos que a resposta é 71.

Exemplo 3.2.6. 7.597 dividido por 13 dá quociente 584 e resto 5. [17]

Note que 584 é a parte inteira da divisão de x por 13 e $5/13$ é a parte fracionária, ou seja, 5 é o resto. Isto implica que

$$x = 584 \cdot 13 + 5$$
$$x = 7592 + 5$$
$$\boxed{x = 7597.}$$

Exemplo 3.2.7. O ano de 2016, ano das Olimpíadas no Brasil, será bissexto. Nesse ano, o dia 1º de janeiro será uma sexta-feira. Então o dia de Natal (25 de dezembro) desse ano será domingo. [18]

Em um ano bissexto são 366 dias. Levando em consideração que cada semana possui 7 dias, temos que 1º de janeiro de 2017 cairá em um (a):

$$x = \underbrace{\overbrace{52 \cdot 7}^{\text{52 semanas em 1 ano}}}_{\text{sexta-feira}} + \underbrace{2}_{\text{dois dias depois}}$$
$$x = \text{domingo.}$$

25 de dezembro de 2016 são 7 dias antes de 1º de janeiro de 2017. Portanto, o Natal de 2016 será celebrado em um $\boxed{\text{domingo.}}$

De uma forma geral, se uma data cai num determinado dia da semana, no ano seguinte cairá no dia seguinte $(365 = 52 \cdot 7 + 1)$. Se o ano for bissexto, cairá dois dias depois $(366 = 52 \cdot 7 + 2)$.

---

[17] CETRO/TJ-RS/Oficial de Transportes/2012/Questão 79

[18] CEPERJ/PROCON-RJ/Agente de Proteção e Defesa do Consumidor/2012

Exemplo 3.2.8. Ana Clara tem três álbuns de figuras. No primeiro, estão três décimos do total de figuras; no segundo, estão alguns oitavos do total de figuras e, no terceiro álbum, estão 15 figuras. 125 figuras estão no segundo álbum. [19]

Seja x o número de figuras que Ana Clara possui nos três álbuns. No primeiro álbum, Ana tem $\frac{3}{10}\cdot x$. No segundo, $\frac{y}{8}\cdot x$ e no terceiro álbum, 15 figuras. Somando o total de figurinhas nos três álbuns:

$$\frac{3}{10}\cdot x+\frac{y}{8}\cdot x+15 = x$$

$$\underbrace{\frac{3x}{10}}_{\text{por O3}} + \underbrace{\frac{yx}{8}}_{\text{por O3}} +15 = x.$$

Isolando x na equação:

$$\underbrace{\frac{3x}{10}+\frac{yx}{8}-x}_{m.m.c.(10,8,1)=40} = -15$$

$$\underbrace{\frac{12x+5yx-40x}{40}}_{\text{por O2}} = -15$$

$$\frac{-28x+5yx}{40} = -15$$

$$x(28-5y) = 600$$

$$x = \frac{600}{28-5y}.$$

x e y representam figurinhas em uma coleção e, portanto, são números naturais ($x, y \in \mathbb{N}$). Isto implica que 600 é divisível por $28-5y$. Ora, $600 = 2^3\cdot 3\cdot 5^2$. Pela expressão, vemos que $28-5y$ só divide 600 para o caso $y=5$:

[19] PENUM/MPE-PE/Estágio/Nível Superior/2011/Questão 19

$$\begin{aligned} x &= \frac{600}{28-5y} \\ &= \frac{600}{28-5\cdot 5} \\ x &= 200. \end{aligned}$$

Assim, temos que o número de figurinhas no segundo álbum é igual a

$$\frac{yx}{8} = \frac{5\cdot 200}{8}$$

$$\boxed{\frac{yx}{8}=125.}$$

Mais uma vez, fatorando explicitamente o $m.m.c(10,8,1)$ por motivos de clareza na resolução:

10-8-1	2
5-4-1	2
5-2-1	2
5-1-1	5
1-1-1	$2^3\cdot 5 = 40$

3.3 Porcentagem

Porcentagem é uma fração do tipo $\frac{p}{100}$. Ela também pode ser representada por um número decimal ou pela porcentagem $p\%$.

Exemplo 3.3.1. Um livro que custa R$28,16 dá um lucro de 12% sobre o preço de venda. Este livro está sendo vendido ao preço de R$ 32,00. [20]

Note que o lucro de $12\% = \frac{12}{100} = 0{,}12$ é efetuado sobre o preço de venda x e não sobre o preço de custo $R\$\ 28{,}16$. Assim, retirando os 12% de lucro sobre x encontramos o preço de custo:

[20] IBFC/MPE-SP/Oficial de Promotoria/Nível Médio/2011/Questão 44

$$\begin{aligned} x - 12\% \cdot x &= R\$\ 28{,}16 \\ x - 0{,}12 \cdot x &= 28{,}16 \\ 0{,}88 \cdot x &= 28{,}16 \end{aligned}$$

$$\boxed{x = R\$\ 32{,}00.}$$

Exemplo 3.3.2. Pensando em aumentar as vendas, certo supermercado lançou uma promoção: o cliente comprava 5 kg de arroz e pagava o preço de 4 kg. Quem aproveitou essa promoção recebeu um desconto, em relação ao preço normal do arroz, de 20%. [21]

Seja $p\%$ o desconto dado sobre o preço de 5 kg de arroz. Para pagar o preço de 4 kg, temos que p é igual

$$\begin{aligned} p \cdot 5\ kg &= 4\ kg \\ p &= \frac{4}{5} = 0{,}20 \\ p &= \frac{20}{100} \end{aligned}$$

$$\boxed{p = 20\%.}$$

Exemplo 3.3.3. Artur tinha duas opções de investimento, fundo A e fundo B, e optou por aplicar todo o seu capital no fundo A. Ao final de um ano, Artur constatou que o rendimento do fundo por ele escolhido havia sido de 4,5%, enquanto que o fundo B rendera, no mesmo período, 6%. Se Artur tivesse escolhido o fundo B para aplicar todo o seu capital, o rendimento obtido em um ano seria R$180,00 maior. O capital de Artur era de R$ 12.000,00. [22]

Seja x o valor do capital inicial de Artur. Ao final de um ano, o valor do capital final no fundo de investimento A é igual a

$$\begin{aligned} \overbrace{x}^{\text{capital inicial}} + \overbrace{4{,}5\%x}^{\text{rendimento do fundo A sobre capital inicial}} &= x + 0{,}045 \cdot x \\ &= 1{,}045 \cdot x. \end{aligned}$$

Caso tivesse investido no fundo B, o capital final de Artur seria R$ 180,00 maior, ou seja, $1{,}045 \cdot x + 180$.

---

[21] CESGRANRIO/FINEP/Técnico - Apoio Administrativo e Secretariado/Nível Médio/2011/Questão 33

[22] CESGRANRIO/FINEP/Técnico - Apoio Administrativo e Secretariado/Nível Médio/2011/Questão 35

Levando em consideração que o fundo de investimento B rende 6% ao ano, temos que o dinheiro de Artur teria rendido

$$\begin{aligned}\overbrace{x}^{\text{capital inicial}} + \overbrace{6\%x}^{\text{rendimento do fundo B sobre capital inicial}} &= x + 0{,}06 \cdot x \\ &= 1{,}06 \cdot x.\end{aligned}$$

Igualando as expressões $1{,}06 \cdot x$ e $1{,}045 \cdot x + 180$, temos que

$$\begin{aligned}1{,}06 \cdot x &= 1{,}045 \cdot x + 180 \\ 0{,}015 \cdot x &= 180.\end{aligned}$$

Assim, calculamos que Artur investiu

$$\boxed{x = R\$ \ 12.000{,}00.}$$

Exemplo 3.3.4. O Ministério da Ciência e Tecnologia (MCT) investe, desde 2007, R$ 304,47 milhões em uma linha de ação específica para Apoio à Pesquisa e Desenvolvimento Nacional em Biocombustíveis, por meio do seu plano de ação 2007/2010 [...]. Do total dos investimentos, R$ 196,90 milhões são alocados para o Programa de Ciência e Tecnologia do Etanol.

Revista Inovação em Pauta, nº 8, nov./dez. 2009 e jan. 2010, p. 18

Do valor total do investimento, R$ 304,47 milhões, uma parcela de R$ 196,90 milhões destina-se ao Programa de Ciência e Tecnologia do Etanol. Sabe-se que o restante do valor total é destinado ao Programa Tecnológico do Biodiesel. Sendo assim, o percentual do valor total destinado ao Programa Tecnológico do Biodiesel é de, aproximadamente, 35%. [23]

O valor investido no Programa Tecnológico do Biodiesel é de

$$R\$ \ 304{,}47 \text{ milhões} - R\$ \ 196{,}90 \text{ milhões} = R\$ \ 107{,}57 \text{ milhões}.$$

Segue que o percentual do valor total destinado ao Programa Tecnológico do Biodiesel é de, aproximadamente,

$$\boxed{\frac{R\$ \ 107{,}57 \text{ milhões}}{R\$ \ 304{,}47 \text{ milhões}} \cong 0{,}35 = 35\%.}$$

[23] CESGRANRIO/FINEP/Técnico - Apoio Administrativo e Secretariado/Nível Médio/2011/Questão 37

Exemplo 3.3.5. Um cartucho para impressoras, com 5 mL de tinta, custa R$ 45,00. Já um cartucho com 11 mL de tinta, para o mesmo tipo de impressora, é vendido a R$ 70,40. A empresa X comprou 11 cartuchos de 5 mL, enquanto que a empresa Y comprou 5 de 11 mL. Desse modo, as duas empresas adquiriram a mesma quantidade de tinta para impressão, mas não gastaram o mesmo valor nas compras. Em relação ao valor gasto pela empresa X, a empresa Y economizou, aproximadamente, 28,9%. [24]

A empresa X gastou

$$11 \text{ cartuchos} \times \text{R\$ } 45{,}00 = \text{R\$ } 495{,}00$$

em $11 \text{ cartuchos} \times 5 \text{ mL de tinta} = 55 \text{ mL de tinta}$. Já a empresa Y gastou

$$5 \text{ cartuchos} \times \text{R\$ } 70{,}40 = \text{R\$ } 352{,}00$$

nos mesmos $5 \text{ cartuchos} \times 11 \text{ mL de tinta} = 55 \text{ mL de tinta}$. Em relação ao valor gasto pela empresa X, a empresa Y economizou, aproximadamente,

$$\boxed{1 - \frac{\text{R\$ } 352{,}00}{\text{R\$ } 495{,}00} \cong 1 - 0{,}711 = 0{,}289 = 28{,}9\%.}$$

Exemplo 3.3.6. Numa prova de 65 questões, um candidato acertou 42. A razão entre o número de questões certas e o total de questões é 64,62%. [25]

A razão entre o número de questões certas e o total de questões é dada por aproximadamente,

$$\boxed{\frac{42 \text{ certas}}{65 \text{ questões}} \cong 0{,}6462 = 64{,}62\%.}$$

3.4 Razão e Proporção

Duas variáveis x e y são ditas **diretamente proporcionais** quando ambas crescem ou decrescem na mesma proporção. Elas são ditas **inversamente proporcionas** se quando uma cresce, a outra decresce na mesma proporção.

---

[24] CESGRANRIO/Petrobras/Nível Médio/2011/Questão 11

[25] CESGRANRIO/Petrobrás/Técnico de Administração e Controle Júnior/Nível Médio/2011/Questão 47

Exemplo 3.4.1. Um pintor gasta 50 dias para pintar $\frac{2}{3}$ de uma escola, ou seja, para pintar $\frac{3}{5}$ da mesma escola serão gastos 45 dias. [26]

Quanto maior a fração da escola pintada, maior é o número de dias gastos para pintá-la, ou seja, as variáveis dias e fração da escola são variáves diretamente proporcionais. Isto implica que

$$\begin{array}{lcl} 50\ dias & \rightarrow & \frac{2}{3}\ de\ uma\ escola \\ x\ dias & \rightarrow & \frac{3}{5}\ de\ uma\ escola. \end{array}$$

Assim, temos que x é igual a

$$\cancel{5}0^{10} \cdot \frac{3}{\cancel{5}^{1}} = \frac{2}{3} \cdot x$$

$$x = \frac{30}{\frac{2}{3}}$$

$$x = \underbrace{30 \cdot \frac{3}{2}}_{\text{por 04}}$$

$$\boxed{x = 45\ dias.}$$

Exemplo 3.4.2. Acabaram de sair do forno os números do Selo Procel, em 2010. Foram economizados 6,16 bilhões de kWh, (...) energia suficiente para suprir 3,36 milhões de residências durante um ano.

O Globo, Rio de Janeiro, p. 25, 21 abr. 2011

Considerando-se as informações da reportagem, 21,56 bilhões de kWh seriam necessários para suprir 5,88 milhões de residências durante dois anos. [27]

Note que quanto maior a economia de energia, maior é o número de residências que esta energia pode surpir durante um ano, ou seja, as variáveis energia economizada e número de residências supridas são variáves diretamente proporcionais. Isto implica que

[26] IBFC/MPE-SP/Oficial de Promotoria/Nível Médio/2011/Questão 36

[27] CESGRANRIO/FINEP/Técnico-Apoio Administrativo e Secretariado/Nível Médio/2011/Questão 31

$$\begin{array}{lcl} 6{,}16 \text{ bilhões de kWh} & \rightarrow & 3{,}36 \text{ milhões de residências} \\ 21{,}56 \text{ bilhões de kWh} & \rightarrow & x \text{ milhões de residências.} \end{array}$$

Portanto, o número x de residência supridas no período de um ano é igual a

$$\begin{array}{lcl} 3{,}36 \cdot 21{,}56 & = & 6{,}16 \cdot x \\ x & = & 11{,}76 \text{ milhões} \end{array}$$

ou,

$$\boxed{\text{x} = 5{,}88 \text{ milhões de residências durante dois anos.}}$$

Exemplo 3.4.3. Para pintar um prédio, 7 homens trabalharam por 6 dia. A partir de então, para que o serviço de pintura terminasse mais rapidamente, foram contratados mais 7 homens com a mesma força de trabalho daqueles que já estavam trabalhando. No total, foram necessários 19 dias para completar o serviço de pintura. Se todos os 14 homens estivessem trabalhando juntos desde o primeiro dia de serviço, a pintura do prédio ficaria pronta em 16 dias. [28]

Observe que quanto maior o número de homens trabalhando, menor é o número de dias de trabalho. Ou seja, as variáveis número de homens e número de dias de trabalho são variáves inversamente proporcionais. Logo,

$$\begin{array}{lcl} 7 \text{ homens} & \rightarrow & 6 \text{ dias} \\ 14 \text{ homens} & \rightarrow & x. \end{array}$$

Portanto, o número x de dias de trabalho necessários para que 14 homens pintem o que 7 homens pintaram em 6 dias é igual a

$$7 \cdot 6 = 14 \cdot x$$

$$x = 3.$$

Ora, sabendo que foram necessários 19 dias de serviço para que os 14 homens completassem toda a pintura do prédio após 7 homens terem trabalhado sozinhos por 6 dias, concluímos que se todos os 14 homens estivessem trabalhando juntos desde o primeiro dia de serviço,

$$\boxed{\text{a pintura do prédio ficaria pronta em } 19 - 3 = 16 \text{ dias.}}$$

[28] VUNESP/PC-SP/Papiloscopista Policial/2013

Exemplo 3.4.4. A própolis brasileira é cada vez mais valorizada no mercado mundial [...]. Uma empresa baiana --- a Naturapi --- inovou totalmente a forma de extrair própolis, a partir de 2008, ao construir uma fábrica automatizada que cobre toda a produção [...]. A fábrica está instalada numa fazenda experimental da empresa em Lauro de Freitas, próximo a Salvador. Financiada com recursos de aproximadamente R$ 480 mil da Finep e Fundação de Amparo à Pesquisa do Estado da Bahia (Fapesb), a fábrica tem hoje uma produção de 900 frascos de 30 mL por hora.

Revista Inovação em Pauta, nº 10, nov./dez. 2010 e jan. 2011, p. 60 - 61

De acordo com os dados da reportagem acima, esta fábrica produz 27 litros de própolis por hora. [29]

Primeiramente, temos que $30\ mL = 30 \cdot 10^{-3}\ L = 0{,}030\ L$. Assim, a fábrica produz

$$\boxed{900 \text{ frascos} \times \frac{0{,}03\ L}{1\ h} = \frac{27\ L}{1\ h}.}$$

Exemplo 3.4.5. Uma empresa desenvolveu postes de iluminação elétrica feitos de fibra de vidro, mais flexíveis e mais leves do que os postes tradicionalmente usados no Brasil. Cada poste de fibra de vidro tem 120 kg, o que corresponde a $\frac{1}{3}$, $\frac{2}{3}$ e $\frac{1}{8}$, respectivamente, das massas dos postes de madeira, aço e concreto.

A massa de um poste de aço é de 180 kg. [30]

Note que os 120 kg de massa do poste de fibra correspondem a $\frac{2}{3}$ da massa de um poste de aço, e não o contrário. Assim, massa x do poste de aço é igual a

$$\begin{aligned} \frac{2}{3} \cdot x &= 120 \\ x &= \frac{120}{\frac{2}{3}} \\ &= \underbrace{120 \cdot \frac{3}{2}}_{\text{por O4}} \end{aligned}$$

$$\boxed{x = 180 \text{ kg.}}$$

[29] CESGRANRIO/FINEP/Técnico - Apoio Administrativo e Secretariado/Nível Médio/2011/Questão 34

[30] CESGRANRIO/FINEP/Técnico - Apoio Administrativo e Secretariado/Nível Médio/2011/Questão 38

A razão entre as massas de um poste de concreto e de um poste de aço, nessa ordem, é $\frac{16}{3}$. [31]

Pelo mesmo raciocínio do exemplo anterior segue que $\frac{1}{8}$ da massa y do poste de concreto é igual a 120 kg. Portanto, y é igual a

$$\begin{aligned} \frac{1}{8}\cdot y &= 120 \\ x &= \frac{120}{\frac{1}{8}} \\ &= \underbrace{120\cdot\frac{8}{1}}_{\text{por O4}} \\ y &= 960 \text{ kg.} \end{aligned}$$

Finalmente, a razão entre as massas de um poste de concreto e de um poste de aço é

$$\begin{aligned} \frac{x}{y} &= \frac{960 \text{ kg}}{180 \text{ kg}} \\ &= \frac{96}{18} = \frac{48}{9} \end{aligned}$$

$$\boxed{\frac{x}{y} = \frac{16}{3}.}$$

Note que o mesmo resultado teria sido obtido calculando-se a razão entre as proporções das massas do postes em relação à massa do poste de fibra: $\frac{\frac{2}{3}}{\frac{1}{8}} = \frac{2}{3}\cdot\frac{8}{1} = \frac{16}{3}$ (por O3 e O4).

Exemplo 3.4.6. Brincando de arremessar uma bola em uma cesta de basquete, Pedro e João combinaram que cada um faria 10 arremessos, ganhando 2 pontos por acerto e perdendo um ponto a cada erro. Quando terminaram, João falou: Óh, Eu acertei dois arremessos a mais que você, mas minha pontuação foi o quádruplo da sua. De acordo com o que disse João, Pedro errou 6 arremessos. [32]

---

[31] CESGRANRIO/FINEP/Técnico - Apoio Administrativo e Secretariado/Nível Médio/2011/Questão 39

[32] CESGRANRIO/Petrobras/Nível Médio/2011/Questão 11

Seja x o número de arremessos que Pedro acertou e y o número de arremessos que Pedro errou. Isto implica que o total de pontos de Pedro na brincadeira foram $2x - y$. Pelo enunciado, temos que João acertou $x + 2$ arremessos e, consequentemente, errou $y - 2$. Assim, o número total de pontos de João na brincadeira foram $2 \cdot (x + 2) - (y - 2) = 2x - y + 6$. Além disso, João pontuou 4 vezes mais do que Pedro, ou seja, $4 \cdot (2x - y)$. Lembrando que Pedro e João combinaram 10 arremessos, montamos o seguinte sistema:

$$\begin{cases} x + y & = & 10 \\ 4 \cdot (2x - y) & = & 2x - y + 6. \end{cases}$$

Simplificando e somando as equações:

$$\begin{cases} x + y & = & 10 \\ 6x - 3y & = & 6 \quad (\div 3) \end{cases}$$

$$\begin{cases} x + y & = & 10 \\ 2x - y & = & 2 \end{cases} +$$

$$3x = 12$$

$$\boxed{x = 4.}$$

Assim, concluímos que $\boxed{\text{Pedro errou 6 arremessos}}$.

3.5 Exercícios Propostos

Exercício 3.5.1. Sorteando-se um número de uma lista de 1 a 100, qual a probabilidade de o número ser divisível por 3 ou por 8? [33]

a) 41%

b) 44%

[33] ESAF/MF/Assistente Técnico – Administrativo/2012

c) 42%

d) 45%

e) 43%

Exercício 3.5.2. Qual é o resultado da expressão algébrica $5+(35-10/5-3)$? [34]

a) 7

b) 17,5

c) 35

d) 27

e) 43%

Exercício 3.5.3. Ao iniciar uma sessão plenária na câmara municipal de uma pequena cidade, apenas 1/4 dos assentos destinados aos vereadores foram ocupados. Com a chegada do vereador Veron, 1/3 dos assentos passaram a ficar ocupados. Nessa situação hipotética, é correto afirmar que menos de cinco assentos estavam ocupados quando o vereador Veron chegou à câmara municipal. [35]

Exercício 3.5.4. Em um tanque há 3 torneiras. A primeira enche o tanque em 5 horas, a segunda, em 8 horas, já a terceira o esvazia em 4 horas. Abrindo-se as 3 torneiras ao mesmo tempo e estando o tanque vazio, em quanto tempo o tanque ficará cheio? [36]

a) 10 horas e 40 minutos

b) 13 horas e 20 minutos

c) 14 horas e 30 minutos

d) 11 horas e 50 minutos

e) 12 horas e 10 minutos

Exercício 3.5.5. Em uma sala há policiais civis e militares do Estado do Maranhão, bem como policiais federais. Nessa sala, para cada dois policiais civis do Estado do Maranhão há três policiais militares e para cada três policiais militares há cinco policiais federais.

---

[34] IESES/CRF-SC/Operador de Computador/2012

[35] CESPE/TRE-RJ/Técnico Judiciário/Operação de Computador/2012

[36] ESAF/Receita Federal/Analista Tributário da Receita Federal/Prova 1/Gabarito 1/2012

Em relação ao número total de policiais na sala, a porcentagem daqueles que são policiais civis do Estado do Maranhão é de: [37]

a) 10%

b) 15%

c) 20%

d) 25%

e) 30%

Exercício 3.5.6. Uma quadra de esportes tem a forma de um retângulo de 30m por 20m. Essa quadra foi ampliada com uma faixa de 3m de largura construída em toda a volta como mostra a figura abaixo.

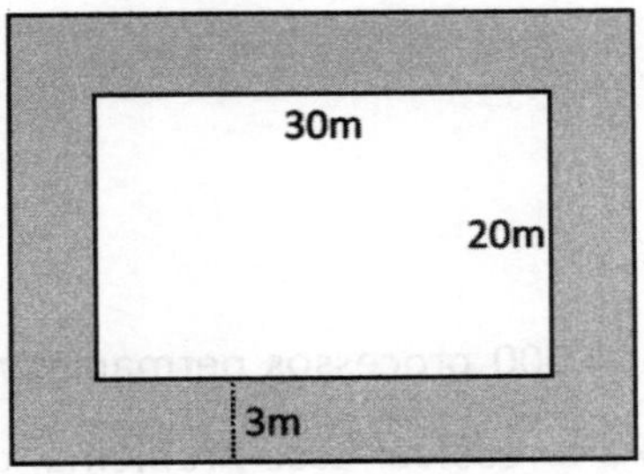

A área da quadra aumentou em: [38]

a) 24%

b) 32%

c) 48%

d) 56%

e) 68%

Exercício 3.5.7. Observe as afirmações.

I. Dividir um número por 0,25 é o mesmo que multiplicá-lo por 4.

II. 10% de 10% é igual a 1%.

III. Se todo X é Y, então todo Y é X.

Pode-se dizer que são corretas: [39]

[37] FGV/PC-MA/Farmacêutico Legista/2012
[38] FGV/PC-MA/Farmacêutico Legista/2012
[39] ESPP/BANPARÁ/Médico do Trabalho/2012

a) I e II, somente.

b) Somente I.

c) Somente II.

d) I e III, somente.

e) Somente III.

Exercício 3.5.8. Qual é o capital no qual uma taxa de 13% foi aplicada resultando R$ 52.000,00 de porcentagem? [40]

a) 250.000,00

b) 4.000,00

c) 6.760,00

d) 400.000,00

e) 452.000,00

Exercício 3.5.9. Em uma repartição, 4.000 processos permaneceram sem andamento devido a problema técnico na rede de computadores. Para resolver esse problema, o chefe da repartição direcionou 1/4 dos servidores para fazer uma triagem nos processos, classificando-os em média ou baixa complexidade e em alta complexidade. O chefe, então, disponibilizou 2/5 dos servidores para a análise dos processos de média ou baixa complexidade e 70 servidores para a análise dos processos de alta complexidade, de forma que todos os servidores ficaram ocupados com essas atividades. Após seis semanas de trabalho, havia ainda 3.520 processos aguardando triagem e análise.

Com base nessas informações, julgue os itens.

( ) Mais servidores da repartição foram direcionados para a triagem dos processos do que para a análise de processos de média ou baixa complexidade.

( ) A repartição possui um total de 200 servidores.

( ) Após seis semanas de trabalho, mais de 90% dos processos ainda aguardavam triagem e análise.

( ) Caso o ritmo de trabalho permaneça igual ao das seis primeiras semanas, os funcionários da repartição levarão mais de um ano, contado do início dos trabalhos, para completar a triagem e a análise dos 4.000 processos. [41]

[40] AOCP/BRDE/Analista de Projetos-Jurídica/2012

[41] CESPE/IBAMA/Técnico Administrativo/2012

Exercício 3.5.10. Uma pessoa comprou um pacote de bombons, e come todo dia 5 deles. Se essa pessoa comesse 2 bombons a menos por dia, com esse mesmo pacote, teria bombons para comer por mais 8 dias.

O número de bombons desse pacote é: [42]

a) 70

b) 65

c) 60

d) 55

e) 50

Exercício 3.5.11. Na construção de uma fábrica, todos os 120 operários moram no alojamento e fazem suas refeições no refeitório. A nutricionista informou que eles consomem 90kg de feijão em 6 dias. A próxima etapa da obra será realizada com 180 operários e deverá durar 20 dias. A quantidade de feijão que deve ser consumida nessa próxima etapa é de: [43]

a) 270 kg

b) 360 kg

c) 400 kg

d) 450 kg

e) 540 kg

Exercício 3.5.12. Um cubo de prata maciça com 4cm de aresta vale hoje R$1600,00 no mercado de metais. Então um cubo de prata maciça com 5cm de aresta valerá: [44]

a) R$2000,00

b) R$2500,00

c) R$2875,00

d) R$3125,00

e) R$3465,00

Exercício 3.5.13. Sabe-se que 4 máquinas iguais, trabalhando o dia inteiro durante 4 dias, produzem 40 toneladas de fertilizante. Assim, a quantidade de fertilizante que 6 dessas máquinas, trabalhando o dia

[42] VUNESP/SPTrans/Técnico de Informática/2012

[43] CEPERJ/PROCON-RJ/Agente de Proteção e Defesa do Consumidor/2012

[44] CEPERJ/PROCON-RJ/Agente de Proteção e Defesa do Consumidor/2012

inteiro durante 6 dias, produzirá é de: [45]

a) 60 toneladas

b) 75 toneladas

c) 90 toneladas

d) 120 toneladas

e) 150 toneladas

Exercício 3.5.14. Para classificar uma empresa como "altamente bem avaliada pelos clientes", um órgão certificador de qualidade exige que, em qualquer grupo de 10 clientes dessa empresa, sempre existam pelo menos dois clientes que a avaliem bem, independentemente da forma como esse grupo seja escolhido. De acordo com esse critério, para que uma empresa com 60 clientes seja considerada "altamente bem avaliada pelos clientes", ela deverá ser bem avaliada por, no mínimo: [46]

a) 52 clientes

b) 50 clientes

c) 32 clientes

d) 30 clientes

e) 12 clientes

Exercício 3.5.15. Do salário mensal de Miguel, 10% são gastos com impostos, 15% com moradia, 25% com transporte e alimentação e 10% com seu plano de saúde. Daquilo que resta, $\frac{3}{8}$ são usados para pagar a mensalidade de sua faculdade, sobrando ainda R$ 900,00 para o seu lazer e outras despesas. O gasto mensal de Miguel com moradia, em reais, é igual a: [47]

a) 210,00

b) 360,00

c) 450,00

d) 540,00

e) 720,00

[45] CEPERJ/PROCON-RJ/Agente de Proteção e Defesa do Consumidor/2012
[46] FCC/Prefeitura de São Paulo–SPAuditor Fiscal do Município/Gestão Tributária/2012
[47] FCC/MPE-AP/Técnico Ministerial/Informática/2012

Exercício 3.5.16. Um título de R$ 20.000,00 foi descontado 4 meses antes do seu vencimento, a uma taxa de desconto comercial simples de 5% ao mês. A taxa efetiva mensal de juros simples dessa operação é igual a: [48]

a) 6,50%.

b) 5,50%.

c) 5,25%.

d) 6,00%.

e) 6,25%.

Exercício 3.5.17. Para construir 120 m^2 de um muro em 2 dias, são necessários 6 pedreiros. Trabalhando no mesmo ritmo, o número de pedreiros necessários para construir 210 m^2 desse mesmo muro em 3 dias é igual a: [49]

a) 2

b) 4

c) 3

d) 5

e) 7

Exercício 3.5.18. Um grupo de 6 amigos consome, em 2 dias, 3kg de macarrão. Quantos quilogramas de macarrão serão consumidos em 5 dias, estando 2 dessas pessoas ausentes? [50]

a) 4 kg

b) 6 kg

c) 7 kg

d) 5 kg

Exercício 3.5.19. Em uma escola privada, 22% dos alunos têm bolsa de estudo, sendo os demais pagantes. Se 2 em cada 13 alunos pagantes ganharem bolsa de estudo, a escola passará a contar com 2.210 alunos bolsistas. Dessa forma, o número atual de alunos bolsistas é igual a: [51]

a) 1430

---

[48] ESAF/Receita Federal/Analista Tributário da Receita Federal/Prova 1/Gabarito 1/2012
[49] ESAF/Receita Federal/Analista Tributário da Receita Federal/Prova 1/Gabarito 1/2012
[50] IESES/CRA-SC/Advogado/2013
[51] FCC/TRT/1ª REGIÃO (RJ)/Analista Judiciário/Área Administrativa/2013

b) 340

c) 910

d) 1210

e) 315

Exercício 3.5.20. O valor numérico da expressão $\sqrt{6+\sqrt{20}} \cdot \sqrt{6-\sqrt{20}}$ é igual a: [52]

a) 3

b) $\sqrt{3}$

c) 5

d) $\sqrt{5}$

e) 4

Exercício 3.5.21. Um capital C teve uma diminuição de 6% em determinado mês e, no mês seguinte, um aumento de 4% sobre o capital resultante. O percentual x de variação do capital inicial, nesses dois meses, satisfaz: [53]

a) $1 < x \leq 2$

b) $0 < x \leq 1$

c) $-1 < x \leq 0$

d) $-2 < x \leq 1$

e) $-3 < x \leq -2$

Exercício 3.5.22. Após 12 dias de trabalho, José havia completado 3/4 de um serviço para o qual havia sido contratado e, então, André chegou para ajudá-lo. Juntos, completaram o serviço em mais 2 dias. Assim, se André tivesse trabalhado sozinho durante todo o tempo teria completado a obra em: [54]

a) 10 dias

b) 12 dias

c) 14 dias

---

[52] ESAF/DNIT/Técnico Administrativo/2013

[53] IADES/METRÔ-DF/Administrador/2014

[54] CEPERJ/Rioprevidência/Especialista em Previdência Social/Gestão de Tecnologia da Informação/2014

d) 16 dias

e) 18 dias

Exercício 3.5.23. O resultado da expressão numérica $5^3 \div 5 \times 5^4 \div 5 \times 5^5 \div 5 \div 5^6 - 5$ é igual a: [55]

a) 120

b) $\frac{1}{5}$

c) 55

d) 25

e) 620

Exercício 3.5.24. Sabe-se que uma máquina copiadora imprime 80 cópias em 1 minuto e 15 segundos. O tempo necessário para que 7 máquinas copiadoras, de mesma capacidade que a primeira citada, possam imprimir 3 360 cópias é de: [56]

a) 15 minutos

b) 3 minutos e 45 segundos

c) 7 minutos e 30 segundos

d) 4 minutos e 50 segundos

e) 7 minutos

Exercício 3.5.25. O dinheiro de Antônio é a quarta parte do de Bianca que, por sua vez, é 80% do dinheiro de Cláudia. Mexendo apenas no dinheiro de Antônio, um aumento de x% fará com que ele fique com o mesmo dinheiro que Cláudia tem. Nas condições dadas, x é igual a: [57]

a) 300

b) 500

c) 800

d) 900

e) 400

---

[55] FCC/TRF/3ª REGIÃO/Técnico Judiciário/2014

[56] FCC/TRF/3ª REGIÃO/Técnico Judiciário/2014

[57] FCC/TRF/3ª REGIÃO/Analista Judiciário/2014

Exercício 3.5.26. Um levantamento realizado em uma empresa revelou que 75% do total de empregados ganham um salário maior ou igual a R$ 2.000,00. As mulheres representam 45% dos empregados da empresa e 70% delas ganham um salário maior ou igual a R$ 2.000,00. A porcentagem de homens, entre os empregados que ganham um salário inferior a R$ 2.000,00, é [58]

a) 42%

b) 44%

c) 46%

d) 48%

e) 50%

Exercício 3.5.27. Numa fazenda, a principal fonte de renda é o plantio da laranja. A colheita começou na segunda-feira; sabendo que todos os dias são retiradas 10% da produção de laranja existentes naquele dia, podemos dizer que ao final da quinta-feira da mesma semana ainda havia na fazenda: [59]

a) 65,61% da colheita

b) 34,39% da colheita

c) 32,9% da colheita

d) 10% da colheita

Exercício 3.5.28. Amélia foi a uma loja comprar um celular e gostou de dois modelos (A e B). Para o celular A, ela só possuía 75% do valor para comprá-lo à vista. O vendedor ofereceu 5% de desconto, mas mesmo assim faltavam R$76,00. O jeito foi comprar o celular B, pois o que Amélia possuía era suficiente para comprá-lo à vista sem desconto. O valor gasto no celular B foi de: [60]

a) R$ 385,00

b) R$ 380,00

c) R$ 304,00

d) R$ 285,00

Exercício 3.5.29. Em 2010, o valor das multas por infrações ambientais somou R$1,02 bilhão e o percentual de multas pagas foi de 0,75%. Logo, o valor arrecadado em multas em 2010 foi de: [61]

---

[58] FCC/TCE-PR/Analista de Controle - Administrativa/Nível Superior/2011/Questão 96

[59] IBFC/MPE-SP/Oficial de Promotoria/Nível Médio/2011/Questão 31

[60] IBFC/MPE-SP/Oficial de Promotoria/Nível Médio/2011/Questão 35

[61] INEC/Prefeitura de Campinas-SP/Agente de Fiscalização/Nível Médio/2011/Questão 11

a) R$ 7,65 milhões.

b) R$ 765 mil.

c) R$ 76,5 milhões.

d) R$ 76,5 mil.

Exercício 3.5.30. Uma operação deflagrada para combater crimes ambientais embargou, pelo menos, 30 mil hectares de terra em propriedades onde foram registrados estes crimes. Sabe-se que foram apreendidas 2.400 toneladas de grãos, sendo que, destas, 1.650 toneladas eram de arroz e o restante de soja. Assinale a alternativa que apresenta a razão entre a quantidade de soja apreendida e a quantidade de arroz. [62]

a) $\frac{11}{16}$

b) $\frac{5}{12}$

c) $\frac{5}{11}$

d) $\frac{11}{15}$

Exercício 3.5.31. Uma operação deflagrada para combater crimes ambientais embargou, pelo menos, 30 mil hectares de terra em propriedades onde foram registrados estes crimes. Sabe-se que foram apreendidas 2.400 toneladas de grãos, sendo que, destas, 1.650 toneladas eram de arroz e o restante de soja. Assinale a alternativa que apresenta a razão entre a quantidade de soja apreendida e a quantidade de arroz. [63]

a) 30%

b) 27,5%

c) 25%

d) 20%

Exercício 3.5.32. A tabela abaixo apresenta o preço da "bandeirada" (taxa fixa paga pelo passageiro) e do quilômetro rodado em quatro capitais brasileiras.

[62] INEC/Prefeitura de Campinas-SP/Agente de Fiscalização/Nível Médio/2011/Questão 14

[63] IESES/CRC-PR/Assessor Jurídico/Nível Superior/2012/Questão 16

A quantia gasta por um passageiro, em Boa Vista, ao percorrer 10 km de táxi, permite pagar, no Rio de Janeiro, uma corrida máxima de X quilômetros. O valor de X está entre: [64]

Capital	Bandeirada (R$)	Km rodado (R$)
Boa Vista	2,50	2,86
Vitória	3,40	1,85
Natal	3,88	2,02
Rio de Janeiro	4,40	1,60

a) 13 e 14

b) 14 e 15

c) 15 e 16

d) 16 e 17

e) 17 e 18

Exercício 3.5.33. Certo investidor, que dispunha de R$ 63.000,00, dividiu seu capital em duas partes e aplicou-as em dois fundos de investimento. O primeiro fundo rendeu 0,6% em um mês, e o segundo, 1,5% no mesmo período.

Considerando-se que o valor do rendimento (em reais) nesse mês foi o mesmo em ambos os fundos, a parte do capital aplicada no fundo com rendimentos de 0,6% foi: [65]

a) R$ 18.000,00

b) R$ 27.000,00

c) R$ 36.000,00

d) R$ 45.000,00

e) R$ 54.000,00

Exercício 3.5.34. Em uma escola, a razão entre o número de alunos e o de professores é de 50 para 1. Se houvesse mais 400 alunos e mais 16 professores, a razão entre o número de alunos e o de professores seria de 40 para 1. Podemos concluir que o número de alunos da escola é: [66]

---

[64] CESGRANRIO/Transpetro/Técnico de Contabilidade Júnior/Nível Médio/2011/Questão 11

[65] CESGRANRIO/Transpetro/Técnico de Contabilidade Júnior/Nível Médio/2011/Questão 16

[66] PENUM/MPE-PE/Estágio/Nível Médio/2011/Questão 17

a) 1.000

b) 1.050

c) 1.100

d) 1.150

e) 1.200

Exercício 3.5.35. Em março, um modelo de fogão custava R$ 1.000,00. Em abril, o preço subiu 5% em relação a março. Em maio, caiu 10% em relação a abril e, em junho, voltou a subir 5% em relação a maio. Qual é o preço do fogão em junho? [67]

a) R$ 992,25

b) R$ 1.000,00

c) R$ 990,05

d) R$ 993,50

e) R$ 1.001,00

Exercício 3.5.36. Uma empresa confeccionou catálogos dos tipos A e B para presentear seus clientes. Um catálogo do tipo A pesa 240 g e um do tipo B, 350 g. Os catálogos foram organizados em pacotes, contendo cada um deles apenas catálogos de um mesmo tipo.

Com base nas informações do texto, é correto afirmar que, se todos os pacotes tiverem o mesmo peso e se esse peso for inferior a 10 kg, então cada pacote pesará: [68]

a) 8,3 kg

b) 8,4 kg

c) 8 kg

d) 8,1 kg

e) 8,2 kg

Exercício 3.5.37. Luca vai ao shopping com determinada quantia. Com essa quantia, ele pode comprar 40 lápis ou 30 canetas. Luca, que sempre é muito precavido, guarda 10% do dinheiro para voltar de ônibus. Sabendo que Luca comprou 24 lápis, então o número de canetas que Luca pode comprar, com o restante

[67] PENUM/MPE-PE/Estágio/Nível Médio/2011/Questão 21

[68] CESPE/Correios/Agente de Correios - Operador de Triagem e Transbordo/2011/Questão 24

do dinheiro, é igual a: [69]

a) 9
b) 12
c) 6
d) 18
e) 15

Exercício 3.5.38. Em seu testamento, um industrial doou $\frac{3}{16}$ de sua fortuna para uma instituição que se dedica à alfabetizacao de jovens e adultos; $\frac{1}{10}$, para uma entidade que pesquisa medicamentos para combater a doença de Chagas; $\frac{5}{16}$, para sua companheira e o restante para seu único filho.

A partir dessas informações, julgue os itens que se seguem. [70]

( ) O filho do industrial recebeu 40% da fortuna do pai.
( ) A companheira do industrial recebeu mais que o filho.

Exercício 3.5.39. Um reservatório de água estava cheio até 70% de sua capacidade quando uma chuva forte aumentou em 20% a quantidade de água em seu interior. Ainda assim, para enchê-lo completamente, seriam necessários mais 16.800 lt de água.

Qual é, em litros, a capacidade desse reservatório? [71]

a) 70.000
b) 105.000
c) 126.000
d) 150.000
e) 168.000

---

[69] ESAF/ Receita Federal/ Auditor Fiscal da Receita Federal/Prova 1/2012/Questão 25
[70] CESPE/Banco da Amazônia - Técnico Científico - Conhecimentos Básicos para os Cargos de 1 a 15 /2012/Questão 26, 27
[71] CESGRANRIO/ESE/Assistente Administrativo/Nível Médio/2012/Questão 16

Exercício 3.5.40. Do salário mensal de Miguel, 10% são gastos com impostos, 15% com moradia, 25% com transporte e alimentação e 10% com seu plano de saúde. Daquilo que resta, 3⁄8 são usados para pagar a mensalidade de sua faculdade, sobrando ainda R$ 900,00 para o seu lazer e outras despesas. O gasto mensal de Miguel com moradia, em reais, é igual a:[72]

a) 210,00

b) 360,00

c) 450,00

d) 540,00

e) 720,00

Exercício 3.5.41. Marque a alternativa CORRETA. Em uma sala de aula, os alunos têm três recipientes de volumes iguais. Um está cheio de líquido A, outro cheio com líquido B e o terceiro vazio. No terceiro recipiente é colocada a metade do volume do líquido A e 30% do volume de B. As percentagens dos líquidos A e B em relação a esta mistura, neste terceiro recipiente, são, respectivamente, iguais a: [73]

a) 62,5% e 37,5%

b) 50% e 30%

c) 80% e 20%

d) 40% e 60%

Exercício 3.5.42. Marque a alternativa CORRETA. O preço de uma blusa, para pagamento através de cartão de crédito, é de R$ 15,00. Com pagamento à vista, com dinheiro, a blusa pode ser comprada pelo valor de R$ 12,00. Já com pagamento com cartão de débito, o preço cobrado é R$ 14,40. Considerando estas ofertas desta loja, as taxas de juros cobrados nas vendas por cartão de crédito e de débito são, respectivamente: [74]

a) 30% e 12 %

b) 25 % e 20 %

c) 27% e 3 %

---

[72] FCC/MPE-AP/ Técnico Ministerial/Auxiliar Administrativo/2012/Questão 98

[73] CRSP/PMMG/PM-MG - Soldado da Polícia Militar/Matemática/Nível Médio/2013/Questão 35

[74] CRSP/PMMG/PM-MG - Soldado da Polícia Militar/Matemática/Nível Médio/2013/Questão 37

d) 15% e 10%

Exercício 3.5.43. Marque a alternativa CORRETA. Em um determinado mês, o rendimento da poupança foi de 0,69 % e a inflação alcançou 0,53 %. No mês seguinte, estes índices foram, respectivamente, 0,65 % e 0,58%. Neste bimestre considerado, qual foi o ganho real da poupança em relação à inflação? [75]

a) 0,18 %

b) 0,15 %

c) 0,23%

d) 0,48 %

Exercício 3.5.44. Em uma camisaria, 5 trabalhadores confeccionam 200 camisas em 4 dias. Quantas camisas serão confeccionadas por um único trabalhador em 30 dias? [76]

a) 320

b) 350

c) 300

d) 400

Exercício 3.5.45. O resultado de $\frac{3}{7}+\frac{7}{3}$ é: [77]

a) $\frac{10}{10}$

b) $\frac{10}{21}$

c) $\frac{58}{21}$

d) $\frac{42}{10}$

---

[75] CRSP/PMMG/PM-MG - Soldado da Polícia Militar/Matemática/Nível Médio/2013/Questão 38

[76] UFMT/COPEL/Matemática/Nível Médio/2013/Questão 72

[77] UFMT/COPEL/Matemática/Nível Médio/2013/Questão 73

e) $\dfrac{42}{21}$

Exercício 3.5.46. O valor da expressão numérica $(4-3)^2 \cdot (3-4)^3$ após o cálculo completo é: [78]

a)- 6

b)-1

c) 305

d) 1

e) 6

Exercício 3.5.47. Uma máquina produz 800 peças em 8 minutos. Como a empresa precisa que as 800 peças sejam produzidas em 2 minutos, uma nova máquina mais eficiente é adquirida, de forma que as duas máquinas funcionando simultaneamente produzem as 800 peças nos 2 minutos desejados. No caso de a nova máquina trabalhar sozinha, o tempo necessário para produzir 900 peças será de: [79]

a) 3 minutos

b) 4 minutos

c) 6 minutos

d) 9 minutos

Exercício 3.5.48. Em uma manifestação popular ao longo de uma avenida, a concentração de pessoas foi descrita dividida em 3 partes: da frente, do meio, e de trás. Na parte da frente, têm-se 30% a mais de manifestantes em relação à parte do meio, que, por sua vez, tem 20% a mais de pessoas em relação à parte de trás. Se o número de manifestantes na parte do meio é 6.000, o número total de pessoas na manifestação é: [80]

---

[78] FCC /AL-PB/Assistente Legislativo/Matemática/Nível Médio/2013/Questão 75

[79] UFLA/Administrador/Matemática/2013/Questão 45

[80] UFLA/Administrador/Matemática/2013/Questão 46

a) 17.500

b) 18.000

c) 18.800

d) 21.000

Exercício 3.5.49. Um ciclo de palestras científicas foi planejado para iniciar às 8 horas e terminar às 12 horas, com palestras programadas para durarem 30 minutos cada uma. A comissão organizadora, muito rígida em relação aos horários, determinou que sempre haverá intervalos de 5 minutos entre uma palestra e a seguinte, que serão rigorosamente obedecidos. Ocorreu, de modo imprevisto, que todos os palestrantes gastaram 10% a mais do tempo planejado em cada uma de suas palestras. O ciclo de palestras começou, conforme planejado, às 8 horas em ponto, mas, em razão desses imprevistos, terminou às: [81]

a) 12H11

b) 12H21

c) 12H24

d) 12H30

Exercício 3.5.50. Oito pessoas conseguem produzir 32 brinquedos em 6 dias de trabalho. Considerando a mesma produtividade, o número de pessoas necessárias para que se possam produzir 48 brinquedos em 3 dias é: [82]

a) 12

b) 16

c) 24

d) 18

e) 4

---

[81] UFLA/Administrador/Matemática/2013/Questão 47

[82] FCC/AL-PB/Assistente Legislativo/Matemática/2013/Questão 80

Exercício 3.5.51.

( ) Considerando que uma equipe de 30 operários, igualmente produtivos, construa uma estrada de 10 km de extensão em 30 dias, julgue os próximos itens.

Se a tarefa estiver sendo realizada pela equipe inicial de 30 operários e, no início do quinto dia, 2 operários abandonarem a equipe, e não forem substituídos, então essa perda ocasionará atraso de 10 dias no prazo de conclusão da obra.[83]

( ) Se, ao iniciar a obra, a equipe designada para a empreitada receber reforço de uma segunda equipe, com 90 operários igualmente produtivos e desempenho igual ao dos operários da equipe inicial, então a estrada será concluída em menos de $\frac{1}{5}$ do tempo inicialmente previsto.[84]

Exercício 3.5.52. Mauro precisava resolver alguns exercícios de Matemática. Ele resolveu $\frac{1}{5}$ dos exercícios no primeiro dia. No segundo dia, resolveu $\frac{2}{3}$ dos exercícios restantes e, no terceiro dia, os 12 últimos exercícios. Ao todo, quantos exercícios Mauro resolveu?[85]

a) 30

b) 40

c) 45

d) 75

e) 90

Exercício 3.5.53. Em um pote de balas, a razão entre o número de balas de café e o número de balas de frutas, nessa ordem, é $\frac{3}{5}$. Se nesse pote forem colocadas mais 3 balas de café, essa razão passará a ser $\frac{2}{3}$. Sabendo-se que nesse pote há somente balas de café e de frutas, então o número final de balas do pote será:[86]

---

[83] CESPE/PRF-Policial Rodoviário Federal/Matemática/2013/Questão 105

[84] CESPE/PRF-Policial Rodoviário Federal/Matemática/2013/Questão 106

[85] CESGRANRIO/BNDES/Técnico Administrativo/Matemática/2013/Questão 274

[86] VUNESP/CETESB/Escriturário/Matemática/2013/Questão 225

a) 35

b) 47

c) 54

d) 68

e) 75

Exercício 3.5.54. Em um mês, temos 5 quintas-feiras, 5 sextas-feiras e 5 sábados. O dia em que caiu a terceira quarta-feira desse mês indicado foi: [87]

a) 18.

b) 19.

c) 20.

d) 21.

e) 24.

Exercício 3.5.55. Se em um determinado ano o mês de agosto teve cinco sextas-feiras, cinco sábados e cinco domingos, então o dia 13 de setembro desse ano caiu em: [88]

a) uma quarta-feira.

b) uma quinta-feira.

c) uma sexta-feira.

d) um sábado.

e) um domingo.

Exercício 3.5.56. O contrato de trabalho de uma enfermeira prevê que, por semana, ela trabalhe seis dias e tenha um dia de folga. A cada semana, porém, o dia de folga muda, sendo segunda-feira na primeira semana, terça-feira na segunda, quarta-feira na terceira e assim por diante, até que na sétima semana a folga ocorra no domingo. A partir da oitava semana, o ciclo recomeça. Se essa enfermeira teve folga em um

---

[87] VUNESP/SPTrans/Arquiteto/2012

[88] FCC/TRT/11ª Região (AM)/Técnico Judiciário/Enfermagem/2012

sábado, dia 1º de março, então a próxima folga que ela terá em um sábado será no mês de: [89]

a) março.

b) abril.

c) maio.

d) junho.

e) julho.

Exercício 3.5.57. Ao conferir o livro de registro da entrada e saída das pessoas que visitaram uma Unidade do Tribunal Regional Federal, ao longo dos cinco dias úteis de certa semana, um Técnico Judiciário observou que:

- o número de pessoas que lá estiveram na segunda-feira correspondia à terça parte do total de visitantes da semana inteira;

- em cada um dos três dias subsequentes, o número de pessoas registradas correspondia a 3/4 do número daquelas registradas no dia anterior.

Considerando que na sexta-feira foi registrada a presença de 68 visitantes, é correto afirmar que o número de pessoas que visitaram essa Unidade: [90]

a) na segunda-feira foi 25

b) na terça-feira foi 190.

c) na quarta-feira foi 140

d) na quinta-feira foi 108.

e) ao longo dos cinco dias foi 798.

Exercício 3.5.58. Todos os anos, uma empresa realiza sua festa de confraternização no dia 29 de dezembro ou na última sexta-feira do ano, o que acontecer primeiro. No ano de 2011, a festa ocorreu no dia 29 de dezembro, uma quinta-feira. Sabe-se que:

- os anos de 2012 e 2016 são bissextos, possuindo 366 dias;

- os anos de 2011, 2013, 2014 e 2015 não são bissextos, tendo 365 dias;

- mês de dezembro possui 31 dias.

[89] FCC/MPE-AP/Técnico Ministerial/Auxiliar Administrativo/2012

[90] FCC/TRF/2ª REGIÃO/Técnico Judiciário/Contabilidade/2012

Nessas condições, o próximo ano em que a festa de confraternização dessa empresa ocorrerá no dia 29 de dezembro é: [91]

a) 2012.

b) 2013.

c) 2014.

d) 2015.

e) 2016.

Exercício 3.5.59. Observando o calendário de 2014, observamos que o feriado de 21 de abril (Tiradentes) cai em uma segunda-feira. Sendo assim, em que dia da semana cairá o dia 9 de abril deste mesmo ano? [92]

a) Terça-feira

b) Quarta-feira

c) Quinta-feira

d) Sábado

e) Domingo

[91] FCC/TJ-RJ/Analista Judiciário/Análise de Sistemas/2012

[92] AOCP/UFGD/Farmacêutico/2014

Capítulo 4

Funções

4.1 Conjuntos e Funções

Sejam A e B dois conjuntos não vazios. O **produto cartesiano** dos conjuntos A e B é o conjunto $A \times B$ cujos elementos são todos os **pares ordenados** (a, b) tal que a primeira coordenada pertence a A e a segunda a B. Ou seja,

$$A \times B = \{(a, b) | a \in A \;\; e \;\; b \in B\}.$$

Este produto cartesiano é representado graficamente no **plano cartesiano**. No eixo horizontal, marca-se o elemento $a \in A$ e no eixo vertical marca-se o elemento $b \in B$. O ponto de encontro das retas perpendiculares a esses eixos passando pelos elementos a e b representa geometricamente o par ordenado $(a, b) \in A \times B$.

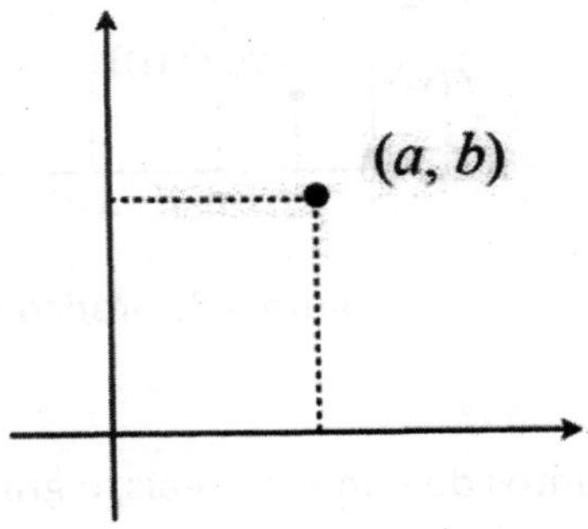

Figura 4.1: $(a, b) \in A \times B$

Chama-se **função** $f: A \to B$ a regra f que leva todos os elementos x de A a elementos $f(x)$ de B de maneira única. Basicamente, a função f consta de três partes: O conjunto A, **domínio** de f onde a função é definida, o conjunto B, **contradomínio** de f, onde a função toma valores e a regra f que permite associar a cada elemento $x \in A$, um único elemento $f(x) \in B$. Note que o conjunto de valores em B que recebe elementos de A, mediante f, é chamado de **imagem** de f, isto é, $Im(f) \subset CD(f)$.

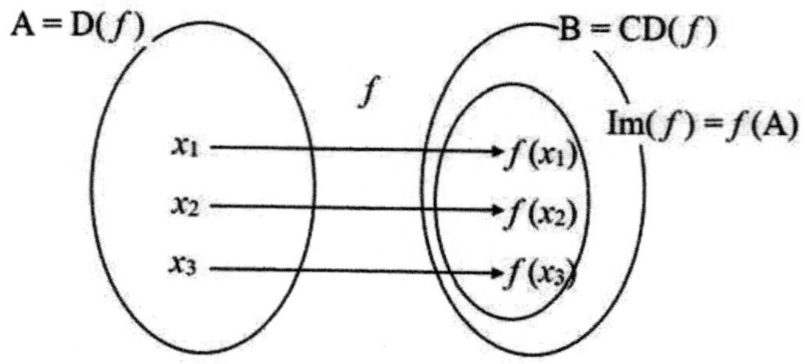

Figura 4.2: Diagrama de Venn de f

O diagrama de Venn, acima, pode ser representado pelo **gráfico** da função $f: A \to B$ onde a projeção dos pontos do gráfico de f sobre o eixo horizontal (**eixo-x**) nos dá o domínio de f e a projeção dos pontos do gráfico de f sobre o eixo vertical (**eixo-y**) nos dá a imagem de f.

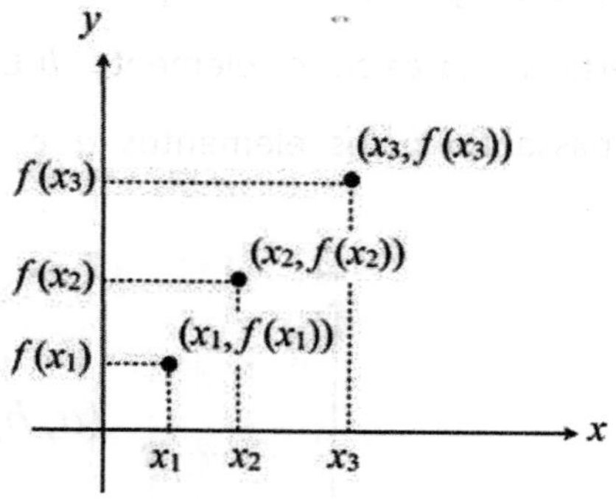

Figura 4.3: Gráfico de f

Para $f: A \to B$ onde A e B são conjuntos de números reais, o gráfico é dado por uma curva.

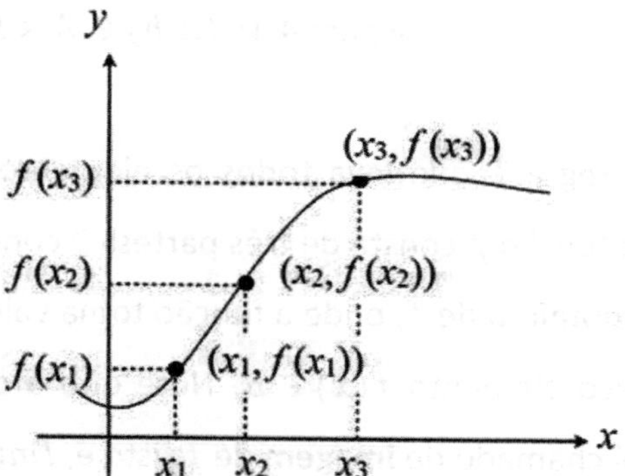

Figura 4.4: Gráfico de f onde A e B são os conjuntos dos números reais

Exemplo 4.1.1. O Domínio e imagem da relação $R=\left\{(x,y)\in A\times B \mid y=\dfrac{12-x}{2}\right\}$, sendo $A=\{x\in\mathbb{N}\mid x\geq 2\}$ e $B=\{y\in\mathbb{Z}\mid 0<y<10\}$ são, respectivamente, $D(R)=\{2,4,6,8,10\}$ e $I(R)=\{1,2,3,4,5\}$. [1]

Observe que y é um número inteiro entre 0 e 10 excluindo o 0 e o 10. Consequentemente, o resultado de $12-x$ deve ser um número par para que a divisão por 2 não resulte em um número fracionário. Isto implicaria que $y\in\mathbb{Q}$ e não a $\mathbb{Z}$ como explicitado no enunciado (por exemplo, para $x=3$ obtemos $y=f(3)=\dfrac{12-3}{2}=4.5$).

Substituindo cada elemento par de A maior ou igual a 2 em $y=f(x)=\dfrac{12-x}{2}$, obtemos os elementos do conjunto imagem: $f(2)=\dfrac{12-2}{2}=5$, $f(4)=\dfrac{12-4}{2}=4$, $f(6)=\dfrac{12-6}{2}=3$, $f(8)=\dfrac{12-8}{2}=2$ $f(10)=\dfrac{12-10}{2}=1$. Note que, para $x=12$ obtemos $f(12)=\dfrac{12-12}{2}=0$, porém $y>0$. Assim, concluímos que $D(R)$ e $I(R)$ são dados por:

$$\boxed{D(R)=\{2,4,6,8,10\} \text{ e } I(R)=\{1,2,3,4,5\}.}$$

Exemplo 4.1.2. *Seja o domínio de uma função $f(x)=x^2-16$, o conjunto $D=\{-2,-1,0,1,2\}$, então o número de elementos de seu conjunto imagem é igual a 3.* [2]

Substituindo cada elemento de D em f, obtemos os elementos do conjunto imagem: $f(-2)=(-2)^2-16=-12$, $f(-1)=(-1)^2-16=-15$, $f(0)=(0)^2-16=-16$, $f(1)=(1)^2-16=-15$ e $f(2)=(2)^2-16=-12$.

Portanto, conclui-se que o número de elementos do conjunto imagem $Im=\{-12,-15,-16\}$ é $\boxed{3.}$

---

[1] ESPP/COBRA Tecnologia S-A (BB)/Analista Administrativo / Matemática/2013/Questão 254

[2] CONSULPLAN/Pref. de Guaxupé-MG/Fiscal de Tributos/2010/Questão 15

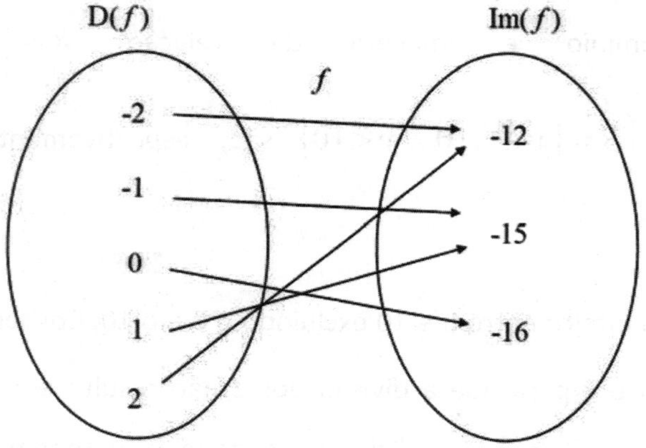

Figura 4.6: Diagrama de Venn de $D(f)$ e $Im(f)$

4.2 Função do 1º grau

A função $f: \mathbb{R} \to \mathbb{R}$ dada por $f(x) = ax + b$ onde a e b são constantes reais $(a, b \in \mathbb{R})$ e $a \neq 0$ é chamada de *função polinomial do* $1.°$ *grau*. Sendo $D(f) = \mathbb{R}$ e $CD(f) = \mathbb{R}$. Note também que se $a = 0$ e $b \neq 0$ então f é uma **função constante** $f(x) = b$:

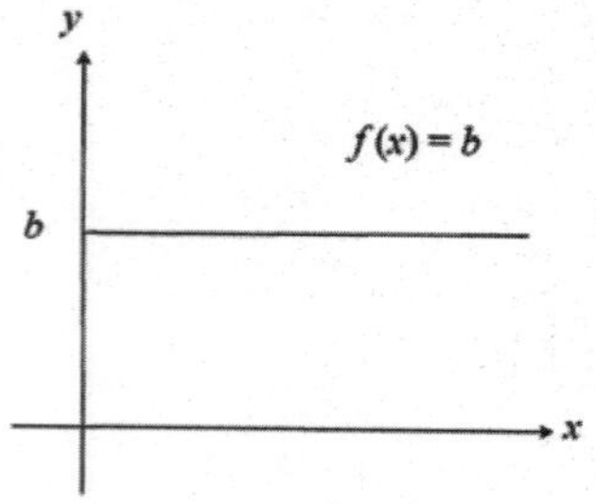

Figura 4.7: $b > 0$

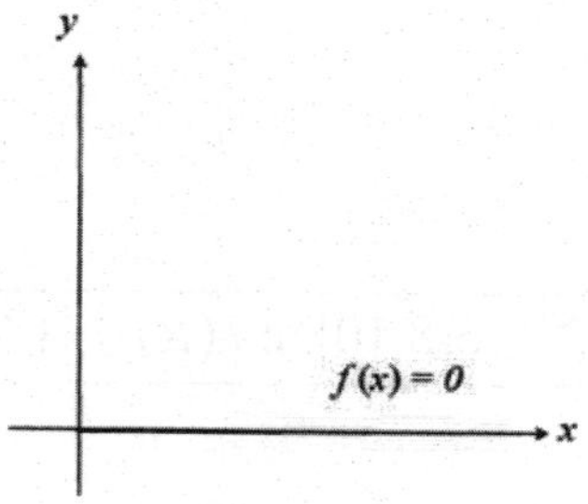

Figura 4.8: $b = 0$

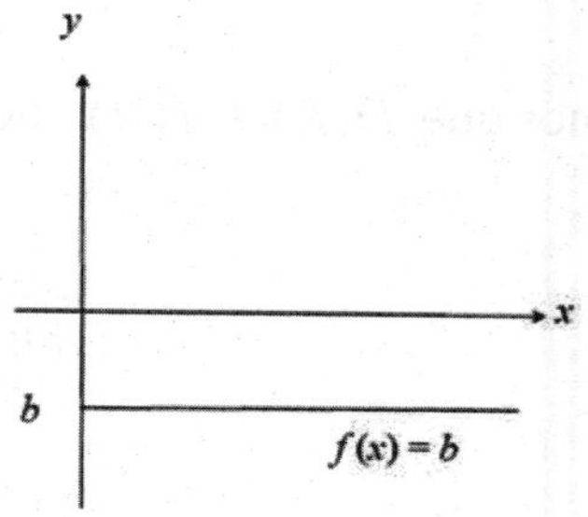

Figura 4.9: $b < 0$

Conforme ilustrado nas figuras acima, para $x = 0$ obtém-se $f(0) = a \cdot 0 + b = b$. Ou seja, o gráfico de f intercepta o eixo$-y$ no ponto $(0, b)$ onde a coordenada b é chamada de **coeficiente linear**.

Observe também que em $f(x) = ax + b$, para $a \neq 0$ chama-se a de **coeficiente angular**. Ou seja, se $a > 0$ então f é crescente. Analogamente, se $a < 0$, então f é decrescente, conforme ilustrado abaixo. Resumidamente, quanto maior o valor absoluto de a mais inclinada é a reta f. Assim, o coeficiente angular ou inclinação da reta entre dois pontos $A(x_1, y_1)$ e $B(x_2, y_2)$ quaisquer é dado por:

$$a = \frac{y_2 - y_1}{x_2 - x_1}. \qquad (4.1)$$

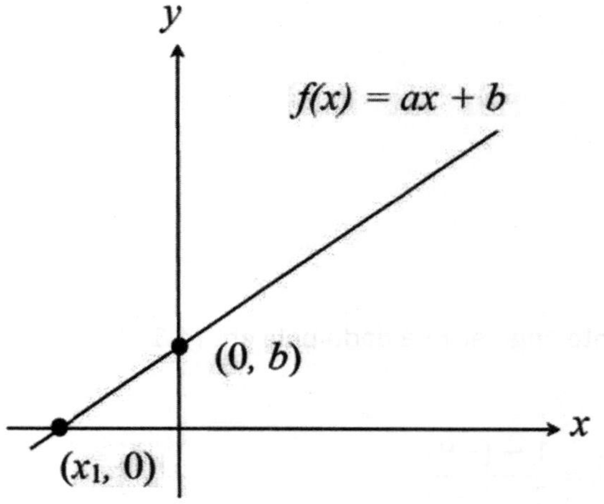

Figura 4.10: $f(x) = ax + b$

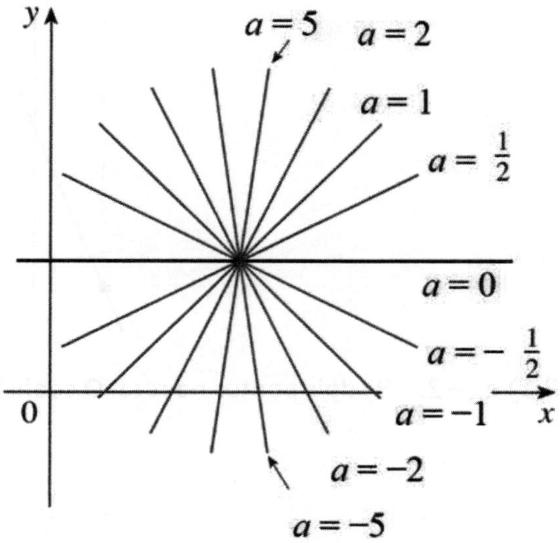

Figura 4.11: Valores de a

A figura 4.10 mostra o ponto $(x_1, 0)$ onde o gráfico de f intercepta o eixo$-x$. A coordenada x_1 é a **raiz** da função. Para obtê-la, basta isolar x em f:

$$\begin{aligned} f(x_1) &= 0 \\ ax_1 + b &= 0 \\ x_1 &= \frac{-b}{a}. \end{aligned}$$

Assim, conclui-se que uma função do 1.° grau possui somente uma raiz.

Exemplo 4.2.1. *A função geradora do gráfico abaixo é do tipo* $y = mx + n$. Então, o valor de $m^3 + n$ é igual a 3. [3]

[3] Cesgranrio/Petrobras/Administrador Júnior/Nível Superior/2010/Questão 4

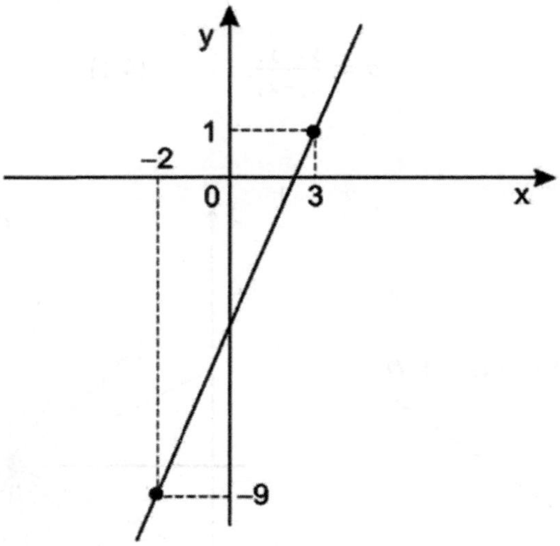

Sejam (3,1) e (−2, −9) dois pontos na reta. O coeficiente angular m é dado pela eq. (4.1):

$$\begin{aligned} m &= \frac{y_2 - y_1}{x_2 - x_1} = \frac{1 - (-9)}{3 - (-2)} \\ m &= 2. \end{aligned}$$

Substituindo $m = 2$ e o ponto (3,1) em $y = mx + n$, obtemos n igual a

$$\begin{aligned} 1 &= 2 \cdot 3 + n \\ n &= -5. \end{aligned}$$

Assim, $y = 2x - 5$. Portanto,

$$m^3 + n = 2^3 + (-5)$$

$$\boxed{m^3 + n = 3.}$$

Note que o mesmo resultado teria sido obtido para n caso tivéssemos substituído o ponto (−2, −9) em $y = mx + n$.

Exemplo 4.2.2. O gráfico abaixo apresenta o desenvolvimento do refino de petróleo no Brasil, de 2003 a 2009.

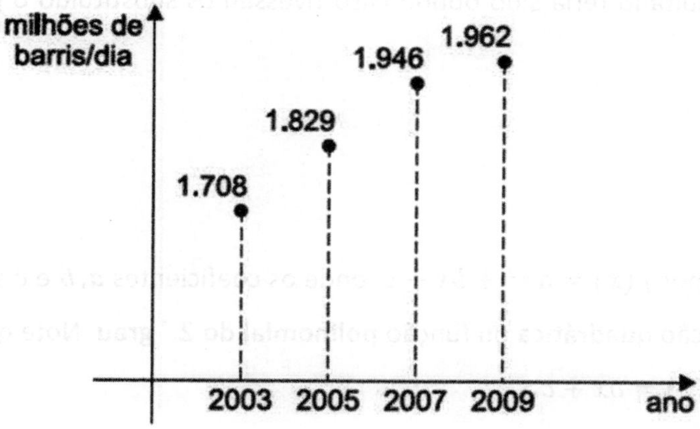

Disponível em: <http//www.movidospelatecnologia.com.br> Acesso em: 23 jun. 2011.

Considerando que o aumento observado de 2007 a 2009 seja linear e que assim se mantenha pelos próximos anos, segue que 1.994 milhões de barris diários serão refinados em 2013. [4]

A taxa constante de crescimento de milhões de barris/dia por ano, ou coeficiente angular da reta, é dada pela eq. (4.1):

$$\begin{aligned} a &= \frac{y_2 - y_1}{x_2 - x_1} = \frac{1.962 - 1.946}{2009 - 2007} \\ &= 8. \end{aligned}$$

Substituindo o ponto (2007,1.946) em $f(x) = ax + b$ onde a foi calculado acima, obtemos b igual a:

$$\begin{aligned} f(2007) &= 8 \cdot 2007 + b \\ 1.946 &= 8 \cdot 2007 + b \\ b &= -14.110. \end{aligned}$$

Assim, temos que $f(x) = 8x - 14.110$.

Finalmente, conclui-se que a quantidade de milhões de barris diários que serão refinados em 2013 é de

$$f(2013) = 8 \cdot 2013 - 14.110$$

$$\boxed{f(2013) = 1.994.}$$

[4] Cesgranrio/Petrobrás/Nível Médio/2011/Questão 13

Novamente o mesmo resultado teria sido obtido caso tivéssemos substituído o ponto (2007,1.946) para encontrar o valor de b.

4.3 Função Quadrática

A função $f: \mathbb{R} \to \mathbb{R}$ dada por $f(x) = ax^2 + bx + c$, onde os coeficientes a, b e c são reais ($a, b, c \in \mathbb{R}$) com $a \neq 0$, é chamada de função **quadrática** ou função **polinomial do 2.° grau**. Note que para $a = 0$, f resume-se a função do 1.° grau $f(x) = bx + c$.

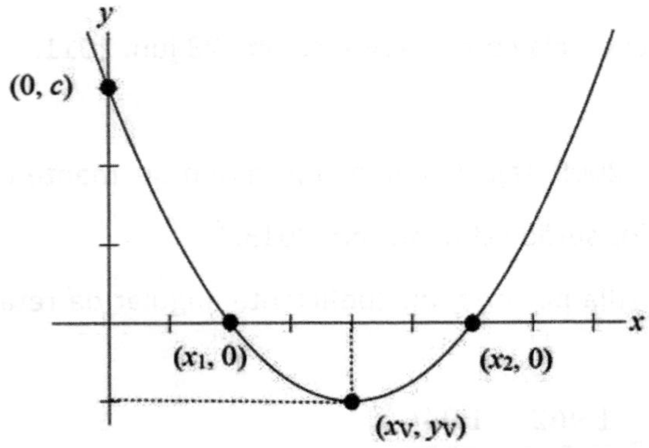

Figura 4.12: $a > 0$

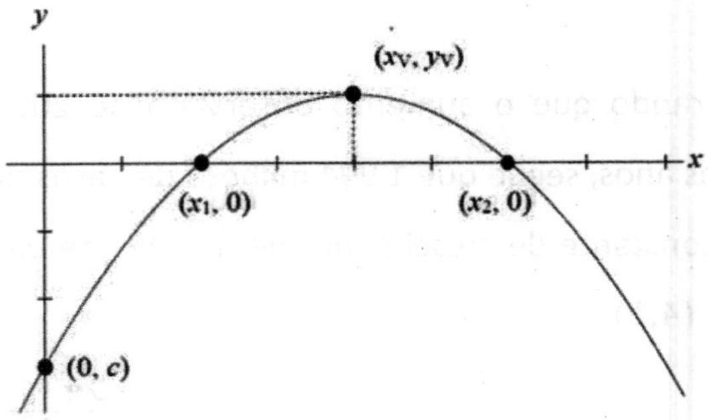

Figura 4.13: $a < 0$

Conforme ilustrado nas figuras e analogamente à função do 1.° grau, para $x = 0$ obtém-se $f(0) = a \cdot 0^2 + b \cdot 0 + c = c$, onde o ponto $(0, c)$ representa o ponto onde o gráfico de f intercepta o eixo$-y$. Novamente a coordenada c é chamada de **coeficiente linear**.

O gráfico de uma função quadrática denota-se **parábola**. O coeficiente a representa a **concavidade** da parábola. Ou seja, se $a > 0$ então a parábola é dita **côncava para cima**. E se $a < 0$, então a parábola é dita **côncava para baixo**. Ambos os casos estão ilustrados nas figuras 4.12 e 4.13.

Exemplo 4.3.1. Em um sistema de coordenadas cartesianas ortogonais xOy, considere a função de 2º grau da forma $P(x) = ax^2 + bx + c$, em que a, b e c são constantes reais e cujo gráfico contenha os pontos de coordenadas $A = (0,12)$, $B = (3,30)$ e $C = (6,18)$. Nesse caso, $P(-3)$ é igual a -36. [5]

Substituindo as coordenadas do ponto A em f, obtemos c igual a:

[5] CESPE/Petrobras/Nível Médio/2008/Questão 37

$$\begin{aligned} P(0) &= a(0)^2 + b(0) + c \\ c &= 12. \end{aligned}$$

Agora, substituindo $c = 12$ e os pontos B e C encontramos o seguinte sistema linear:

$$\begin{cases} P(3) = a(3)^2 + b(3) + 12 \Rightarrow 18 = 9a + 3b \\ P(6) = a(6)^2 + b(6) + 12 \Rightarrow 6 = 36a + 6b \end{cases}$$

Simplificando ambas as equações do sistema e subtraindo a primeira da segunda, calcula-se a igual a:

$$\begin{cases} 3a + b = 6 \quad (\times 2 \ ) \\ 6a + b = 1 \end{cases} \quad -$$

$$b = 11.$$

Substituindo o valor de b na primeira equação por exemplo, encontra-se a igual a $3a + 11 = 6 \Rightarrow 3a = -5 \Rightarrow a = \frac{-5}{3}$. Assim, temos que $f(x) = \frac{-5}{3}x^2 + 11x - 12$ e $P(-3)$ é igual a

$$P(-3) = \frac{-5}{3}(-3)^2 + 11(-3) + 12$$

$$\boxed{P(-3) = -36.}$$

Os pontos principais de uma parábola são no máximo quatro: o ponto onde o gráfico de f intercepta o eixo$-y$: $(0, c)$, conforme visto acima. Os pontos onde o gráfico de f interceptam o eixo$-x$: $(x_1, 0)$ e $(x_2, 0)$ (analogamente a função do 1.° grau, as coordenadas x_1 e x_2 são chamadas **raízes** de f). E o quarto e último ponto é o vértice V de coordenadas (x_V, y_V).

Para obter as coordenadas x_1 e x_2, isola-se x em f:

$$f(x_1, x_2) = 0.$$

Este cálculo não é tão simples como no caso da função do 1.° grau. Portanto, vamos direto ao resultado:

$$x_1 = \frac{-b + \sqrt{\Delta}}{2a} \text{ e } x_2 = \frac{-b - \sqrt{\Delta}}{2a}, \tag{4.2}$$

onde $\Delta = b^2 - 4ac$ é chamado de **discriminante**. Note que pelo fato de Δ ser um radicando, conclui-se o seguinte sobre as raízes x_1 e x_2:

1. Se $\Delta > 0$, então x_1 e x_2 são duas raízes reais e distintas;
2. Se $\Delta = 0$, então x_1 e x_2 são duas raízes reais e iguais: $x_1 = x_2 = \frac{-b+\sqrt{0}}{2a} = \frac{-b}{2a}$;
3. Se $\Delta < 0$, então a função quadrática não tem raízes reais. [6]

Geometricamente, a abscissa x_V do vértice é a média aritmética das raízes:

$$\begin{aligned} x_V &= \frac{x_1 + x_2}{2} \\ &= \frac{\frac{-b+\sqrt{\Delta}}{2a} + \frac{-b-\sqrt{\Delta}}{2a}}{2} = \frac{\frac{-2b}{2a}}{2} \end{aligned}$$

$$x_V = \frac{-b}{2a}. \tag{4.3}$$

Para obter a ordenada y_V do vértice, basta substituir x_V em f:

$$\begin{aligned} f(x_V) &= ax_V^2 + bx_V + c \\ &= a\left(\frac{-b}{2a}\right)^2 + b\left(\frac{-b}{2a}\right) + c \\ f(x_V) &= \frac{-\Delta}{4a}. \end{aligned}$$

Portanto, conclui-se que as coordenadas do vértice de uma parábola são dadas por:

---

[6] ESPP/COBRA Tecnologia S-A (BB)/Técnico de Operação/Conhecimentos Básicos - Todos os Cargos/ Matemática/2013/Questão 163

$$V\left(\frac{-b}{2a}, \frac{-\Delta}{4a}\right). \quad (4.4)$$ [7]

Exemplo 4.3.2. Sobre o gráfico da função $f(x) = x^2 + 2x - 3$, é correto afirmar que a ordenada do vértice é negativa. [8]

Temos por (4.3) que x_V é igual a:

$$\begin{aligned} x_V &= \frac{-2}{2(1)} \\ x_V &= -1. \end{aligned}$$

Substituindo $x_V = -1$ em f, calcula-se a ordenada y_V:

$$y_V = (-1)^2 + 2(-1) - 3$$

$$\boxed{y_V = -4.}$$

Exemplo 4.3.3. O gráfico a seguir representa a função f, de domínio real, dada pela lei $f(x) = ax^2 + bx + c$. Sabendo que a, b e c são constantes, é correto concluir que $a < 0$, $b < 0$ e $c < 0$. [9]

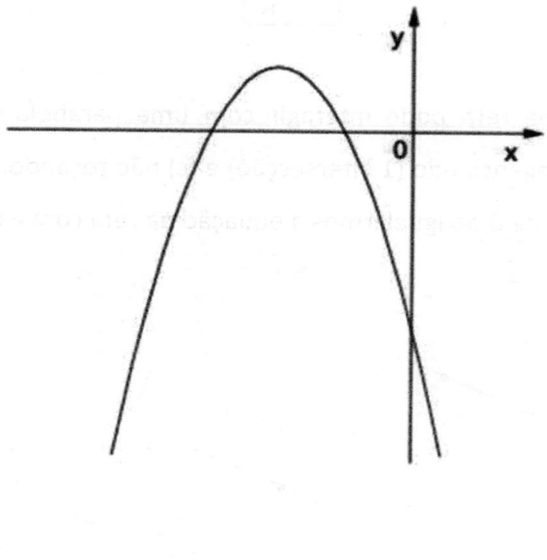

---

[7] ESPP/COBRA Tecnologia S-A (BB)/Técnico de Operação/Conhecimentos Básicos - Todos os Cargos/ Matemática/2013/Questão 163

[8] CONSULPLAN/Pref. de Guaxupé-MG/Fiscal de Tributos/2010/Questão 17

[9] FCC/Assembleia Legislativa-SP/Agente Técnico Legislativo/2010/Questão 17

Pelo gráfico percebe-se que $\boxed{a < 0 \ e \ c < 0}$, ou seja, a parábola é dita côncava para baixo e a parábola intercepta o eixo-y abaixo do eixo-x. Note também que $x_V < 0$ e $y_V > 0$. Consequentemente, pela equação (4.3), $\boxed{b < 0}$.

Exemplo 4.3.4. Sejam x, y e k números reais. Para que a reta dada pela equação $y - x = k$ (k constante) seja tangente à parábola de equação $y = 2x^2 + 1$, o valor de k deve ser um número entre 0 e 1. [10]
Basta que elas tenham somente um ponto A de coordenadas (x_A, y_A) em comum, ou seja,

$$\begin{aligned} \overbrace{y_A}^{\text{reta}} &= \overbrace{y_A}^{\text{parábola}} \\ x_A + k &= 2x_A^2 + 1 \\ 2x_A^2 - x_A + (1 - k) &= 0. \end{aligned}$$

Requerer que a reta seja tangente à parábola implica obter somente uma solução para a equação do 2.° grau acima. Consequentemente, temos que $\Delta = 0$ e k, pela eq. (4.2), é igual a

$$\begin{aligned} \Delta &= 0 \\ (-1)^2 - 4 \cdot 2 \cdot (1 - k) &= 0 \\ -7 + 8k &= 0 \end{aligned}$$

$$\boxed{k = \frac{7}{8}.}$$

É importante perceber que uma reta pode interagir com uma parábola de três formas distintas: (a) cortando (2 intersecções), (b) tangenciando (1 intersecção) e (c) não tocando. A resolução destes três casos pode ser interpretada pelo valor de Δ ao igualarmos a equação da reta com a equação da parábola:

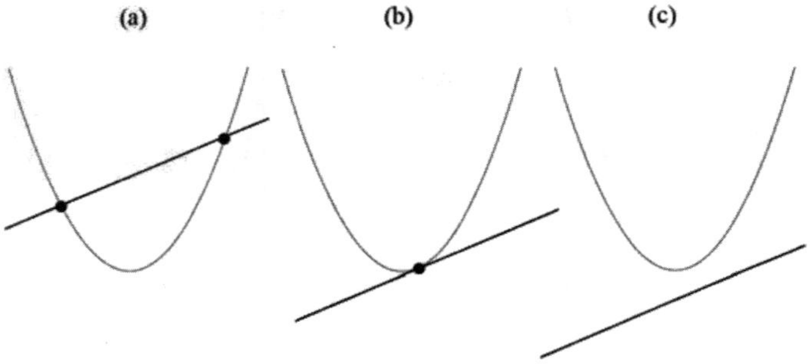

Figura 4.14: (a) $\Delta > 0$, (b) $\Delta = 0$ e (c) $\Delta < 0$

[10] CESGRANRIO/EPE/Assistente Administrativo Jr/2009/Questão 33

Exemplo 4.3.5. Ao vender x milhares de unidades de um determinado produto, a receita, em reais, obtida pela fábrica é expressa pela função $f(x) = -10.000(x^2 - 14x + 13)$. O custo de produção desses x milhares de unidades, também em reais, é estimado em $g(x) = 20.000(x + 3{,}5)$. Considerando apenas a receita e o custo relativos a esse produto, julgue os próximos itens.

Com a venda de qualquer quantia do produto, superior a 2.000 unidades, o lucro líquido da fábrica será positivo até a venda máxima de 10.000 unidades. Daí em diante o lucro será negativo. [11]

Com a venda de x milhares de unidades de um produto, o lucro $l(x)$ da fábrica é dado pela receita menos o custo:

$$\begin{aligned} l(x) &= f(x) - g(x) \\ &= -10.000x^2 + 140.000x - 130.000 - (20.000x + 70.000) \\ l(x) &= -10.000x^2 + 120.000x - 200.000. \end{aligned}$$

Note que $a = -10.000 < 0$. Consequentemente a parábola que descreve graficamente a função $l(x)$ é côncava para baixo. Isto implica que $l(x) > 0$ somente para vendas entre as duas raízes. Calculando as duas raízes por (4.2) temos

$$\begin{aligned} x &= \frac{-120.000 \pm \sqrt{120.000^2 - 4 \cdot (-10.000) \cdot (-200.000)}}{2 \cdot (-10.000)} \\ &= \frac{-120.000 \pm \overbrace{\sqrt{6.400.000.000}}^{=\sqrt{64 \cdot 10^8} = \sqrt{64} \cdot \sqrt{10^8}}}{-20.000} \\ &= \frac{-120.000 \pm 80.000}{-20.000}. \end{aligned}$$

Finalmente, as raízes são $x_1 = \frac{-120.000+80.000}{-20.000} = 2$ e $x_2 = \frac{-120.000-80.000}{-20.000} = 10$. Isto implica que com a venda de mais de 2.000 unidades do produto e menos de 10.000, a fábrica terá $\boxed{\text{lucro positivo}}$. Porém, com a venda de menos de 2.000 unidades ou mais de 10.000 unidades a fábrica terá prejuízo ($\boxed{\text{lucro negativo}}$).

O lucro líquido máximo da fábrica será obtido quando forem vendidas 6.000 unidades do produto. [12]

Pela função $l(x) = -10.000x^2 + 120.000x - 200.000$ percebe-se que o lucro líquido máximo da fábrica ocorre no vértice da parábola. Assim, por (4.3), temos que, com a venda de

[11] CESPE/BRB/Escriturário/Nível Médio/2011/Questão 102

[12] CESPE/BRB/Escriturário/Nível Médio/2011/Questão 103

$$x_V = \frac{-120.000}{2 \cdot (-10.000)}$$

$$\boxed{x_V = 6.000}$$

unidades do produto o lucro será máximo. Observe que o mesmo resultado teria sido obtido com o cálculo da média aritmética das raízes.

4.4 Funções Compostas

Sejam f e g funções tal que $g\colon A \to B$ e $f\colon B \to C$ onde o domínio de f é igual ao contradomínio de g. Define-se a composição $f \circ g$ de f por g da seguinte forma:

$$\begin{aligned} f \circ g &: A \to C \\ (f \circ g)(x) &= f(g(x)). \end{aligned}$$

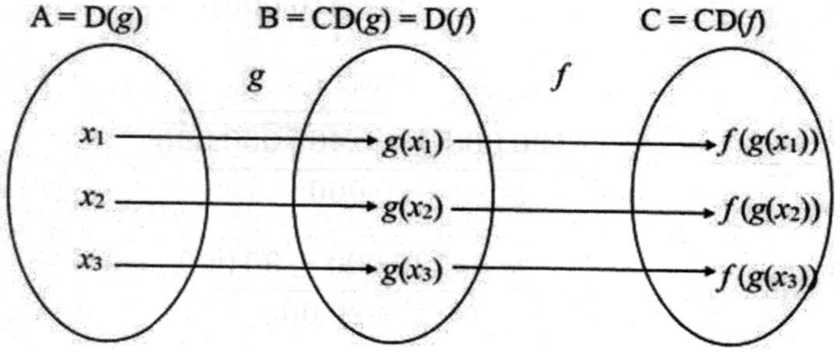

Figura 4.23: Diagrama de Venn da composição de f por g

Note que a composição de funções leva os elementos de A diretamente ao elemento de C.

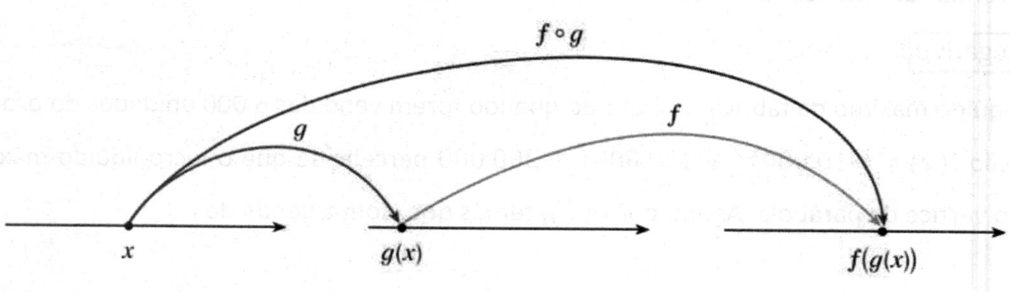

Figura 4.25: $(f \circ g)(x)$

Exemplo 4.4.1. Seja $f:\mathbb{R}_+ \to \mathbb{R}$ dada por $f(x)=\sqrt{x}$ e $g:\mathbb{R} \to \mathbb{R}_+$ dada por $g(x)=x^2+1$. A função composta $(g \circ f)(x)$ é dada por $(g \circ f)(x)=x+1$. [13]

Note que o domínio $D(f)$ é dado por todos os valores reais positivos de x. Isto se deve ao fato de que a raiz quadrada só é calculada para números reais positivos.

Além disso, observamos que $CD(f)=D(g)$. E, também, que o contradomínio $CD(g)$ é dado por todos os valores reais positivos, já que para qualquer x real, x^2+1 será sempre positivo.

Assim, temos que a composição $g \circ f:\mathbb{R}_+ \to \mathbb{R}_+$ é dada por:

$$\begin{aligned}(g \circ f)(x) &= g(f(x)) \\ &= \left(\sqrt{x}\right)^2+1 \\ (g \circ f)(x) &= |x|+1.\end{aligned}$$

Porém, como $x \in \mathbb{R}_+$, concluímos que $|x|=x$ e

$$\boxed{(g \circ f)(x)=x+1.}$$

4.5 Funções Inversas

4.5.1 Função Sobrejetora

Diz-se que $f: A \to B$ é uma função **sobrejetora** se todos os elementos de A forem atribuídos a todos os elementos de B mediante f, ou seja, quando $Im(f) = CD(f)$.

4.5.2 Função Injetora

Diz-se que $f: A \to B$ é uma função **injetora** quando elementos distintos do domínio possuírem imagens distintas do contradomínio, ou seja, $x_1 \neq x_2$ implica $f(x_1) \neq f(x_2)$.

[13] AOCP/BRDE/Assistente Administrativo/2012

4.5.3 Função Bijetora

Diz-se que $f: A \to B$ é uma função **bijetora** quando for sobrejetora e injetora.

Exemplo 4.5.1. A função $f(x) = 2x - 5$ do exemplo 4.2.1 é sobrejetora: $CD(f) = \text{Im}(f) = \mathbb{R}$. f também é uma função injetora, ou seja, elementos distintos do domínio posuem imagens distintas. Por exemplo, $f(-3) = 2(-3) - 5 = -11$, $f(0) = 2(0) - 5 = -5$, $f(4) = 2(4) - 5 = 3$ e assim sucessivamente. Portanto f é uma função bijetora.

4.5.4 Funções Inversas

A função $f: A \to B$ possui inversa se, e somente se, f for bijetiva. A inversa costuma ser notada por $f^{-1}: B \to A$.

$$f \; : \; \begin{array}{c} A \to B \\ x \mapsto f(x) \end{array}$$

$$f^{-1} \; : \; \begin{array}{c} B \to A \\ y \mapsto f^{-1}(y) \end{array}$$

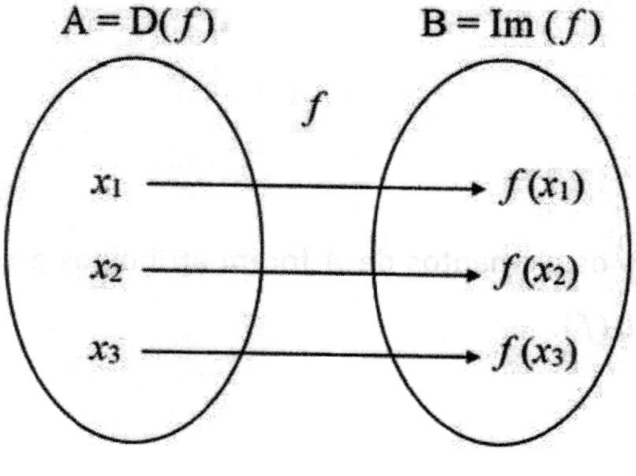

Figura 3.26: Diagrama de f

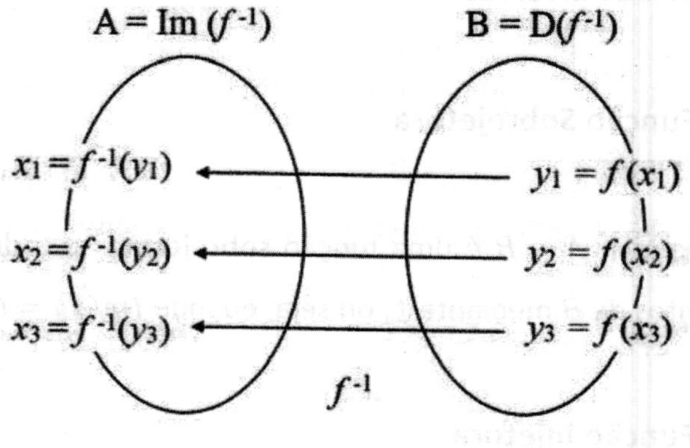

Figura 3.27: Diagrama de f^{-1}

Pelo diagrama acima, observa-se que f leva os elementos de seu domínio (x_1, x_2, x_3, ...) a elementos de sua imagem ($f(x_1)$, $f(x_2)$, $f(x_3)$, ...). Reciprocamente, a sua inversa f^{-1} leva "de volta" os elementos da imagem ($f(x_1)$, $f(x_2)$, $f(x_3)$, ..., onde $y_1 = f(x_1)$, $y_2 = f(x_2)$ e $y_3 = f(x_3)$, ...), a elementos do domínio (x_1, x_2, x_3, ..., onde $x_1 = f^{-1}(y_1)$, $x_2 = f^{-1}(y_2)$ e $x_3 = f^{-1}(y_3)$, ...). Ou seja, os elementos do domínio de f são também imagem de f^{-1}. Analogamente, os elementos da imagem de f são também elementos do domínio de f^{-1}.

Exemplo 4.5.2. Seja $f(x) = \frac{x+4}{2}$ e $g(x) = \frac{x-5}{3}$. Para $x = -9$, $f^{-1}(x) = g^{-1}(x)$. [14]

Isolando y em $f(x)$, temos que $f^{-1}(x)$ é dado por:

$$\begin{aligned} f(x) &= \frac{x+4}{2} \\ y &= \frac{x+4}{2} \\ 2 \cdot y &= x+4 \\ x &= 2y-4 \\ f^{-1}(y) &= 2y-4 \end{aligned}$$

ou

$$f^{-1}(x) = 2x - 4,$$

onde x foi subtstituído por y pelo costume de calcularmos funções com x como variável independente, e não y. Analogamente, isolando y em $g(x)$, obtemos

$$\begin{aligned} g(x) &= \frac{x-5}{3} \\ y &= \frac{x-5}{3} \\ 3 \cdot y &= x-5 \\ x &= 3y+5 \\ g^{-1}(y) &= 3y+5 \end{aligned}$$

ou

$$g^{-1}(x) = 3x + 5.$$

Finalmente, testando a igualdade do enunciado para $x = -9$:

$$\begin{aligned} f^{-1}(-9) &= g^{-1}(9) \\ 2(-9) - 4 &= 3(-9) + 5 \end{aligned}$$

[14] CONSULPLAN/MT/Prefeitura de Campo Verde/Fiscal Municipal/2010/Questão 13

$$\boxed{f^{-1}(-9) = g^{-1}(9) = -22.}$$

Exemplo 4.5.3. A função bijetora dada por $f(x) = \dfrac{x+1}{x-2}$ possui domínio no conjunto dos números reais, exceto o número 2, ou seja: $\mathbb{R} - \{2\}$. O conjunto imagem de $f(x)$ é o conjunto dos reais menos o número 1, ou seja: $\mathbb{R} - \{1\}$.

Desse modo, diz-se que $f(x)$ é uma função de $\mathbb{R} - \{2\}$ em $\mathbb{R} - \{1\}$. Com isso, a função inversa de f, denotada por f^{-1}, é definida como: [15]

Novamente isolando y em $f(x)$, encontramos $f^{-1}(x)$ igual a

$$f(x) = \frac{x+1}{x-2}$$
$$y = \frac{x+1}{x-2}$$
$$yx - 2y = x + 1$$
$$yx - x = 1 + 2y$$
$$x(y-1) = 1 + 2y$$
$$x = \frac{1+2y}{1-y}$$
$$\boxed{f^{-1}(x) = \frac{1+2x}{1-x}.}$$

Mais uma vez, x foi subtstituído por y pelo costume de calcularmos funções com x como variável independente, e não y.

É importante perceber que o domínio de f dado por $Dom(f) = \mathbb{R} - \{2\}$ é tambem imagem de f^{-1}. E, analogamente, a imagem f dada por $Im(f) = \mathbb{R} - \{1\}$ é domínio da função inversa f^{-1}. Resumidamente, temos que $f : \mathbb{R} - \{2\} \longrightarrow \mathbb{R} - \{1\}$ e

$f^{-1} : \mathbb{R} - \{1\} \longrightarrow \mathbb{R} - \{2\}$.

[15] *ESAF/Receita Federal/ Auditor Fiscal da Receita Federal*/2012/Questão 19

4.6 Equações e Sistemas de Equações

Uma **equação** do 1º grau é uma igualdade em que a variável possui uma única solução ou diversas soluções. Mais especificamente, uma equação é uma condição de igualdade entre os lados esquerdo e direito em que a **solução da equação** é um número que substituído na variável torna ambos os lados da equação iguais, ou seja, a solução satisfaz a equação.

Exemplo 4.6.1. Voltando do trabalho, Maria comprou balas para seus quatro filhos. No caminho, pensou: se eu der 8 balas para cada um, sobrarão 2 balas. Mas, ao chegar à casa, ela encontrou seus filhos brincando com dois amigos. Então, Maria dividiu as balas igualmente entre as crianças presentes, e comeu as restantes. Maria comeu 4 balas. [16]

Sejam x e y as variáveis do problema onde x representa o número de balas que Maria comprou e y o número de balas que Maria comeu. De uma forma geral, um problema de duas variáveis requer duas equações distintas para ser possível e solúvel. A primeira equação vem da primeira parte do enunciado: "Maria comprou balas para seus 4 filhos... Se eu der 8 balas para cada um, sobrarão 2 balas". Matematicamente esta parte é escrita como:

$$\begin{aligned} x &= 8 \cdot 4 + 2 \\ x &= 34 \ balas. \end{aligned}$$

A segunda equação vem da parte final do enunciado: "... ela encontrou seus filhos brincando com dois amigos. Então, Maria dividiu as balas igualmente entre as crianças presentes, e comeu as restantes". Matematicamente, temos

$$x = \frac{34}{6} + y.$$

Como o resultado da divisão do número de balas tem que ser um número natural, temos que o maior número de 1 a 34 divisível por 6 é 30. Isto implica que Maria dividiu 30 balas entre as 6 crianças $\boxed{\text{e comeu as 4 restantes.}}$

Exemplo 4.6.2. Um cidadão possuía um viveiro de pombos-correio. Um vizinho, visitando sua casa, perguntou-lhe se, no viveiro, existiam 100 pombos-correio, ao que ele respondeu:

---

[16] CESGRANRIO/Petrobrás/Nível Médio/2011/Questão 17

--- "Não são 100 pombos, mas, se, à quantidade de pombos que tenho, você somar um número igual ao que eu tenho mais a metade do que eu tenho mais a quarta parte do que eu tenho e trouxer mais um pombo, eles serão 100 pombos-correio".

O número de pombos-correio existentes no viveiro era 36. [17]

Seja x o número de pombos-correio que o cidadão possui no viveiro. Analisando cada sentença isoladamente e reescrevendo o que o cidadão disse em forma de uma equação, obtemos

$$\overbrace{x}^{\text{...à quantidade de pombos que tenho...}} + \overbrace{x}^{\text{...somar um número igual ao que eu tenho}}$$

$$+ \overbrace{\frac{x}{2}}^{\text{mais a metade do que eu tenho}} + \overbrace{\frac{x}{4}}^{\text{mais a quarta parte do que eu tenho}}$$

$$+ \overbrace{1}^{\text{e trouxer mais um pombo}} = \overbrace{100.}^{\text{eles serão 100 pombos−correio.}}$$

Resumidamente, temos

$$\begin{aligned} x + x + \frac{x}{2} + \frac{x}{4} + 1 &= 100 \\ \frac{4x + 4x + 2x + x + 4}{4} &= 100 \\ 11x + 4 &= 400 \\ 11x &= 396 \end{aligned}$$

$$\boxed{x = 36 \ pombos - correio.}$$

Exemplo 4.6.3. Há 5 anos, Joana tinha o quádruplo da idade de seu primo. Daqui a 5 anos, ela terá o dobro da idade dele. E daqui a 20 anos as idades de ambos somadas serão o número 75. [18]

As variáveis x e y do problema são as idades do primo e de Joana respectivamente, no presente. Separando o problema em passado (há 5 anos), presente, futuro próximo (daqui a 5 anos) e futuro distante (daqui a 20 anos), montamos a seguinte tabela:

---

[17] CESGRANRIO/Petrobras/Técnico de Administração e Controle Júnior/Nível Médio/2011/Questão 48

[18] VUNESP/Pref. São José do Rio Preto-SP/Técnico Jurídico/Nível Superior/2011/Questão 18

	Passado	Presente	Futuro Próximo	Futuro Distante
Joana	$4(x-5)$	y	$2(x+5)$	$y+20$
Primo	$x-5$	x	x+5	$x+20$

Lembrando que o tempo decorrido entre o passado e o presente, e entre o futuro próximo e o presente é o mesmo para ambos, montamos o seguinte sistema de duas equações e duas variáveis:

$$\begin{cases} y-4(x-5) & = & 2(x+5)-y \\ y+5 & = & 2x+10. \end{cases}$$

Simplificando a primeira equação do sistema, multiplicando a segunda por 2 e subtraindo a segunda da primeira, encontramos x igual a

$$\begin{cases} 2y-6x & = & -10 & \\ y-2x & = & 5 & (\times 2) \end{cases} -$$

$$-2x = -20$$

$$\boxed{x = 10 \text{ anos de idade.}}$$

Substituindo $x = 10$ na segunda equação, calculamos y igual a

$$y - 2(10) = 5$$

$$\boxed{y = 25 \text{ anos de idade.}}$$

Observe que se reescrevermos a tabela com a idade de Joana (25 anos) e de seu primo (10 anos), vemos claramente as relações do enunciado:

	Passado	Presente	Futuro Próximo	Futuro Distante
Joana	20	25	20	45
Primo	5	10	15	30

Finalmente, concluímos que daqui a 20 anos as idades de ambos somadas serão $\boxed{45 + 30 = 75.}$

Exemplo 4.6.4. Um Agente de Fiscalização deveria visitar certa quantidade de estabelecimentos comerciais em dois dias, a fim de verificar o cumprimento das normas de segurança. Na manhã do 1¼ dia, ele visitou 1/3 dos estabelecimentos e, à tarde, conseguiu visitar 3/8 do restante dos estabelecimentos, ficando 20 estabelecimentos para o outro dia. Dessa forma, ele deveria visitar um total de 48 estabelecimentos. [19]

Seja x o total de de estabelecimentos que o Agente de Fiscalização deveria visitar no período de 2 dias. Montando uma equação na variável x a partir do enunciado, chegamos em

$$\overbrace{x}^{\text{...deveria visitar certa quantidade de estabelecimentos...}} = \underbrace{\frac{1}{3}\cdot x}_{\text{...}\frac{1}{3}\text{ dos estabelecimentos...}}$$

$$+ \underbrace{\frac{3}{8}\cdot\left(\frac{2}{3}\cdot x\right)}_{\text{...visitar }\frac{3}{8}\text{ do restante dos estabelecimentos}} + \overbrace{20}^{\text{...ficando 20 ... o outro dia...}} .$$

Resumidamente, temos

$$x = \frac{1}{3}\cdot x + \frac{3}{8}\cdot\left(\frac{2}{3}\cdot x\right) + 20$$

$$x = \frac{x}{3} + \frac{\cancel{6}^{1}}{\cancel{24}^{4}}\cdot x + 20$$

$$x - \frac{x}{3} - \frac{x}{4} = 20$$

$$\frac{12x - 4x - 3x}{12} = 20$$

$$5x = 240$$

$$\boxed{x = 28 \text{ estabelecimentos.}}$$

Exemplo 4.6.5. Cada um dos quatro Agentes de Fiscalização --- André, Bernardo, Carlos e Davi ---, fará inspeções em quantidades diferentes de estabelecimentos e em regiões diferentes da cidade de Campinas. André fez inspeções na região Sul e inspecionou 5 estabelecimentos a mais que Carlos. Bernardo não fez inspeções na região Central, mas inspecionou 18 estabelecimentos. Davi inspecionou a região Norte e 8

[19] INEC/Prefeitura de Campinas-SP/Agente de Fiscalização/Nível Médio/2011/Questão 13

estabelecimentos a menos do que aquele que inspecionou a região Central. O Agente que foi para a região Central inspecionou 2 estabelecimentos a mais do que o Agente que foi para a região Leste. Com base nessas informações, os 4 Agentes inspecionaram 75 estabelecimentos. [20]

Pelo enunciado temos que Carlos inspecionou x estabelecimentos na região Central de Campinas, André inspecionou $x+5$ estabelecimentos na região Sul, Bernardo inspecionou 18 estabelecimentos na região Leste e Davi inspecionou $x-8$ estabelecimentos na região Norte. Além disso, temos ainda que Carlos inspecionou 2 estabelecimentos a mais do que Bernardo. Sendo assim, temos que x é igual a

$$\begin{aligned} x &= 18+2 \\ x &= 20. \end{aligned}$$

Sabendo, portanto, que Carlos inspecionou 20 estabelecimentos, calculamos o total de estabelecimentos inspecionados pelos 4 Agentes:

$$\text{total} = \overbrace{18}^{\text{Bernardo}} + \underbrace{20}_{\text{Carlos}} + \overbrace{(20+5)}^{\text{André}} + \underbrace{(20-8)}_{\text{Davi}}$$

$$\boxed{\text{total} = 75 \ \text{estabelecimentos.}}$$

4.7 Exercícios Propostos

Exercício 4.7.1. Qual dos gráficos a seguir representa a função $f(x)$ que tem como inversa

$f^{-1}(x)=\frac{x+4}{2}$? [21]

a) 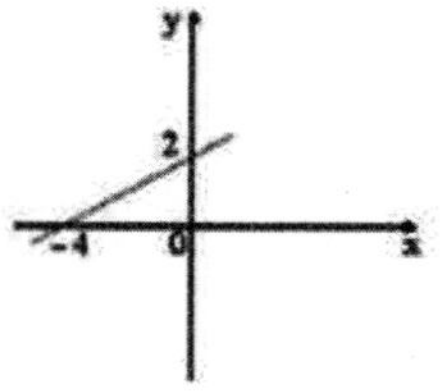

[20] INEC/Prefeitura de Campinas-SP/Agente de Fiscalização/Nível Médio/2011/Questão 20

[21] CONSULPLAN/Pref. de Guaxupé-MG/Fiscal de Tributos/2010/Questão 12

b) 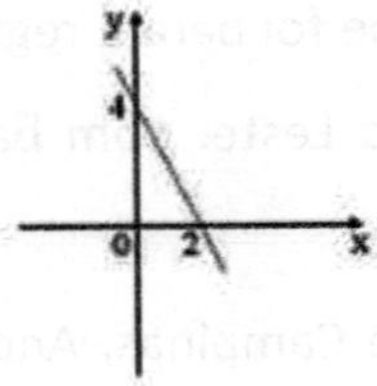

c) 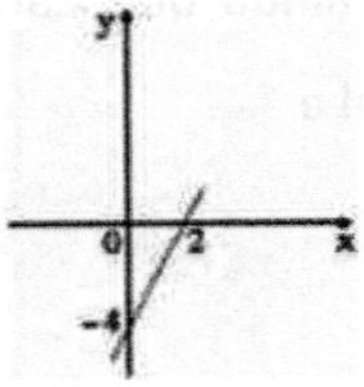

d) 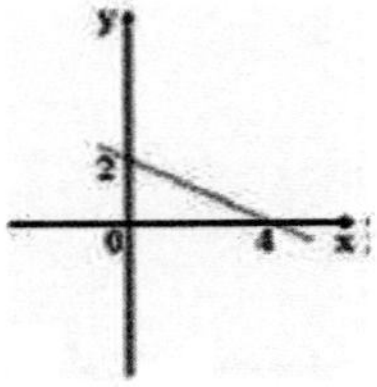

e) 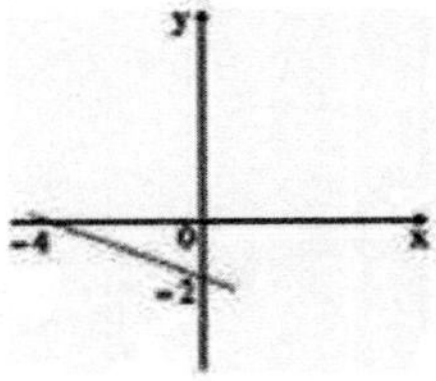

Exercício 4.7.2. Seja o domínio de uma função $f(x) = x^2 - 16$, o conjunto $D = \{-2, -1, 0, 1, 2\}$, então o número de elementos de seu conjunto imagem é igual a: [22]

a) 3

b) 2

c) 4

d) 1

e) 5

[22] CONSULPLAN/Pref. de Guaxupé-MG/Fiscal de Tributos/2010/Questão 14

Exercício 4.7.3. Sobre o gráfico da função $f(x) = x^2 + 2x - 3$ é correto afirmar: [23]

a) A abscissa do vértice é positiva.

b) Intercepta o eixo das abscissas em um único ponto.

c) É simétrico ao eixo das ordenadas.

d) A ordenada do vértice é negativa.

e) Passa pelo ponto $(-3, -2)$.

Exercício 4.7.4. A soma de todos os valores inteiros que **NÃO** pertencem ao domínio da função real

$f(x) = \sqrt{\dfrac{x^2 - 5x - 6}{x^2 - 36}}$ é igual a: [24]

a) -13

b) -14

c) -12

d) -11

e) -15

Exercício 4.7.5. Seja uma função real $f(x)$, tal que $f(3x-2) = 12x - 5$. Sobre a inversa desta função, é correto afirmar que: [25]

a) $f^{-1}(4) = 9$

b) $f^{-1}(5) = 7$

c) $f^{-1}(2) = 5$

d) $f^{-1}(3) = 8$

e) $f^{-1}(7) = 1$

[23] CONSULPLAN/Pref. de Guaxupé-MG/Fiscal de Tributos/2010/Questão 17
[24] CONSULPLAN/Pref. de Guaxupé-MG/Fiscal de Tributos/2010/Questão 20
[25] CONSULPLAN/Pref. de Guaxupé-MG/Agente de Administração/2010/Questão 13

Exercício 4.7.6. A soma de todos os números inteiros que **NÃO** pertencem ao domínio da função

$f(x)=\dfrac{\sqrt{x^2-9}}{x-3}$ é: [26]

a) 1

b) -4

c) 2

d) 3

e) -2

Exercício 4.7.7. Sejam as funções reais: $f(x)=4x-6$, $g(x)=2x-1$ e $h(x)=2x+3$. Qual das funções compostas apresenta o maior valor numérico? [27]

a) $(f\circ g)(4)$

b) $(h\circ g)(8)$

c) $(g\circ g)(5)$

d) $(g\circ f)(6)$

e) $(h\circ h)(7)$

Exercício 4.7.8. Sobre as raízes da equação $x^2-7x+10=0$, é correto afirmar que: [28]

a) Ambas são pares.

b) Apenas uma é ímpar.

c) Nenhuma é positiva.

d) Apenas uma é positiva.

e) Ambas são ímpares.

Exercício 4.7.9. Uma companhia é composta por 72 soldados, e à solenidade compareceram todos os 72 soldados. Eles estavam arrumados em forma retangular com x colunas tendo em cada uma delas y soldados, sendo x e y números inteiros maiores do que um. A quantidade de valores diferentes

[26] CONSULPLAN/Pref. de Guaxupé-MG/Agente de Administração/2010/Questão 16
[27] CONSULPLAN/Pref. de Guaxupé-MG/Agente de Administração/2010/Questão 20
[28] CONSULPLAN/Pref. São José de Uba-RJ/Agente Administrativo/2010/Questão 11

possíveis para x é: [29]

a) 18

b) 16

c) 12

d) 10

e) 8

Exercício 4.7.10. Uma agência de turismo verificou que a quantidade $N(p)$ de passagens aéreas vendidas varia em função do preço p, em reais, das passagens, de acordo com a expressão: $N(p) = 2700 - 3p$, se $300 \le p \le 900$. Considerando que a receita $R(p)$ da agência com a venda de passagens aéreas seja $R(p) = p \times N(p)$, se $300 \le p \le 900$, julgue os itens seguintes.

( ) A agência poderá obter um valor de receita superior a R$ 630.000,00.

( ) Ao preço de R$ 350,00, a agência venderá mais de 1.700 passagens aéreas.

( ) Para passagens com preços acima de R$ 600,00, as receitas serão sempre inferiores a R$ 540.000,00. [30]

Exercício 4.7.11. Alzira, Beatriz, César e Dinah têm 14, 15, 17 e 19 anos de idade, não necessariamente nessa ordem. Sabe-se que César é mais velho que Alzira. A diferença entre as idades de Dinah e Beatriz, não necessariamente nessa ordem, é de 1 ano. Nas condições dadas, a idade de Alzira, em anos, é: [31]

a) 14

b) 15

c) 16

d) 17

e) 19

Exercício 4.7.12. Considerando o sistema

$$\begin{cases} \dfrac{x}{y} = 2 \\ x + y = 51 \end{cases},$$

---

[29] FGV/PC-MA/Farmacêutico Legista/2012

[30] CESPE/ANAC/Técnico Administrativo/2012

[31] VUNESP/SPTrans/Analista de Gestão Pleno/Administração Geral/2012

o valor de y é: [32]

a) 15

b) 18

c) 21

d) 13

e) 17

Exercício 4.7.13. João, Alberto, Miguel e Carlos são irmãos. João tem 2 anos a mais do que Alberto. Miguel tem 3 anos a mais do que Alberto, que por sua vez tem 2 anos a mais do que Carlos. Nas condições dadas, o mais velho dos irmãos e o terceiro mais velho são, respectivamente: [33]

a) Alberto e Carlos

b) Miguel e João

c) Miguele Alberto

d) João e Alberto

e) João e Carlos

Exercício 4.7.14. Considerando a equação $y^2 + (2 + 6k)y + (1 + 8k^2) = 0$, a soma dos valores reais de k para que a equação tenha duas raízes reais e iguais, é: [34]

a) 0

b) -4

c) 6

d) -6

Exercício 4.7.15. Considere uma função real definida sobre o conjunto dos reais, de modo que, quaisquer que sejam x e y não nulos do domínio, vale a relação $f(x \cdot y) = \frac{f(x)}{y}$.

Sabendo que $f(200) = 12$, quanto vale $f(600)$? [35]

a) 2

b) 4

---

[32] AOCP/BRDE/Assistente Administrativo/2012

[33] FCC/AL-PE/Analista Legislativo/2014

[34] IESES/CRC-PR/Assessor Jurídico/Nível Superior/2012/Questão 19

[35] CESGRANRIO/Transpetro/Economista Júnior/Nível Superior/2011/Questão 67

c) 12

d) 24

e) 36

Exercício 4.7.16. SÃO PAULO. Quatro entre nove brasileiros já têm computador em casa ou no trabalho. (...) É o que revela a 22.ª Pesquisa do Centro de Tecnologia de Informação Aplicada da Fundação Getúlio Vargas (...). De acordo com o levantamento, existem 85 milhões de computadores no Brasil. No ano passado, foram vendidos 14,6 milhões de unidades. (...)

Jornal O Globo, Rio de Janeiro, p. 27, 20 abr. 2011.

Para que, em 2011, o número médio de computadores vendidos por mês supere em 0,45 milhões a média mensal das vendas de 2010, o número de unidades, em milhões, vendidas no ano de 2011, deverá ser: [36]

a) 15,00

b) 16,66

c) 19,10

d) 19,56

e) 20,00

Exercício 4.7.17. O dono de uma lanchonete comprou uma certa quantidade de sanduíches por R$ 180,00 e vendeu todos, exceto seis, com um lucro de R$ 2,00 por sanduíche. Com o total recebido, ele comprou 30 sanduíches a mais que na compra anterior, pagando o mesmo preço por sanduíche. Nessas condições, o preço de custo de cada sanduíche foi de: [37]

a) R$ 6,00

b) R$ 5,00

c) R$ 3,00

d) R$ 2,00

e) R$ 1,00

Exercício 4.7.18. Um Alfaiate pagou R$ 135,00 por uma certa quantidade de metros de um tecido. Ao passar pela loja vizinha, notou que o metro desse mesmo tecido estava R$ 2,00 mais barato que na anterior. Comprou, então, um metro a mais do que na primeira compra, gastando R$ 130,00.

---

[36] CESGRANRIO/Transpetro/Técnico de Contabilidade Júnior/Nível Médio/2011/Questão 15

[37] PENUM/MPE-PE/Estágio/Nível Médio/2011/Questão 18

Considerando as duas compras, o total de metros de tecido que ele comprou foi: [38]

a) 15

b) 17

c) 19

d) 21

e) 23

Exercício 4.7.19. Um fogão é vendido em n parcelas iguais, sem juros. Caso se queira adquirir o produto, pagando 3 ou 5 parcelas a menos, ainda sem juros, o valor de cada parcela deve ser acrescido de R\$ 60,00 ou de R\$ 125,00, respectivamente. Com base nessas informações, conclui-se que o valor de n é igual a: [39]

a) 13

b) 14

c) 15

d) 16

e) 17

Exercício 4.7.20. O Brasil é o país onde mais caem raios no mundo. Na última década, a cada três dias, em média, uma pessoa foi fulminada por um raio.

Revista Veja, 10 fev. 2010.

Seja f(x) uma função polinomial que represente o número de pessoas fulminadas por um raio no Brasil ao longo da última década, onde x representa o número de dias. Considerando as informações apresentadas na reportagem acima, conclui-se que: [40]

a) $f(x) = 3x$

b) $f(x) = x + 3$

c) $f(x) = x - 3$

d) $f(x) = \frac{x}{3}$

e) $f(x) = 3 - \frac{x}{3}$

---

[38] PENUM/MPE-PE/Estágio/Nível Médio/2011/Questão 25

[39] PENUM/MPE-PE/Estágio/Nível Superior/2011/Questão 17

[40] Petrobrás/Técnico de Administração e Controle Júnior/Cesgranrio/2010/Questão 13

Exercício 4.7.21. Uma empresa assinou contratos de fornecimento de água bruta e de água tratada para o seu complexo industrial. A empresa começa a receber $5\ \text{mil m}^3$ de água bruta em setembro desse ano. A quantidade fornecida aumentará de acordo com as necessidades, até atingir, em maio de 2011, $800\ \text{mil m}^3$ por mês. Suponha que a quantidade de água bruta fornecida aumente linearmente, como mostra o gráfico abaixo.

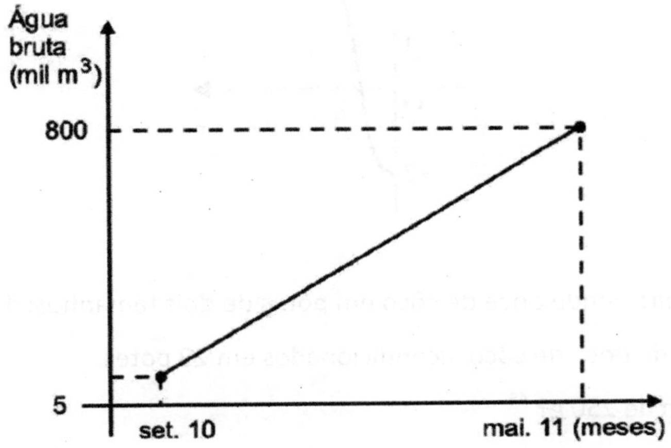

Quantos milhares de m^3 serão fornecidos em janeiro de 2011? [41]

a) 385,5

b) 397,5

c) 402,5

d) 411,5

e) 437,5

Exercício 4.7.22. Considere as seguintes equivalências de preços, em reais: o de 2 cadernos equivale ao de 30 lápis; o de 3 canetas equivale ao de 5 cadernos. Se 5 canetas custam R$40,00, quantos lápis poderiam ser comprados com R$ 32,00? [42]

a) 102

b) 100

c) 98

d) 96

e) 94

---

[41] CITEPE/Técnico de manutenção Têxtil Júnior/Nível Médio/Cesgranrio/2010/Questão 20

[42] TRF 4.ª Região/FCC/Técnico Judiciário/Nível Médio/2010/Questão 66

Exercício 4.7.23. Assinale certo ou errado

( ) A solução da equação $15 \cdot 2^x = 960$ é superior a 5. [43]

( ) A figura abaixo ilustra corretamente o gráfico, no plano cartesiano xOy, da função $y = 2^{x-1}$. [44]

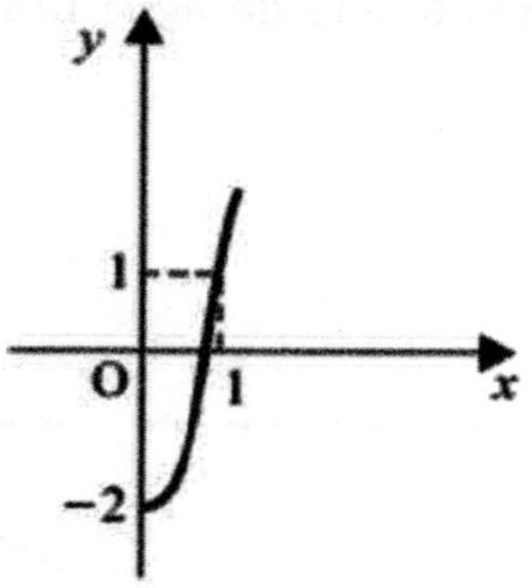

Exercício 4.7.24. Uma doceira vende doce de côco em potes de dois tamanhos: 400 g e 250 g. Na última semana, ela vendeu 9,2 kg de doce de côco, acondicionados em 29 potes.

Quantos desses potes eram de 250 g? [45]

a) 12

b) 13

c) 14

d) 15

e) 16

Exercício 4.7.25. Os números m e n são racionais e tais que $m+5n=5$ e $4m+10n=16$ Qual o valor de $m+n$? [46]

a) 9,4

b) 7,9

---

[43] Prefeitura de Vila Velha/Nível Médio/CESPE 2008/Questão 109

[44] Prefeitura de Vila Velha/Nível Médio/CESPE 2008/Questão 110

[45] CESGRANRIO/EPE/Assistente Administrativo/Nível Médio/2012/Questão 14

[46] CESGRANRIO/CMB/Assistente Técnico–Administrativo/Apoio Administrativo/Nível Médio/2012/ Questão 104

c) 5,5

d) 3,4

e) 2,6

Exercício 4.7.26.

criança A				
idade (em anos completos)	0	1	2	3
peso (em kg)	3,3	10,1	13,0	15,5
estatura (em cm)	50	70	86	98

criança B				
idade (em anos completos)	0	1	2	3
peso (em kg)	3,9	10,6	13,4	*

Considerando as tabelas acima, que apresentam, respectivamente, o peso e a estatura da criança A, desde o nascimento (0 ano) até o 3.° ano de vida, bem como o peso da criança B, desde o nascimento (0 ano) até o 2.º ano de vida, julgue os itens a seguir.

( ) Sabendo que as diferenças entre os pesos das crianças A e B, nos respectivos anos, estão em progressão aritmética, é correto afirmar que o peso da criança B no 3. ° ano de vida será igual a 15,8 kg.[47]

( ) Considere que, no plano cartesiano xOy, a variável x seja o tempo, em anos, e a variável y seja a altura, em centímetros. Considere, ainda, que exista uma função quadrática $y = f(x) = ax^2 + bx + c$, cujo gráfico passa pelos pontos (x, y) correspondentes às alturas no nascimento, no 1.º, 2.º e 3.º anos de vida da criança A. Em face dessas informações, é correto afirmar que $\left|\frac{b}{a}\right| < 10$.[48]

Exercício 4.7.27. Para $a = 4x + 2y$ e $b = 2x + 4y$, qual será o resultado da expressão $\frac{a-2b}{2a-b}$?[49]

---

[47] CESPE/PRF/Agente Administrativo/Classe A Padrão I /2012/Questão 41

[48] CESPE/PRF/Agente Administrativo/Classe A Padrão I /2012/Questão 42

[49] CRSP/PMMG/PM-MG - Soldado da Polícia Militar/Matemática/Nível Médio/2013/Questão 33

a) $2xy$

b) $\frac{2y}{x}$

c) $\frac{-y}{x}$

d) $xy-x^2$

Exercício 4.7.28. A interseção entre os gráficos das funções $y=-2x+3$ e $y=x^2+5x-6$ se localiza: [50]

a) no 1º e 2º quadrantes

b) no 1º quadrante

c) no 1º e 3º quadrantes

d) no 2º e 4º quadrantes

Exercício 4.7.29. Marque a alternativa CORRETA. Em um estacionamento existe um total de 50 vagas para carros pequenos e motocicletas. Quando este estacionamento está completamente lotado, a quantidade de rodas de veículos é igual a 120. Os números de vagas para carros e motos são, respectivamente: [51]

a) 10 e 40

b) 20 e 30

c) 25 e 25

d) 15 e 35

Exercício 4.7.30. Dada a equação do segundo grau $x^2-3x-4=0$, assinale a alternativa que apresenta, respectivamente, os valores de Delta e da soma das raízes dessa equação: [52]

---

[50] CRSP/PMMG/PM-MG - Soldado da Polícia Militar/Matemática/Nível Médio/2013/Questão 34

[51] CRSP/PMMG/PM-MG - Soldado da Polícia Militar/Matemática/Nível Médio/2013/Questão 36

[52] UFMT/COPEL/Matemática/Nível Médio/2013/Questão 68

a) 25 e 3

b) 25 e 5

c) 36 e 2

d) 36 e 4

Exercício 4.7.31. O conjunto solução da equação $x^2 - 3x - 10 = 0$, é:[53]

a) $S = \{-5;-1\}$

b) $S = \{-2;0\}$

c) $S = \{-2;5\}$

d) $S = \{-2;-5\}$

e) $S = \{-5;0\}$

Exercício 4.7.32. Dada a função quadrática $f(x) = 2x^2 + 4x - 9$, as coordenadas do vértice do gráfico da parábola definida por $f(x)$, é:[54]

a) $V = (-7;1)$

b) $V = (-1;-7)$

c) $V = (0;1)$

d) $V = (-7;0)$

e) $V = (0;0)$

Exercício 4.7.33. O professor de Matemática de uma escola ditou para seus alunos: "Do dobro de um certo número, x, subtrai-se 10. Esse resultado é igual à metade do mesmo número x somada a 35". A partir

---

[53] FUNCAB/PM-ES/Soldado Combatente da Polícia Militar/Matemática/2013/Questão 144

[54] FUNCAB/PM-ES/Soldado Combatente da Polícia Militar/Matemática /2013/Questão 145

dessas informações pode-se concluir que o triplo do número x é: [55]

a) 75

b) 90

c) 30

d) 150

e) 50

Exercício 4.7.34. Dos números x e y sabe-se que $x - y = 14$ e que $3x - y = 76$. Ao resolver esse sistema de equações pode- se calcular que o menor desses números, x e y , é: [56]

a) 14

b) 76

c) 31

d) 66

e) 17

Exercício 4.7.35. Considere a função $f(x) = \begin{cases} \dfrac{x^2 - 64}{x - 8}, & \text{se } x \neq 8 \\ k^2, & \text{se } x = 8 \end{cases}$. Qual o valor de $k > 0$ para que a função f seja contínua no ponto em que $x = 8$? [57]

a) 4

b) 5

c) 7

d) 16

Exercício 4.7.36. Hoje, a soma das idades de todos os quatro membros de uma família é 79 anos. O pai é

[55] FCC/AL-PB/Assistente Legislativo/Matemática /2013/Questão 82

[56] FCC/AL-PB/Assistente Legislativo/Matemática /2013/Questão 83

[57] UFMT/COPEL/Técnico Industrial de Eletrônica/Matemática /2013/Questão 99

dois anos mais velho que a mãe e o primogênito é 5 anos mais velho que o caçula. Há 6 anos, a soma das idades dos membros dessa família era 58 anos.

A idade do pai, hoje, em anos, é: [58]

a) 34

b) 35

c) 36

d) 37

e) 38

[58] VUNESP/FUNDUNESP/Engenheiro de Segurança/Matemática /2013/Questão 186

Capítulo 5

Geometria Plana e Espacial

5.1 Introdução à Geometria Plana

5.1.1 Ângulos e Retas

Considere dois **pontos** distintos A e B. r é a **reta** que passa por A e B e $\overrightarrow{AB}$ é a **semirreta** que passa por A e B com origem em A; $\overline{AB}$ é o **segmento de reta**. A reunião das semirretas $\overrightarrow{AB}$ e $\overrightarrow{AC}$ formam o ângulo $B\hat{A}C$ ou abreviadamente, $\hat{A}$.

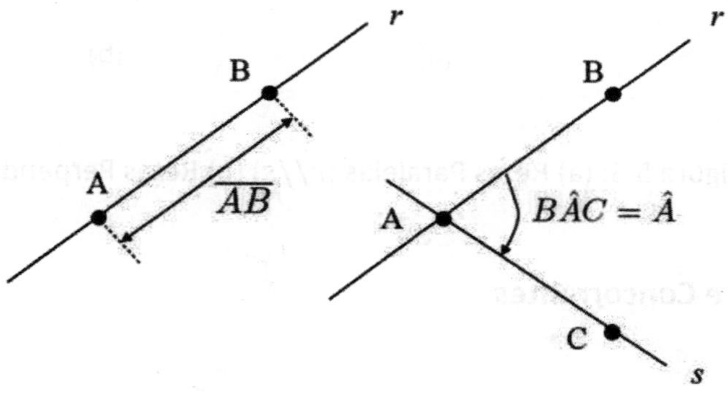

Figura 5.1: Ângulo, retas, semirretas e segmentos de retas

O ângulo $\hat{A}$ pode ser **agudo** ($0° \leq \hat{A} < 90°$), **reto** ($\hat{A} = 90°$) ou **obtuso** ($90° < \hat{A} \leq 180°$):

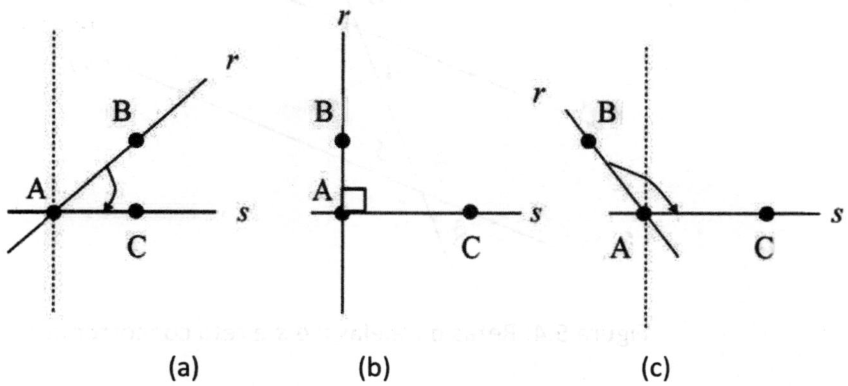

Figura 5.2: (a) Ângulo Agudo (b) Ângulo Reto (c) Ângulo Obtuso

Nos casos (b) das figuras 5.2 e 5.3, as retas r e s são ditas **perpendiculares** ($r \perp s$), ou seja, o ângulo entre elas é reto.

Duas retas são **paralelas** ($r//s$) quando o ângulo entre elas é $0°$ ou $180°$.

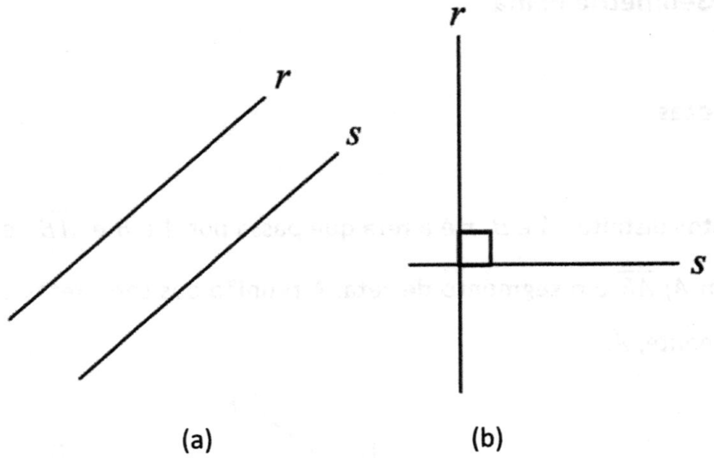

Figura 5.3: (a) Retas Paralelas ($r//s$) (b) Retas Perpendiculares ($r \perp s$)

5.1.2 Retas Paralelas e Concorrentes

Sejam r e s duas retas paralelas distintas e t uma reta **concorrente** a r e s.

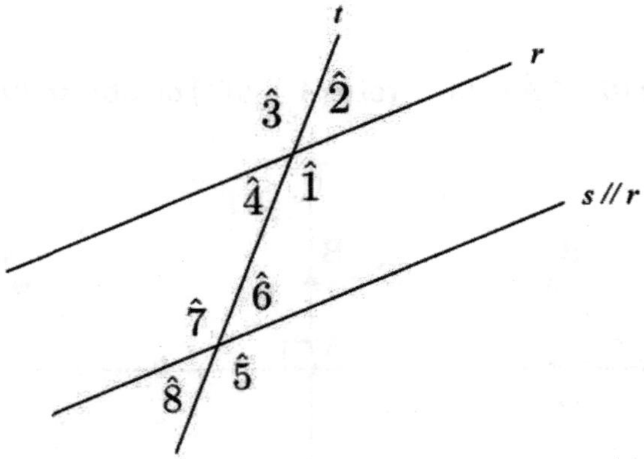

Figura 5.4: Retas paralelas r e s e reta concorrente t

Dos oito ângulos formados por estas retas, denota-se ângulos:

$$\begin{cases} \text{alternos internos} & \Rightarrow \hat{1}\ e\ \hat{7}, \hat{4}\ e\ \hat{6} \\ \text{alternos externos} & \Rightarrow \hat{2}\ e\ \hat{8}, \hat{3}\ e\ \hat{5} \\ \text{colaterais internos} & \Rightarrow \hat{1}\ e\ \hat{6}, \hat{4}\ e\ \hat{7} \\ \text{colaterais externos} & \Rightarrow \hat{2}\ e\ \hat{5}, \hat{3}\ e\ \hat{8} \\ \text{correspondentes} & \Rightarrow \hat{3}\ e\ \hat{7}, \hat{2}\ e\ \hat{6}, \hat{4}\ e\ \hat{8}, \hat{1}\ e\ \hat{5} \end{cases}$$

Três possibilidades garantem $r//s$:

1. um dos pares de ângulos alternos internos é **congruente**: $\hat{1} \cong \hat{7}$ ou $\hat{4} \cong \hat{6}$;
2. um dos pares de ângulos correspondentes é congruente: $\hat{3} \cong \hat{7}$ ou $\hat{2} \cong \hat{6}$ ou $\hat{4} \cong \hat{8}$ ou $\hat{1} \cong \hat{5}$;
3. ou um dos pares de ângulos colaterais internos é **suplementar**: $\hat{1} + \hat{6} = 180°$ ou $\hat{4} + \hat{7} = 180°$. [1]

Exemplo 5.1.1. Um arquiteto, em um de seus projetos, fez algumas medições e dentre elas mediu dois ângulos complementares. Um desses ângulos mediu 65° e o outro, 25 . [2]

Dois ângulos $\hat{A}$ e $\hat{B}$ são ditos **complementares** quando $\hat{A}+\hat{B}=90°$. Logo, temos que se um desses ângulos mede $65°$, o outro mede $\boxed{25°}$.

5.2 Geometria Plana

Um **polígono** é uma figura plana delimitada por segmentos de reta como **lados**. Os pontos A_1, A_2, A_3, ..., A_{n-1}, A_n são os **vértices**; os segmentos de retas $\overline{A_1A_2}$, $\overline{A_2A_3}$, ..., $\overline{A_{n-1}A_n}$, $\overline{A_nA_1}$ são os lados e $\hat{A}_1$, $\hat{A}_2$, $\hat{A}_3$, ..., $\hat{A}_{n-1}$, $\hat{A}_n$ são os ângulos do polígono.

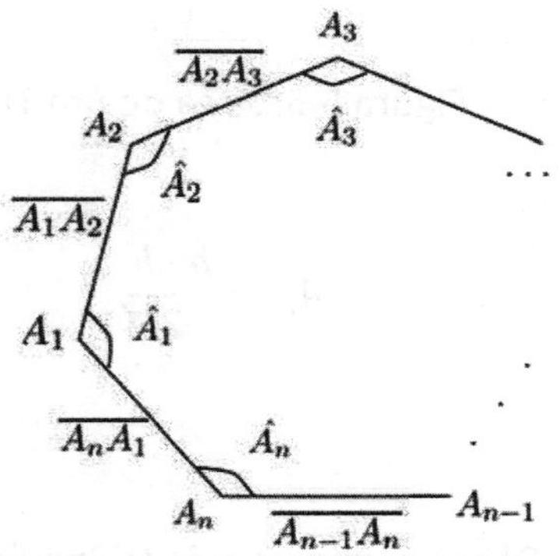

Figura 5.5: Polígono de n lados

[1] ESPP/COBRA Tecnologia S-A (BB)/Técnico de Operação/Conhecimentos Básicos/Todos os Cargos/ Matemática/Questão 164
[2] VUNESP - 2013 - SAP-SP - Agente de Segurança Penitenciária / Matemática/2013/Questão 205

De acordo com o número n de lados, os polígonos recebem nomes especiais:

$n = 3$	triângulo	3 lados
$n = 4$	quadrilátero	4 lados
$n = 5$	pentágono	5 lados
$n = 6$	hexágono	6 lados
$n = 7$	hepágono	7 lados
$n = 8$	octógono	8 lados

É importante observar que um círculo não é um polígono.

5.2.1 Triângulo

O **triângulo** é um polígono de três lados ($n = 3$) e sua área é dada por

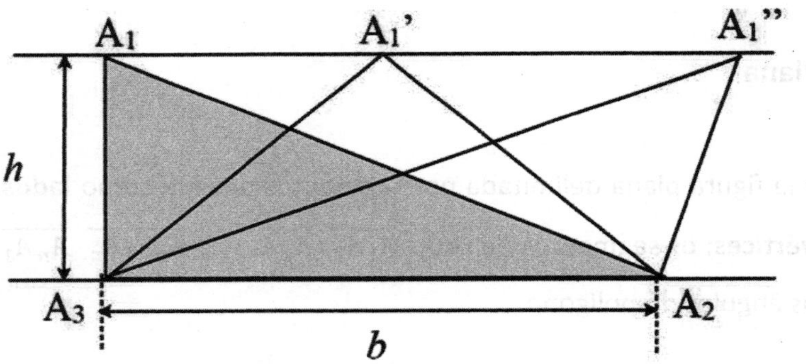

Figura 5.6: Área de um Triângulo

$$A_{\Delta} = \frac{b \cdot h}{2}, \tag{5.1}$$

onde b é a base, h a altura e $b \perp h$. Observe que os três triângulos $\Delta A_1A_2A_3$, $\Delta A_1'A_2A_3$ e $\Delta A_1''A_2A_3$ da figura possuem mesma área, ou seja, $A_{\Delta A_1A_2A_3} = A_{\Delta A_1'A_2A_3} = A_{\Delta A_1''A_2A_3}$ apesar de $\overline{A_1A_2} \neq \overline{A_1'A_2} \neq \overline{A_1''A_2}$ e $\overline{A_3A_1} \neq \overline{A_3A_1'} \neq \overline{A_3A_1''}$. Isto implica que a área dos triângulos depende somente das dimensões de sua base e de sua altura e não de sua forma.

Além disso, tem-se que a soma dos ângulos internos de um triângulo é igual a 180°:

$$\hat{A}_1 + \hat{A}_2 + \hat{A}_3 = 180°. \tag{5.2}$$

5.2.2. Quadriláteros

Trapézios e **paralelogramos** são **quadriláteros** ($n = 4$).

Trapézios

Os trapézios possuem dois lados paralelos. Esses lados paralelos são chamados de **base do trapézio**.

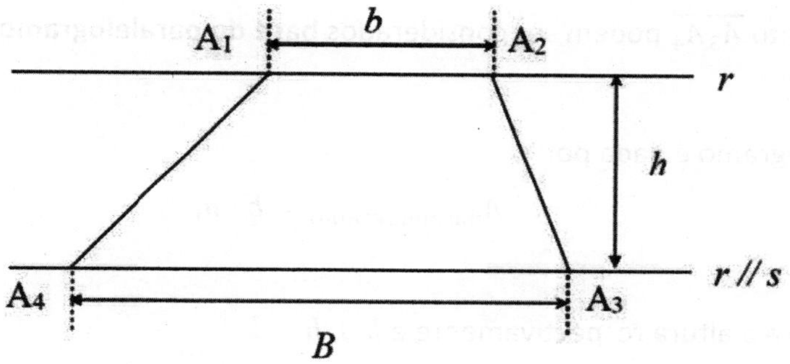

Figura 5.7: Trapézios

Na figura, $\overline{A_1A_2}//\overline{A_3A_4}$ onde $\overline{A_1A_2}$ é a **base menor** de dimensão b e $\overline{A_3A_4}$ é a **base maior** de dimensão B. Sendo assim, a área de um trapézio é dada por

$$A_{\text{trapézio}} = \frac{(B + b)h}{2}, \tag{5.3}$$

onde h é novamente a altura, $b \perp h$ e $B \perp h$.

Paralelogramos

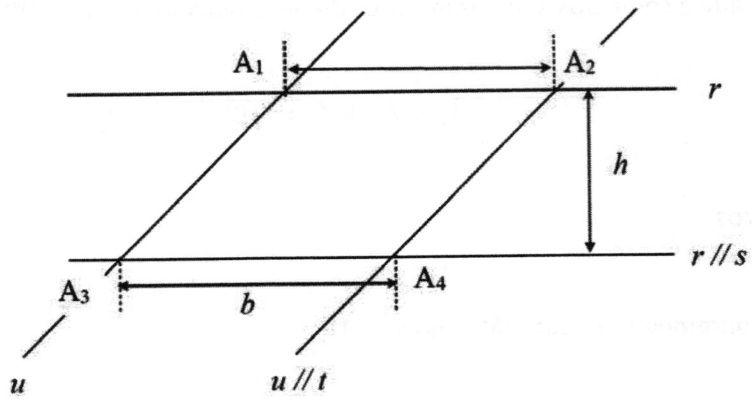

Figura 5.8: Paralelogramos

Os paralelogramos possuem ambos os lados opostos paralelos. Na figura 5.8, $\overline{A_1A_2}//\overline{A_3A_4}$ e $\overline{A_1A_3}//\overline{A_2A_4}$ onde tanto $\overline{A_1A_2}$ quanto $\overline{A_3A_4}$ podem ser considerados **base do paralelogramo**.

A área de um paralelogramo é dada por

$$A_{\text{paralelogramo}} = b \cdot h, \qquad (5.4)$$

onde b e h são a base e a altura respectivamente e $b \perp h$.

Retângulos, **losangos** e **quadrados** são casos específicos de paralelogramos, como pode ser visto no diagrama de Venn abaixo.

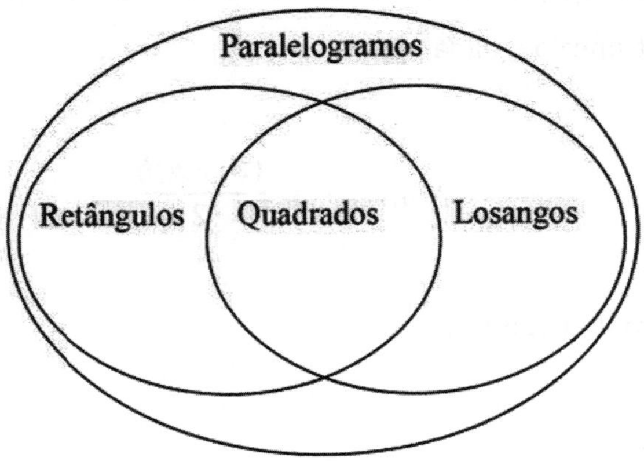

Figura 5.9: Casos Específicos de Paralelogramos

Note que nos três casos explicitados na figura 5.10 tem-se $\overline{A_1A_2}//\overline{A_3A_4}$ e $\overline{A_4A_1}//\overline{A_2A_3}$, como esperado. Além dos lados opostos serem paralelos, no retângulo observa-se também que $\hat{A}_1 = \hat{A}_2 = \hat{A}_3 = \hat{A}_4 = 90°$.

Já no losango tem-se que $\overline{A_1A_2} = \overline{A_2A_3} = \overline{A_3A_4} = \overline{A_4A_1}$. E, no quadrado, $\hat{A}_1 = \hat{A}_2 = \hat{A}_3 = \hat{A}_4 = 90°$ e $\overline{A_1A_2} = \overline{A_3A_4} = \overline{A_1A_3} = \overline{A_2A_4}$.

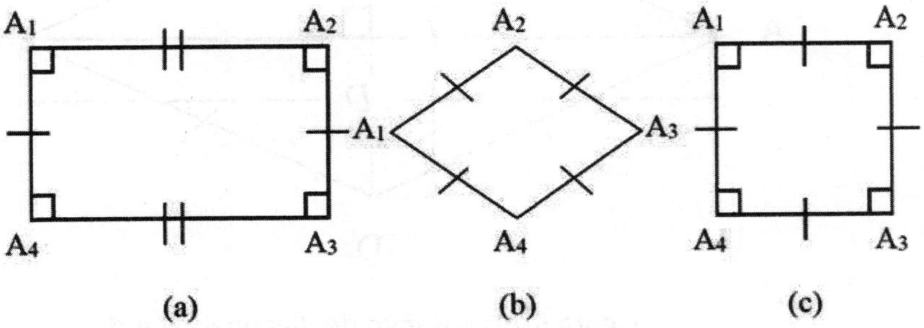

Figura 5.10: (a) Retângulo (b) Losango (c) Quadrado

Consequentemente todos os quadrados são retângulos e losangos porém nem todos os retângulos e losangos são quadrados. Da mesma forma, tem-se que todos os retângulos e losangos são paralelogramos mas nem todos os paralelogramos são retângulos e losangos.

Finalmente, como em um paralelogramo qualquer, a área de um retângulo é dada por

$$A_{\text{retângulo}} = b \cdot h, \tag{5.5}$$

onde b é a base, h a altura e $b \perp h$.

Em um quadrado observa-se que $b = h = l$, onde l é o lado do quadrado. Assim, a área de um quadrado é igual a

$$A_{\text{quadrado}} = l^2. \tag{5.6}$$

Já um losango é composto por dois triângulos. Ambos os triângulos possuem base D e altura $\frac{d}{2}$, onde d é a **diagonal menor** do losango e D é a **diagonal maior**. Assim, pela eq. (5.1), tem-se que a área do losango é igual a

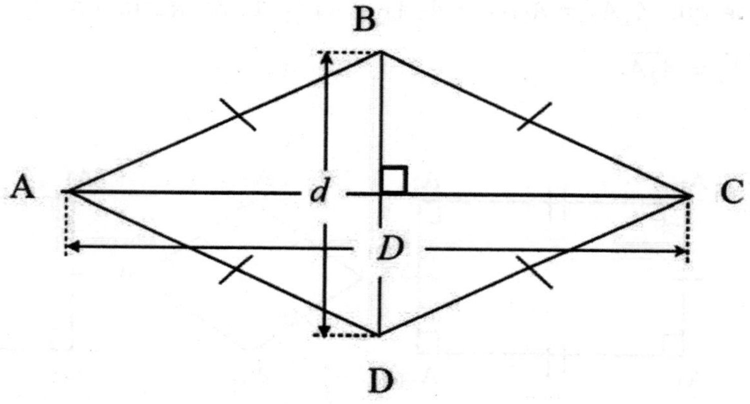

Figura 5.11: Losango de diagonais D e d

$$\begin{aligned} A_{\text{losango}} &= 2 \cdot A_{\Delta} \\ &= 2 \cdot \frac{D \cdot \frac{d}{2}}{2} \end{aligned}$$

$$A_{\text{losango}} = \frac{D \cdot d}{2}. \tag{5.7}$$

Como observado, independentemente de ser um trapézio ou qualquer um dos três casos discutidos de paralelogramos, tem-se que a soma dos ângulos internos de um quadrilátero é igual a $360°$:

$$\hat{A}_1 + \hat{A}_2 + \hat{A}_3 + \hat{A}_4 = 360°. \tag{5.8}$$

Exemplo 5.2.1. Se todos os lados e a altura de um quadrilátero qualquer forem duplicados, então sua área ficará multiplicada por 2^2. [3]

Caso este quadrilátero seja um trapézio, sua base maior terá medida $2B$, sua base menor terá medida $2b$ e sua altura terá medida $2h$. Assim, por (5.3) temos que a nova área deste trapézio será 4 vezes maior que a antiga área:

[3] IADES/METRÔ-DF/Administrador/2014

$$
\begin{aligned}
A_{nova} &= \frac{(2B+2b)\cdot 2h}{2} \\
&= \frac{2\cdot 2(B+b)\cdot h}{2} \\
&= 4\cdot \frac{(B+b)\cdot h}{2} \\
& \boxed{A_{nova} = 4\cdot A_{antiga}.}
\end{aligned}
$$

Analogamente, caso este quadrilátero seja um paralelogramo, sua base maior terá medida $2b$ e sua altura terá medida $2h$. Assim, por (5.4) temos que a nova área deste paralelogramo também será 4 vezes maior que a antiga área:

$$
\begin{aligned}
A_{nova} &= 2b\cdot 2h \\
&= 4\cdot bh \\
& \boxed{A_{nova} = 4\cdot A_{antiga}.}
\end{aligned}
$$

Ambos os casos podem ser resumidos para $A_{nova} = 2^2 \cdot A_{antiga}$. É importante ressaltar que a propriedade de **semelhança** acima é extensiva para quaisquer superfícies semelhantes. Ou seja, a razão entre as áreas de dois polígonos semelhantes é igual ao quadrado da razão da semelhança.

Exemplo 5.2.2. A figura mostra um canteiro retangular dividido em quatro partes onde a, b e c são as medidas dos ângulos assinalados.

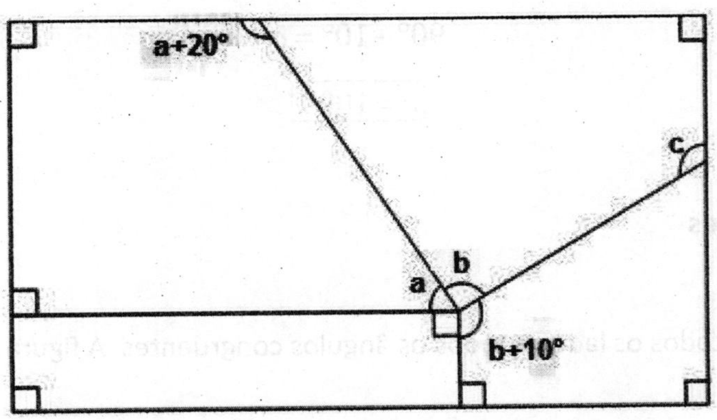

Os valores de a, b e c, são, respectivamente, 80°, 90° e 100°. [4]

A soma dos ângulos $90°$, $a+20°, 90°$ e a do primeiro quadrilátero no topo e à esquerda é $360°$. Segue, portanto, que a é igual a:

$$\begin{aligned} 90° + (a+20°) + 90° + a &= 360° \\ 200° + 2a &= 360° \\ 2a &= 160° \end{aligned}$$

$$\boxed{a = 80°.}$$

Note que a soma dos ângulos a, b, $90°$ e $b+10°$ no centro da figura é também igual a $360°$. Assim, substituindo $a = 80°$ calculamos b igual a:

$$\begin{aligned} a + b + 90° + (b+10°) &= 360° \\ 80° + b + 90° + (b+10°) &= 360° \\ 180° + 2b &= 360° \\ 2b &= 180° \end{aligned}$$

$$\boxed{b = 90°.}$$

Finalmente, observe que os ângulos $b+10°$ e c são ângulos alternos internos e, portanto, iguais. Substituindo $b = 90°$ obtemos c igual a:

$$\begin{aligned} b + 10° &= c \\ 90° + 10° &= c \end{aligned}$$

$$\boxed{c = 100°.}$$

5.2.3 Polígonos Regulares

Um polígono **regular** tem todos os lados e todos os ângulos congruentes. A figura 5.12 ilustra alguns casos.

[4] VUNESP/CETESB - Escriturário / Matemática/2013/Questão 214

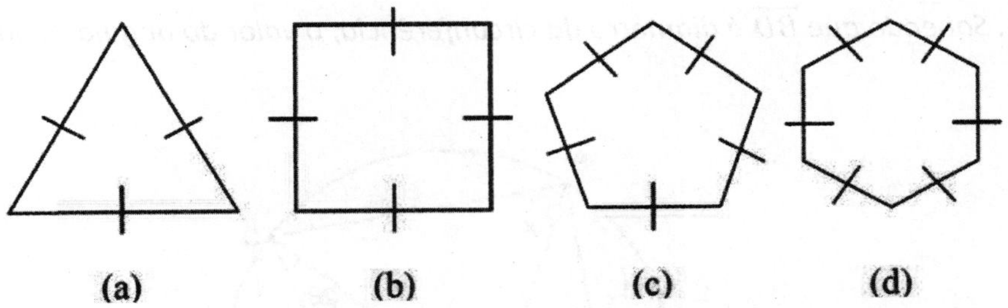

Figura 5.12: (a) Triângulo Equilátero (b) Quadrado (c) Pentágono Regular (d) Hexágono Regular

5.2.4 Círculo e Circunferência

O **círculo** de centro O e raio R é composto do conjunto de pontos P tal que $\overline{OP} \leq R$; R é a distância do centro O a **circunferência** do círculo.

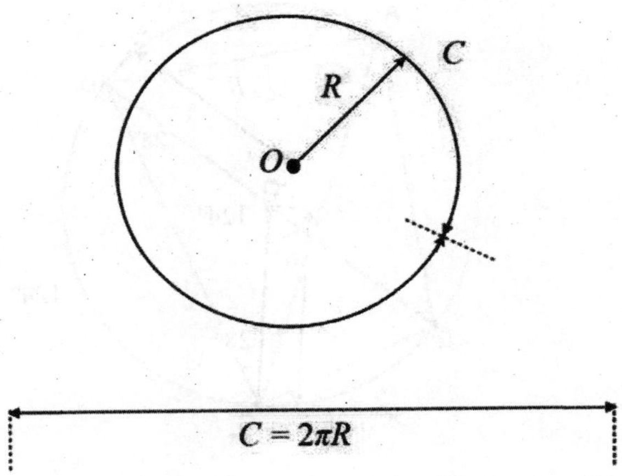

Figura 5.13: Área e Circunferência

A área de um círculo é dada por

$$A_{circulo} = \pi R^2. \tag{5.9}$$

A circunferência de um círculo tem **comprimento** C, onde

$$C = 2\pi R. \tag{5.10}$$

Exemplo 5.2.3. *Sabendo que* $\overline{BD}$ *é diâmetro da circunferência, o valor do ângulo* x*, na figura abaixo, é igual a* $62°$. [5]

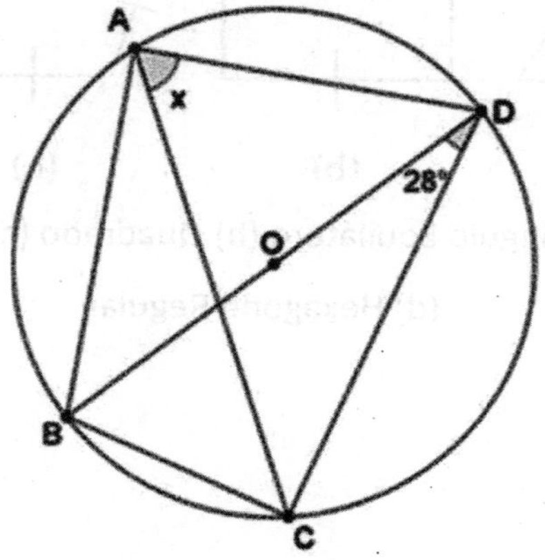

Explicitamente, temos que $\overline{OD} = \overline{OC} = R$. Consequentemente, $\hat{D} = \hat{C} = 28°$.

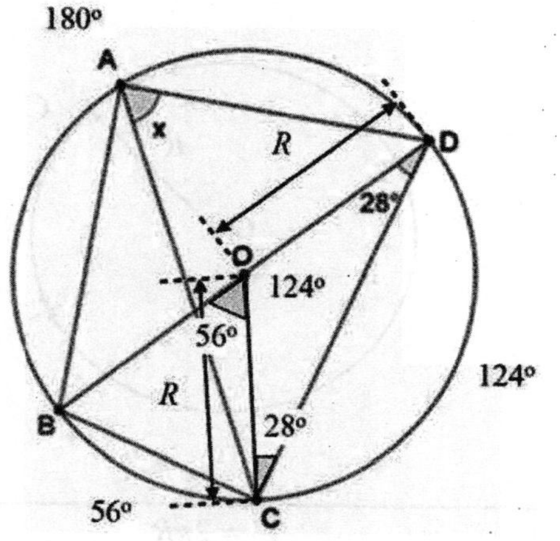

Sendo a soma dos ângulos internos de um triângulo igual a 180°, calculamos o **ângulo central** $C\hat{O}D$:

$$\begin{aligned} C\hat{O}D + \overbrace{\hat{C} + \hat{D}}^{=28°+28°=56°} &= 180° \\ C\hat{O}D &= 124°. \end{aligned}$$

Agora observe que os ângulos $C\hat{O}D$ e $B\hat{O}C$ são ângulos suplementares. Assim, $B\hat{O}C$ é igual a

$$\begin{aligned} C\hat{O}D + B\hat{O}C &= 180° \\ B\hat{O}C &= 56°. \end{aligned}$$

[5] INEC/Prefeitura de Campinas-SP/Agente Fiscal Tributário/Nível Médio/2011/Questão 11

Note que o **ângulo inscrito** $\widehat{D}$ e o ângulo central $B\hat{O}C$ levam ao mesmo **arco** BC, e que $\widehat{D} = \frac{B\hat{O}C}{2}$. O mesmo raciocínio pode ser feito para qualquer ângulo central e seu ângulo inscrito.

O ângulo inscrito $C\hat{O}D$ e seu ângulo central $\hat{x}$ levam ao mesmo arco DC. Conclui-se, portanto, que $\hat{x}$ é igual a

$$\begin{aligned} \hat{x} &= \frac{B\hat{O}C}{2} \\ &= \frac{124°}{2} \end{aligned}$$

$$\boxed{\hat{x} = 62°.}$$

Exemplo 5.2.4. Na figura abaixo, temos o triângulo equilátero *MAR*, de área S, e o retângulo *ABCH*, de área $\frac{11S}{6}$.

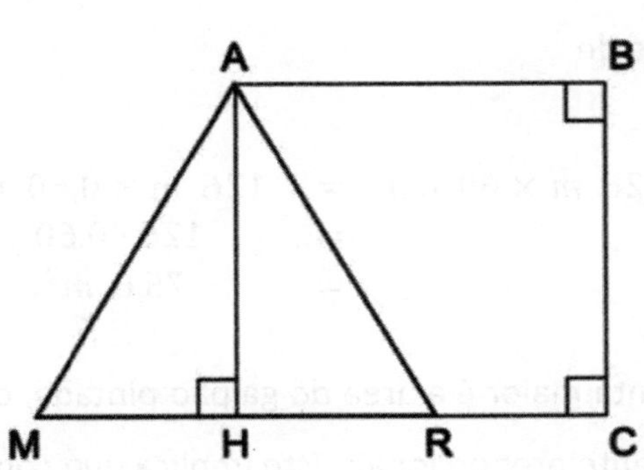

Observe que o segmento $\overline{AH}$ é uma das alturas do triângulo MAR. A área do trapézio ABCR é $\frac{4S}{2}$.[6]

Pela figura e por (5.3), conclui-se que

$$A_{\text{trapézio}} = A_{\text{retângulo}} - \frac{1}{2} \cdot A_{\Delta}.$$

Sendo $A_{\text{retângulo}} = \frac{11S}{6}$ e $A_{\Delta} = S$, obtemos $A_{\text{trapézio}}$ igual a

[6] CESGRANRIO/PETROBRAS/Nível Médio/2011/Questão 20

$$\begin{aligned} A_{\text{trapézio}} &= \frac{11S}{6} - \frac{S}{2} \\ &= \frac{11S - 3S}{6} \\ &= \frac{8S}{6} \end{aligned}$$

$$\boxed{A_{trapezio} = \frac{4S}{3}.}$$

Exemplo 5.2.5. Para pintar um galpão, possuo 36 L *de tinta.* Com esta tinta consigo pintar uma faixa de 126 m de comprimento por 60 cm de altura. Acrescentando 12 L de tinta e aumentando a altura em mais 12 cm pintarei uma faixa de 140 m.[7]

A área pintada com 36 L de tinta é de

$$\begin{aligned} 126\ m \times 60\ cm &= 126\ m \times 0{,}60\ m \\ &= 126 \cdot 0{,}60 \\ &= 75{,}6\ m^2. \end{aligned}$$

Note que, quanto mais litros de tinta maior é a área do galpão pintada, ou seja, as variáveis litro de tinta e área pintada são variáves diretamente proporcionais. Isto implica que com 48 L de tinta pinto

$$\begin{aligned} 36\ L &\rightarrow 75{,}6\ m^2 \\ 48\ L &\rightarrow x\ m^2. \end{aligned}$$

Assim, temos que x é igual a

$$\begin{aligned} 36 \cdot x &= 48 \cdot 75{,}6 \\ x &= \frac{3.628{,}8}{36} \\ x &= 100{,}8\ m^2. \end{aligned}$$

Lembrando que à altura foram acrescentados mais 12 cm, temos que a faixa pintada é de

[7] IBFC/MPE-SP/Oficial de Promotoria/Nível Médio/2011/Questão 32

$$\begin{array}{rcl} y \times (60 + 12)\ cm & = & 100{,}8\ m^2 \\ y \times 72\ cm & = & 100{,}8\ m^2 \\ y \times 0{,}72\ m & = & 100{,}8\ m^2 \\ 0{,}72y & = & 100{,}8 \end{array}$$

$$\boxed{y = 140\ m.}$$

Exemplo 5.2.6. Em certo país, há uma lei sobre a proibição de queimadas. O não cumprimento desta lei acarreta ao infrator multa no valor de 980 Unidades Fiscais (*UF*) por hectare queimado. Sabe-se que, 1 hectare corresponde a 10.000 m^2. $\frac{2}{3}$ de uma área de 27.000 m^2 foram queimados infringindo a lei. Portanto, o infrator deverá pagar uma multa correspondente a 1.764 UF. [8]

Percebe-se que o infrator paga 980 UF por 10.000 m^2 de área queimada. Assim, se o infrator queimar $\frac{2}{3} \cdot 27.000\ m^2 = 18.000\ m^2$, a multa correspondente será de

$$\begin{array}{lcl} 980\ UF & \rightarrow & 10.000\ m^2 \\ x\ UF & \rightarrow & 18.000\ m^2. \end{array}$$

Assim, calculamos x igual a

$$\begin{array}{rcl} 10.000 \cdot x & = & 980 \cdot 18.000 \\ x & = & \dfrac{98\not{0} \cdot 18.\not{0}\not{0}\not{0}}{1\not{0}.\not{0}\not{0}\not{0}} \\ x & = & 98 \cdot 18 \end{array}$$

$$\boxed{x = 1.764\ UF.}$$

5.3 Geometria Espacial

Um **poliedro** é um sólido delimitado por n **faces** ou **superfícies planas**. Pirâmides e cubos são exemplos de poliedros. Cones, cilindros e esferas não são poliedros devido as suas superfícies curvas.

[8] INEC/Prefeitura de Campinas-SP/Agente de Fiscalização/Nível Médio/2011/Questão 12

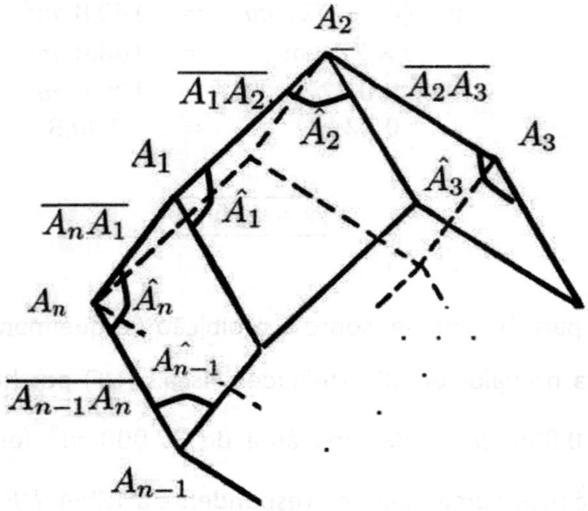

Figura 5.14: Poliedro de n faces

Mais especificamente, em um poliedro as faces são polígonos onde os pontos A_1, A_2, A_3, ..., A_{n-1}, A_n são os vértices dos polígonos; os segmentos de retas $\overline{A_1A_2}$, $\overline{A_2A_3}$, ..., $\overline{A_{n-1}A_n}$, $\overline{A_nA_1}$ são as **arestas** ou lados e $\hat{A}_1$, $\hat{A}_2$, $\hat{A}_3$, ..., $\hat{A}_{n-1}$, $\hat{A}_n$ são os ângulos dos polígonos.

A figura 5.15 ilustra alguns exemplos de poliedros.

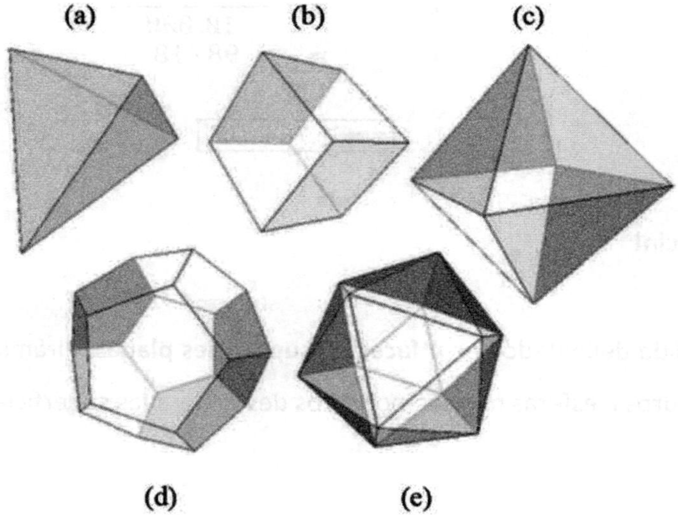

Figura 5.15: (a) Tetraedro ($n = 4$) (b) Hexaedro ($n = 6$) (c) Octaedro ($n = 8$) (a) Dodecaedro ($n = 12$) (a) Icosaedro ($n = 21$)

5.3.1 Pirâmide

A **pirâmide** é um tetraedro cuja base é um polígono. As outras faces se interceptam em um ponto comum denotado vértice. A pirâmide é dita **reta** se a projeção ortogonal do vértice sobre o plano da base é o centro da base. Do contrário ela é dita **oblíqua.**

A pirâmide é dita **regular** se o polígono da base é regular.

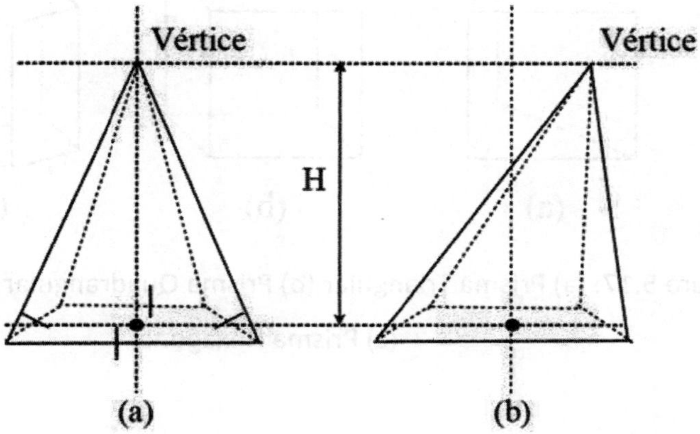

Figura 5.16: (a) Pirâmide Regular (b) Pirâmide Oblíqua

O volume de uma pirâmide é igual a

$$V_{pirâmide} = \frac{1}{3} A_{base} H, \tag{5.11}$$

onde H é a altura.

É importante distinguir dentre os tipos diferentes de pirâmides. Uma **pirâmide triangular** ou **tetraedro,** por exemplo, possui um triângulo como base, enquanto uma **pirâmide regular triangular** possui um triângulo equilátero como base. Já uma **pirâmide quadrangular** possui um quadrilátero como base enquanto uma **pirâmide regular quadrangular** possui um quadrado como base. O mesmo raciocínio pode ser feito para **pirâmides pentagonais, pirâmides hexagonais** e assim sucessivamente.

5.3.2 Prismas e Paralelepípedos

Um **prisma** é um poliedro onde duas de suas faces são polígonos paralelos e onde o restante de suas faces são paralelogramos. A nomenclatura dos prismas á dada de acordo com o polígono das bases. Assim, um prisma hexagonal possui hexágonos nas bases. O prisma é dito reto quando suas arestas laterais são perpendiculares às bases, e oblíquo quando não são.

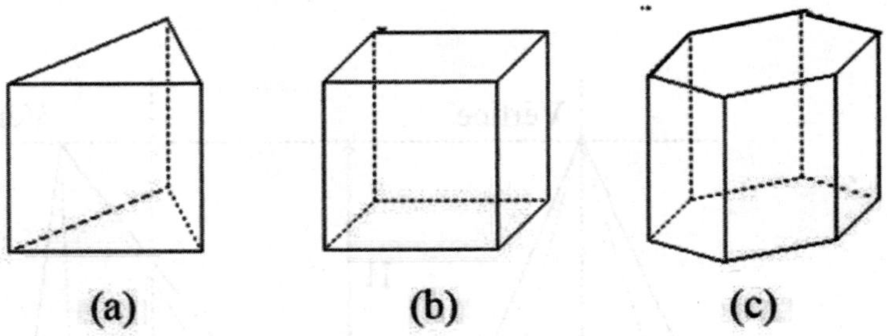

Figura 5.17: (a) Prisma Triangular (b) Prisma Quadrangular (Paralelepípedo)

(c) Prisma Hexagonal

Observe que **paralelepípedos** são exemplos de prismas quadrangulares, que por sua vez são casos específicos de hexaedros (figura (5.15 b)). As seis faces dos paralelepípedos são paralelogramos. Os paralelepípedos podem ser retos ou oblíquos, desde que as suas faces laterais sejam perpendiculares ou não à base.

Uma **caixa retangular**, por exemplo, é um paralelepípedo delimitado por seis retângulos. O volume de uma caixa retangular é simplesmente

$$V_{\text{caixa}} = \text{comprimento} \times \text{largura} \times \text{altura}. \tag{5.12}$$

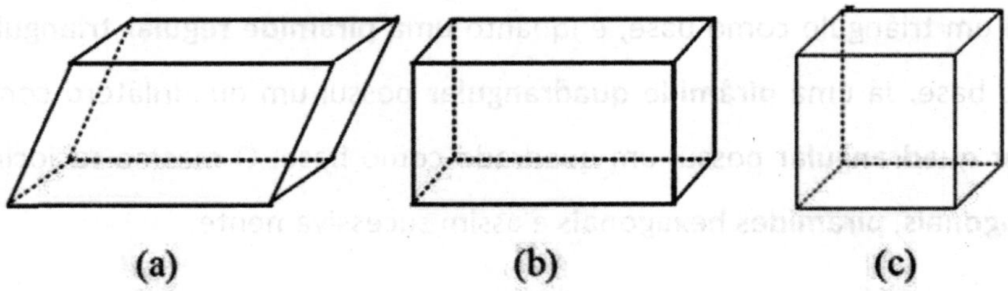

Figura 5.18: (a) Paralelepípedo Oblíquo (b) Paralelepípedo Retangular (c) Cubo

5.3.3 Cubos

O **cubo** é um paralelepípedo delimitado por seis quadrados. O volume de um cubo é dado por

$$V_{cubo} = l^3, \qquad (5.13)$$

onde l é a aresta do cubo.

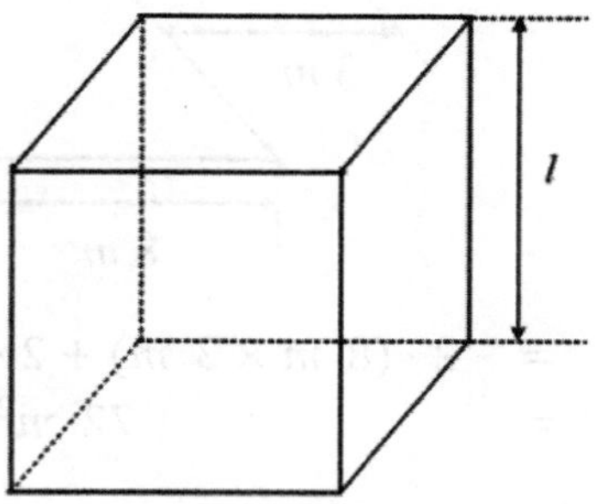

Figura 5.19: Cubo de aresta l

É importante notar que todos os cubos são paralelepípedos mas nem todos os paralelepípedos são cubos. Da mesma forma, todos os paralelepípedos são prismas mas nem todos os prismas são paralelepípedos. E, finalmente, todos os prismas são poliedros mas nem todos os poliedros são prismas.

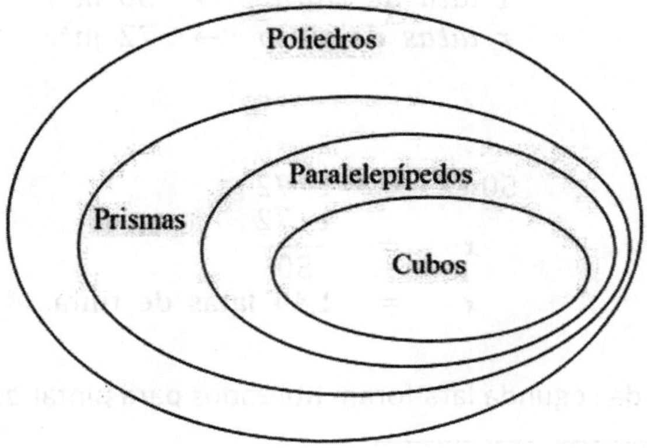

Figura 5.20: Casos Específicos de Poliedros

Exemplo 5.3.1. Com uma lata de tinta é possível pintar 50 m^2 de parede. Para pintar as paredes de uma sala de 8 m de comprimento, 4 m de largura e 3 m de altura, gasta-se uma lata mais uma parte da segunda lata. A porcentagem de tinta que resta na segunda lata é de 66%. [9]

[9] CONCSEL/Prefeitura Municipal de Jaçanã - RN/Procurador Municipal/Nível Superior/2011/Questão 15

Pela figura, vê-se que a área lateral do paralelepípedo que deve ser pintada é de

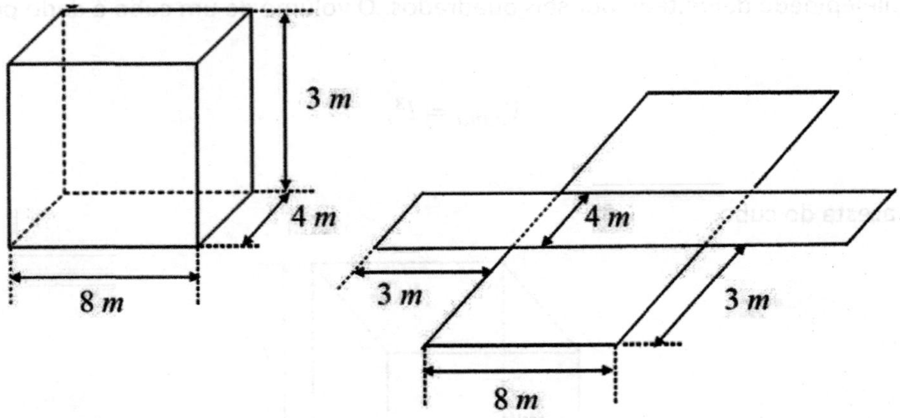

$$A_{\text{lateral}} = 2 \cdot (8\ m \times 3\ m) + 2 \cdot (4\ m \times 3\ m)$$
$$A_{\text{lateral}} = 72\ m^2.$$

Note que as faces superior e inferior do paralelepípedo representam o teto e o chão da sala respectivamente e, portanto, não são pintadas.

Sabendo que com uma lata de tinta pinta-se 50 m^2, com x latas de tinta pinta-se 72 m^2 de parede, em que x é igual a

$$\begin{array}{lcl} 1\ lata\ de\ tinta & \to & 50\ m^2 \\ x\ latas\ de\ tinta & \to & 72\ m^2. \end{array}$$

$$50 \cdot x = 1 \cdot 72$$
$$x = \frac{1 \cdot 72}{50}$$
$$x = 1{,}44 \text{ latas de tinta.}$$

Observe que somente 44% da segunda lata foram utilizados para pintar as paredes.

Assim, restam 66% de tinta na segunda lata.

5.3.4 Cilindro

O **cilindro** é um sólido cujas bases são círculos paralelos. O cilindro é dito **reto** se a projeção ortogonal do centro do círculo superior sobre o círculo inferior é o centro do círculo inferior. Do contrário ele é dito **oblíquo**.

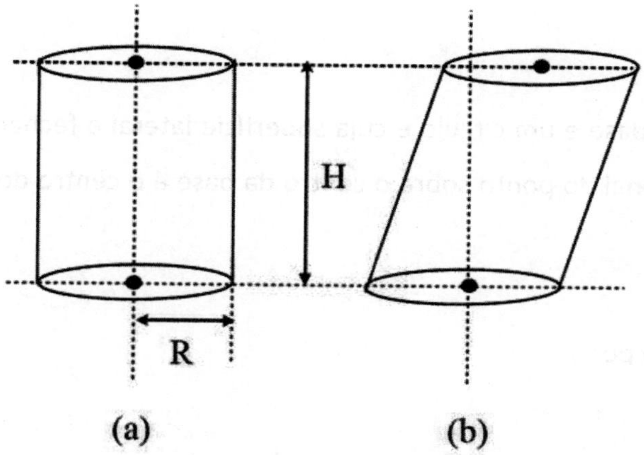

Figura 5.21: (a) Cilindro Circular Reto (b) Cilindro Circular Oblíquo

O volume de um cilindro é igual a

$$V_{cilindro} = \underbrace{\pi R^2}_{A_{base}} H \tag{5.14}$$

onde H é a altura. A sua área lateral é a soma das áreas dos círculos das bases mais a área do retângulo:

$$\begin{aligned} A_{\text{lateral}} &= 2 \cdot A_{\text{círculo}} + A_{\text{retângulo}} \\ &= 2\pi R^2 + 2\pi RH \end{aligned} \tag{5.15}$$

$$A_{lateral} = 2\pi R(R + H),$$

como pode ser visto na figura abaixo.

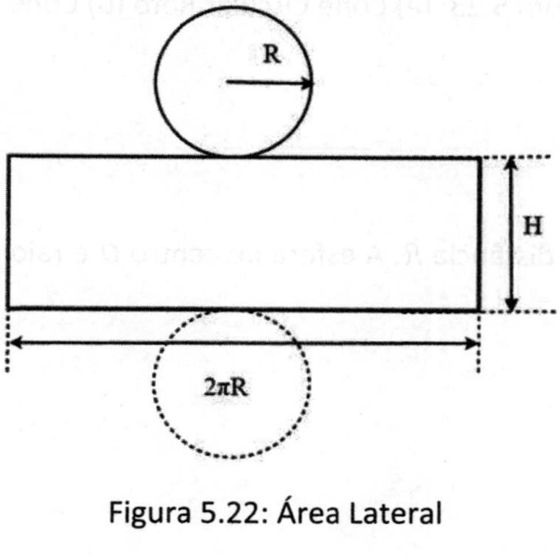

Figura 5.22: Área Lateral

5.3.5 Cone

O **cone** é um sólido cuja base é um círculo e cuja superfície lateral é fechada em um ponto. O cone é dito **reto** se a projeção ortogonal do ponto sobre o centro da base é o centro do círculo. Do contrário ele é dito **oblíquo**.

O volume do cone é dado por

$$V_{cone} = \frac{1}{3} \underbrace{\pi R^2}_{A_{base}} H, \tag{5.16}$$

onde H é novamente a altura.

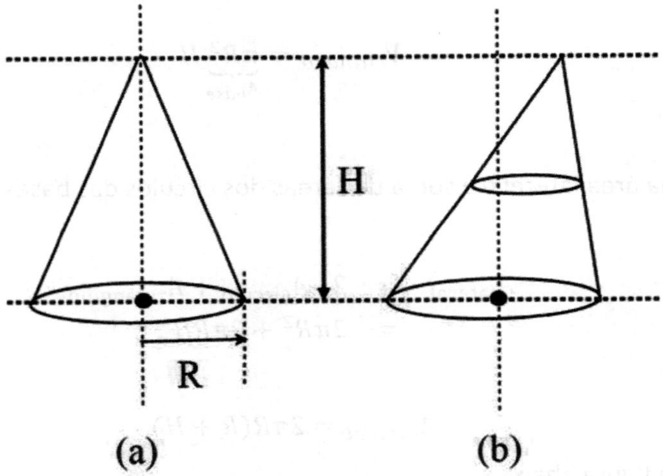

Figura 5.23: (a) Cone Circular Reto (b) Cone Circular Oblíquo

5.3.6 Esfera

Considere um ponto O e uma distância R. A esfera de centro O e raio R é o sólido cujo conjunto de pontos P é tal que $\overline{OP} \leq R$.

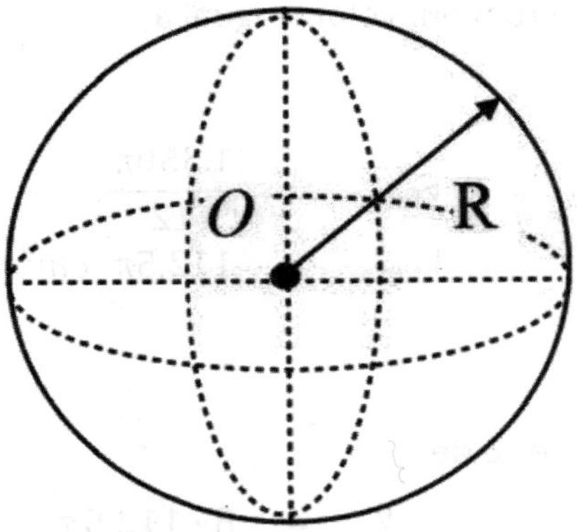

Figura 5.24: Esfera de raio R

O volume de uma esfera é igual a

$$V_{esfera} = \frac{4}{3}\pi R^3. \tag{5.17}$$

A superfície lateral de uma esfera é o conjunto de pontos P tais que $\overline{OP} = R$. Ou seja, a superfície lateral de uma esfera é uma "casca" e sua área lateral é igual a

$$A_{lateral} = 4\pi R^2. \tag{5.18}$$

Exemplo 5.3.2. Uma torta de chocolate foi dividida em 12 fatias iguais, das quais foram consumidas 4 fatias. Sendo a torta um cilindro reto de 30 cm de diâmetro e 6 cm de altura, o volume correspondente às fatias que sobraram é $900\pi\ cm^3$. [10]

Por (5.14), temos que o volume da torta de chocolate é igual a

$$\begin{aligned} V_{\text{torta}} &= \pi \cdot \left(\frac{30}{2}\right)^2 \cdot 6 \\ V_{\text{torta}} &= 1.350\pi\ cm^3. \end{aligned}$$

[10] CESGRANRIO/PETROBRAS/Nível Médio/2011/Questão 12

Isto implica que cada fatia de torta tem um volume igual a

$$\begin{aligned} V_{\text{fatia}} &= \frac{1.350\pi}{12} \\ V_{\text{fatia}} &= 112{,}5\pi \ cm^3. \end{aligned}$$

Logo, o volume das 8 fatias restantes é de

$$V = 8 \cdot 112{,}5\pi$$

$$\boxed{V = 900\pi \ cm^3.}$$

Exemplo 5.3.3. As bases de um tronco de pirâmide regular são quadrados de lados $2\ cm$ e $8\ cm$, respectivamente. A aresta lateral do tronco mede $5\ cm$. A área total do tronco de pirâmide é de $148\ cm^2$. [11]

Pela figura lateral abaixo, vê-se que os triângulos da face do tronco são similares. Isto implica que x é igual a

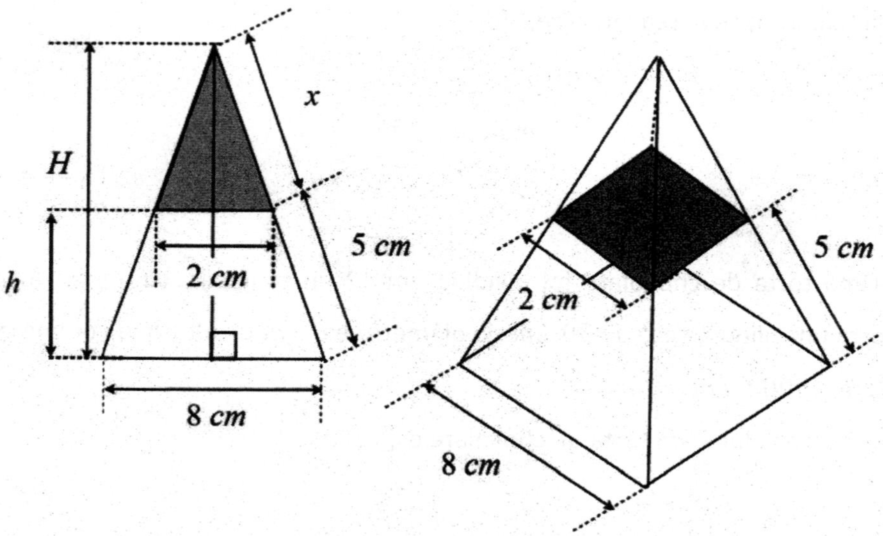

[11] CONCSEL/RN/Procurador Municipal/Nível Superior/2011/Questão 16

$$\begin{aligned}
\frac{8}{2} &= \frac{x+5}{x}\\
4 &= \frac{x+5}{x}\\
4x &= x+5\\
x &= \frac{5}{3}\ cm.
\end{aligned}$$

Agora, calculamos a altura H da pirâmide:

$$\begin{aligned}
\left(\frac{20}{3}\right)^2 &= 4^2 + H^2\\
H^2 &= \frac{400}{9} - 16\\
H^2 &= \frac{400 - 16 \cdot 9}{9}\\
H^2 &= \frac{256}{9}\\
H &= \sqrt{\frac{256}{9}} = \frac{\sqrt{256}}{\sqrt{9}}\\
H &= \frac{16}{3}\ cm.
\end{aligned}$$

Novamente por semelhança de triângulos obtemos a altura h do tronco da pirâmide:

$$\frac{8}{2} = \frac{\frac{16}{3}}{\frac{16}{3} - h}$$

$$4 = \frac{\frac{16}{3}}{\frac{16}{3} - h}$$

$$4\left(\frac{16}{3} - h\right) = \frac{16}{3}$$

$$4h = \frac{\cancel{48}^{16}}{\cancel{3}^{1}}$$

$$h = \frac{16}{4} = 4cm.$$

Assim, segue que a área total do tronco da pirâmide é igual à soma das áreas dos quadrados das bases mais os quatro trapézios que formam sua área lateral:

$$\begin{aligned} A_{\text{total}} &= A_{\text{BASE}} + A_{\text{base}} + 4 \cdot A_{\text{trapézio}} \\ &= 8^2 + 2^2 + 4 \cdot \left(\frac{(8+2) \cdot 4}{2} \right) \\ &= 64 + 4 + 80 \end{aligned}$$

$$\boxed{A_{\text{total}} = 148\ cm^2.}$$

Exemplo 5.3.4. Uma formiga esperta caminha sobre as arestas de um cubo. Ela é colocada no vértice A e segue percorrendo as arestas no sentido alfabético dos vértices. Ou seja, a formiga parte de A, segue para B, depois C e assim por diante até atingir o último vértice, H. O dono da formiga tem direito a 10 reais, assim que a formiga chega ao vértice B, a título de prêmio. Ao chegar ao vértice C, o dono da formiga tem direito a mais 20 reais. A cada novo vértice alcançado pela formiga, o prêmio a que o dono da formiga tem direito é o dobro do prêmio imediatamente anterior. Assim, o número de arestas percorridas pela formiga e o prêmio total, em reais, recebido pelo seu dono são, respectivamente: [12]

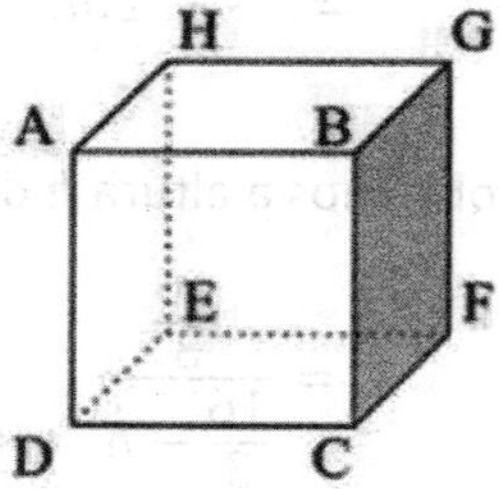

A formiga percorre, nesta ordem, as arestas $\overline{AB}$, $\overline{BC}$, $\overline{CD}$, $\overline{DE}$, $\overline{EF}$, $\overline{FG}$ e $\overline{GH}$ até o vértice H. Portanto, a formiga percorreu um $\boxed{\textit{total de 7 arestas}}$ e seu dono ganhou

$$\overbrace{R\$\ 10{,}00}^{aresta\ \overline{AB}} + \overbrace{2 \cdot R\$\ 10{,}00}^{aresta\ \overline{BC}} + \overbrace{2^2 \cdot R\$\ 10{,}00}^{aresta\ \overline{CD}} + \overbrace{2^3 \cdot R\$\ 10{,}00}^{aresta\ \overline{DE}} + \ldots + \overbrace{2^7 \cdot R\$\ 10{,}00}^{aresta\ \overline{GH}}.$$

A expressão acima forma uma P.G. onde $a_1 = R\$\ 10{,}00$ e $q = 2$. Assim, temos que o prêmio total recebido pelo seu dono foi de

[12] VUNESP/SP/Técnico Jurídico/Nível Superior/2011/Questão 12

$$\frac{R\$\ 10{,}00(1-2^7)}{1-2} = \frac{R\$\ 10{,}00(-127)}{-1}$$

$$\boxed{R\$\ 1.270{,}00.}$$

5.4 Exercícios Propostos

Exercício 5.4.1. Um retângulo tem comprimento igual a 1,5cm e largura igual a $\dfrac{\sqrt{3}}{2}$ cm. O ângulo formado entre a diagonal e o maior lado deste retângulo mede: [13]

a) 60°

b) 45°

c) 30°

d) 90°

e) 15°

Exercício 5.4.2. Pequenas caixas cúbicas de arestas medindo 20 cm serão guardadas em um caixote maior, também com a forma de cubo, cujas arestas medem 60 cm. Considerando que o caixote deverá ser tampado, o número máximo de caixas que poderá ser ali armazenado é igual a: [14]

a) 3

b) 6

c) 9

d) 18

e) 27

Exercício 5.4.3. Vinte caixas iguais, em forma de paralelepípedo, estão empilhadas, como mostra a figura:

[13] CONSULPLAN/Pref. de Guaxupé-MG/Fiscal de Tributos/2010/Questão 18

[14] FCC/TST/Técnico Judiciário/Segurança Judiciária/2012

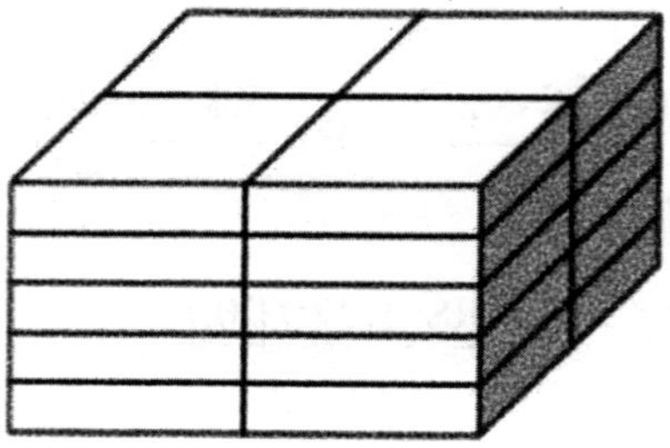

Se a pilha de caixas tem 50 cm de altura, 60 cm de comprimento e 40 cm de largura, quais são, em cm, as dimensões de cada caixa? [15]

a) 4, 5 e 6.

b) 5, 10 e 20.

c) 5, 20 e 30.

d) 6, 6 e 10.

e) 10, 20 e 30.

Exercício 5.4.4. Considere que as retas r e s sejam paralelas e que a distância entre elas é de 2 cm; que, na reta r, sejam marcados 4 pontos, de forma que a distância de qualquer um deles ao mais próximo seja de 5 cm; que, na reta s, sejam marcados 5 pontos, de forma que a distância de qualquer um deles ao mais próximo seja de 3 cm. Com base nessas informações e considerando, ainda, as áreas dos triângulos de vértices nos pontos marcados nas retas r e s, é correto afirmar que: [16]

( ) A menor área é igual a $5\ \text{cm}^2$.

( ) A maior área é igual a $15\ \text{cm}^2$.

Exercício 5.4.5. Um paralelepípedo de isopor tem dimensões 5π cm de altura, 14 cm de largura e 20 cm de comprimento. No seu interior, existe uma cavidade esférica de diâmetro 12 cm. A quantidade de isopor presente no paralelepípedo, medida em cm^3, é igual a: [17]

a) 1.112π

b) 842π

c) 600π

d) 1.240π

[15] CESGRANRIO/Petrobrás/Técnico de Administração e Controle Jr/2008/Questão 14

[16] CESPE/EBC/Técnico-Administração/Nível Médio/2011/Questão 29, 30

[17] IESES/CRC-PR/Assessor Jurídico/Nível Superior/2012/Questão 18

Exercício 5.4.6. Suponha que em 5 h através de um canal escoem 2.844 m^3 de água. Mantendo constante esse escoamento, pode-se afirmar que, em 8 s, o número de litros de água que escoem pelo canal é: [18]

a) 528

b) 1.264

c) 816

d) 1.845

Exercício 5.4.7. Dentro de uma caixa cúbica de 1,3 m de aresta serão colocadas n caixas com formato de paralelepípedo reto retângulo, todas com 30 cm de comprimento, 15 cm de largura e 10 cm de altura. Nessas condições, n é, no máximo, igual a: [19]

a) 416

b) 428

c) 446

d) 472

e) 488

Exercício 5.4.8. Abaixo, temos a planta de um terreno retangular, de 810 m^2 de área cercado por um muro. Note que o terreno tem 36 m de comprimento, e que há um único portão de acesso com 2,5 m de largura.

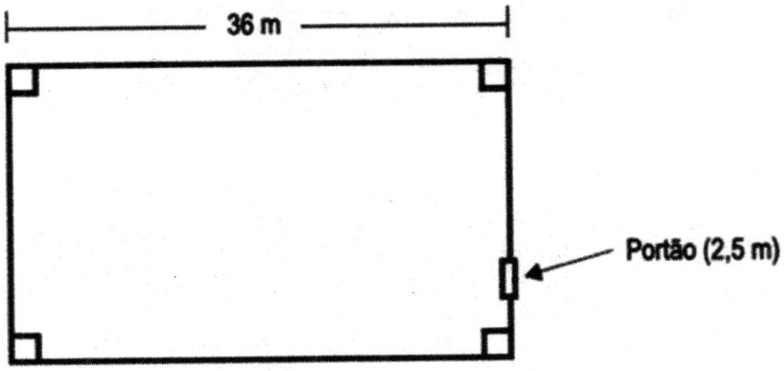

Qual é, em metros, o comprimento do muro que cerca esse terreno? [20]

---

[18] IESES/CRC-PR/Assessor Jurídico/Nível Superior/2012/Questão 20

[19] CESGRANRIO/Transpetro/Técnico de Contabilidade Júnior/Nível Médio/2011/Questão 12

[20] CESGRANRIO/Transpetro/Técnico de Contabilidade Júnior/Nível Médio/2011/Questão 18

a) 113,0

b) 113,5

c) 114,5

d) 116,0

e) 117,0

Exercício 5.4.9. A água de esgoto de um reservatório é drenada por meio de 2 encanamentos, ligados a diferentes bombas. O volume de água drenada pelo primeiro encanamento é de 30 litros por minuto e pelo segundo encanamento é de 70 litros por minuto. A quantidade de água de esgoto, em litros, drenada do reservatório por um período de 12 horas é:[21]

a) 56.600

b) 70.000

c) 42.000

d) 72.000

e) 82.400

Exercício 5.4.10. Um determinado produto, cujo preço de venda é R$ 90,00/kg, é comercializado em embalagens de tamanhos diferentes totalmente cheias, ambas com a forma de um paralelepípedo reto retângulo, conforme mostrado nas figuras, cujas dimensões estão em centímetros. Se o produto contido na embalagem A tem massa de 360 g, então o produto contido na embalagem B é vendido por:[22]

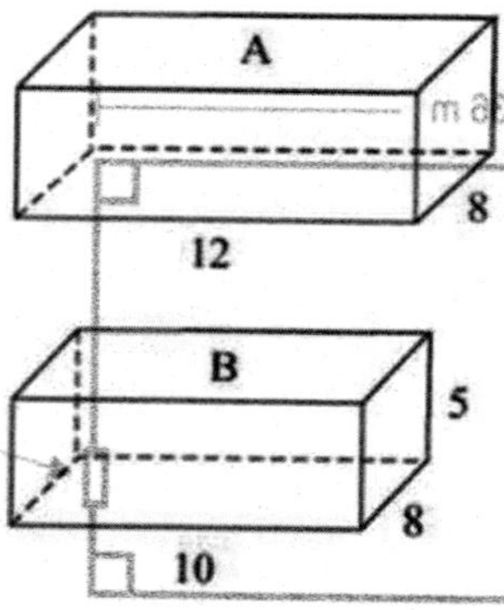

a) R$ 13,50

b) R$ 14,80

c) R$ 15,20

[21] PENUM/MPE-PE/Estágio/Nível Médio/20111/Questão 24

[22] VUNESP/FESC/Auxiliar Administrativo/Nível Médio/2011/Questão 16

d) R$ 16,40

e) R$ 16,80

Exercício 5.4.11. De um cartão retangular, com 56 cm de perímetro, foi recortado um quadrado de lado x, conforme mostra a figura. A área original desse cartão era, em cm^2, igual a: [23]

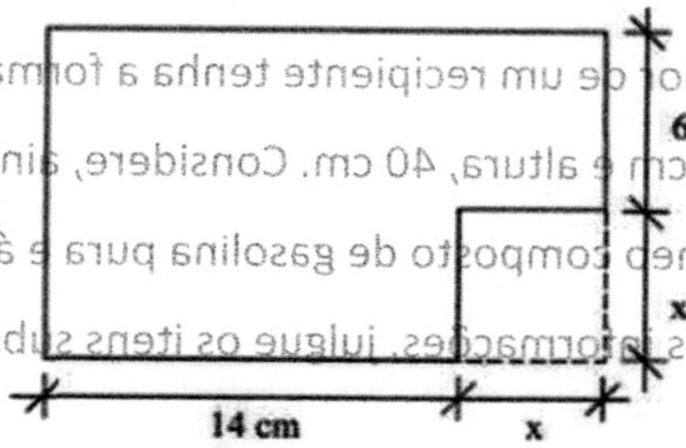

a) 105

b) 128

c) 135

d) 160

e) 180

Exercício 5.4.12. A figura, com a forma de um triângulo retângulo, mostra a localização das cidades A, B e C, unidas por estradas em linha reta. Sabe-se que um carro, com uma velocidade constante de 100 km/h, demora 54 min para ir de A até B, e 1h 30min para ir de B até C. Desse modo, pode-se afirmar que a distância entre as cidades A e C é de: [24]

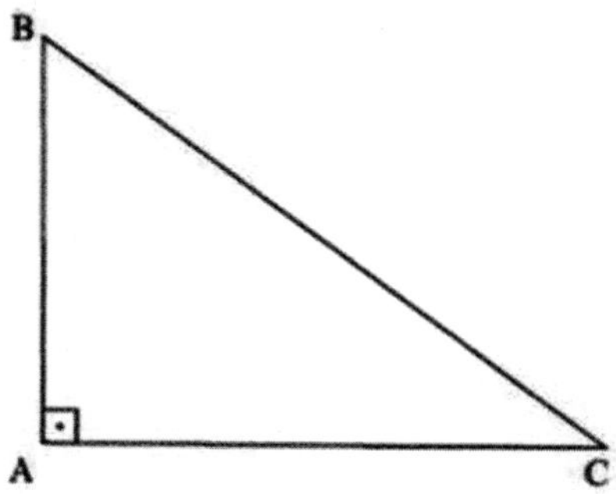

[23] VUNESP/FESC/Auxiliar Administrativo/Nível Médio/2011/Questão 18

[24] VUNESP/FESC/Auxiliar Administrativo/Nível Médio/2011/Questão 20

a) 130 km

b) 120 km

c) 110 km

d) 100 km

e) 90 km

Exercício 5.4.13. Considere que o interior de um recipiente tenha a forma de um paralelepípedo retângulo de base quadrada de lado medindo 50 cm e altura, 40 cm. Considere, ainda, que esse recipiente tenha sido enchido com um combustível homogêneo composto de gasolina pura e álcool e que 40% do combustível constitua-se de álcool. Com base nessas informações, julgue os itens subsequentes.

( ) Se o recipiente estiver assentado sobre um plano horizontal e 30 litros do combustível forem retirados, a altura do combustível que restou no recipiente será inferior a 30 cm.[25]

( ) Menos de 55 litros do combustível contido no recipiente constitui-se de gasolina pura.[26]

( ) Caso o teor de álcool do combustível homogêneo contido no recipiente seja diminuído para apenas 22%, retirando-se do recipiente determinada quantidade do combustível homogêneo e substituindo-a por gasolina pura, a quantidade do combustível homogêneo que deverá ser retirada do recipiente é superior a 40 litros.[27]

Exercício 5.4.14. Se uma esfera tem volume igual ao volume de um cone, e o raio da esfera é a metade do raio da base do cone, então a razão entre a altura do cone e o raio da esfera é: [28]

a) 4

b) $\frac{1}{3}$

c) $\frac{1}{4}$

d) 3

e) $\frac{1}{2}$

---

[25] CESPE/PRF/Agente Administrativo/Classe A Padrão I/2012/Questão 36
[26] CESPE/PRF/Agente Administrativo/Classe A Padrão I/2012/Questão 37
[27] CESPE/PRF/Agente Administrativo/Classe A Padrão I/2012/Questão 38
[28] COPEVE-UFAL/UNEAL/Nível Médio/2013/Questão 12

Exercício 5.4.15. A soma dos volumes de dois sólidos é 45 cm^3 e a razão entre esses volumes igual a 2/3. Quais são, em centímetros cúbicos, os volumes desses sólidos? [29]

a) 20 e 25

b) 40 e 5

c) 27 e 18

d) 15 e 30

Exercício 5.4.16. Assinale a medida do lado de um quadrado, sabendo-se que o número que representa o seu perímetro é o mesmo que representa sua área. [30]

a) 5

b) 4

c) 6

d) 8

Exercício 5.4.17. Considere o quadrado ABCD. Os pontos E, F, G, H são os pontos médios dos respectivos lados desse quadrado. Se I, J, K, L também são pontos médios dos respectivos lados do quadrado EFGH, então a razão entre a área do quadrado IJKL e do quadrado ABCD é: [31]

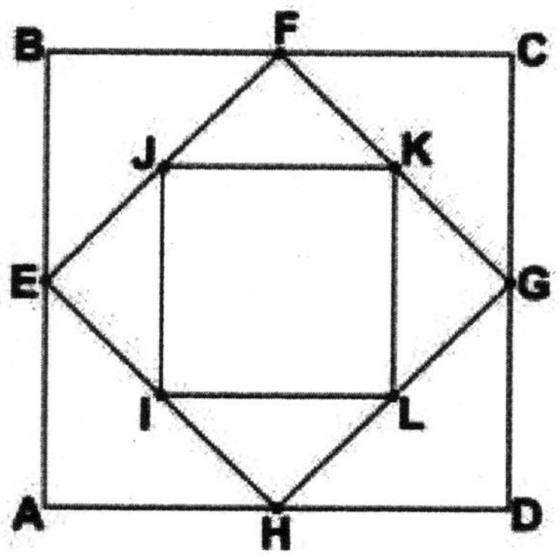

[29] UFMT/COPEL/Nível Médio/2013/Questão 69
[30] UFMT/COPEL/Nível Médio/2013/Questão 70
[31] UFLA/Administrador/Matemática/2013/Questão 40

a) $\frac{1}{2}$

b) $\frac{1}{3}$

c) $\frac{1}{4}$

d) $\frac{1}{6}$

Exercício 5.4.18. Um terreno quadrado será cercado por um muro de 2 metros de altura e 25 cm de largura, como apresentado no desenho. Uma empresa foi contratada para pintar esse muro, tanto a parte interna quanto a externa, e também a parte de cima do muro, a um preço de R$ 10,00 por metro quadrado. O custo da pintura será de: [32]

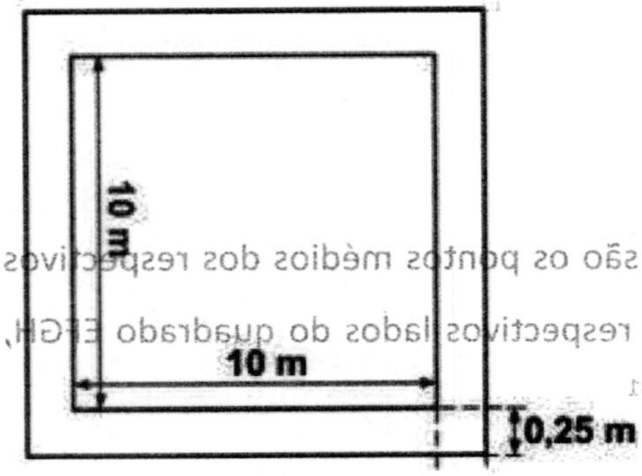

a) R$ 1.640,00

b) R$ 1.642,50

c) R$ 1.740,00

d) R$ 1.742,50

[32] UFLA/Administrador/Matemática/2013/Questão 44

Exercício 5.4.19. Num papel de forma quadrada, foi feito um recorte em um de seus cantos, de modo que a área do triângulo isósceles retirado é igual a 8 cm^2, conforme a figura.

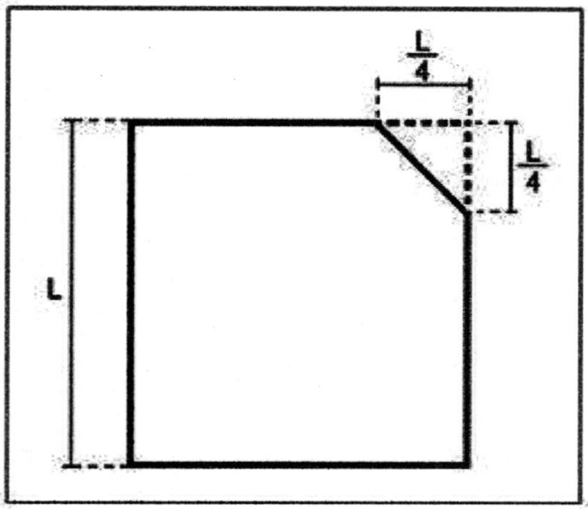

Após o recorte, a área correspondente ao que sobrou de papel, em centímetros quadrados, é: [33]

a) 256

b) 248

c) 220

d) 144

e) 136

Exercício 5.4.20. A figura abaixo (meramente ilustrativa e fora de escala) representa um triângulo ABC retângulo em A, dividido em dois triângulos, ACD e ABD, ambos retângulos em D. O valor, em cm, de $\overline{AD} = h$, é: [34]

[33] IF-SP/Matemática/2013/Questão 50
[34] FUNCAB/PM-ES/Soldado Combatente da Polícia Militar/Matemática/2013/Questão 147

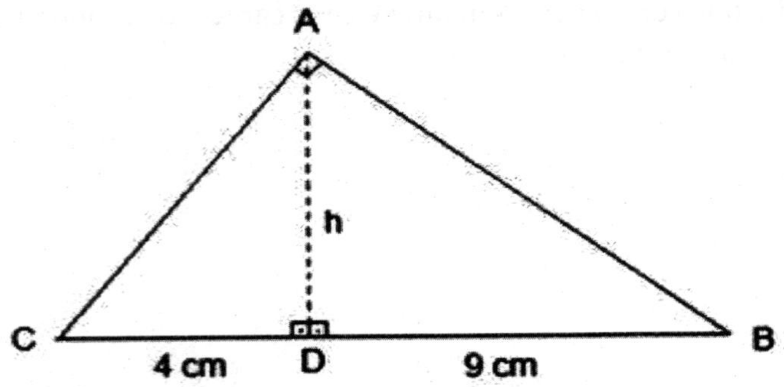

a) 6 cm

b) 7,2 cm

c) 8 cm

d) 8,4 cm

e) 9 cm

Exercício 5.4.21. Um para-raios instalado em um determinado prédio protege uma área circular de raio $R = 20\ m$ no solo. O valor total da área do solo, em metros quadrados, protegida por esse para-raios, é de (Adote o valor aproximado de $\pi = 3,14$): [35]

a) $1.256\ m^2$

b) $1.294\ m^2$

c) $1.306\ m^2$

d) $1.382\ m^2$

e) $1.416\ m^2$

Exercício 5.4.22. Carlos vai pintar 3 áreas idênticas em forma de circunferência cujo comprimento de cada uma mede 18,84 metros. Considerando $\pi = 3,14$, o total de tinta, em m^2 , que Carlos precisa para pintar as 3 áreas, sem que haja desperdício, é igual a: [36]

a) 42,39

[35] FUNCAB/PM-ES/Soldado Combatente da Polícia Militar/Matemática/2013/Questão 153

[36] ESPP/COBRA Tecnologia S-A (BB)/Técnico de Operação/Conhecimentos Básicos/Todos os Cargos/Matemática/2013/Questão 157

b) 339,12

c) 84,78

d) 28,26

Exercício 5.4.23. Uma tenda de lona foi montada no pátio da penitenciária, com suas medidas em metros e a forma de um prisma reto indicadas na figura. A área total da lona usada na montagem foi $252\ m^2$, correspondendo à frente, ao fundo, às laterais e à cobertura. A altura lateral (x) dessa tenda mede: [37]

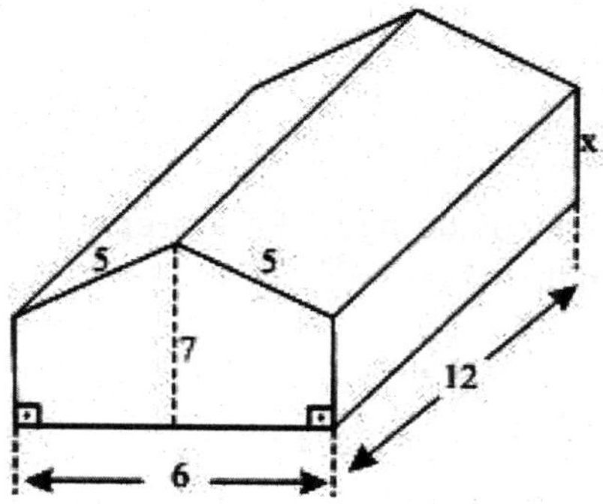

a) 3,0 m.

b) 3,2 m.

c) 3,5 m.

d) 2,0 m.

e) 4,0 m.

Exercício 5.4.24. O triângulo retângulo da figura possui catetos de medidas 6 cm e 8 cm. Em cada lado do triângulo foi desenhada uma semicircunferência com diâmetro igual ao lado correspondente.

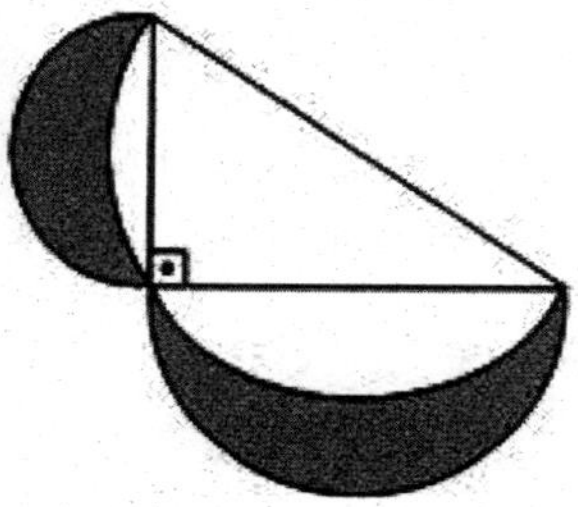

[37] VUNESP/SEJUS-ES/Agente Penitenciário/Matemática/2013/Questão 173

A área da região sombreada, em centímetros quadrados, vale: [38]

a) 12

b) 12π

c) 24

d) 24π

e) 48

Exercício 5.4.25. Um refresco é feito diluindo-se 750 mL de vinho em 2 litros de água. Para preparar 5,5 litros desse refresco (água + vinho), a quantidade necessária de vinho, em litros, será: [39]

a) 0,9

b) 1,2

c) 1,5

d) 1,8

e) 2,2

Exercício 5.4.26. Caixas com a forma de paralelepípedo, com as dimensões indicadas na figura, serão armazenadas em uma prateleira retangular de 50 cm por 40 cm.

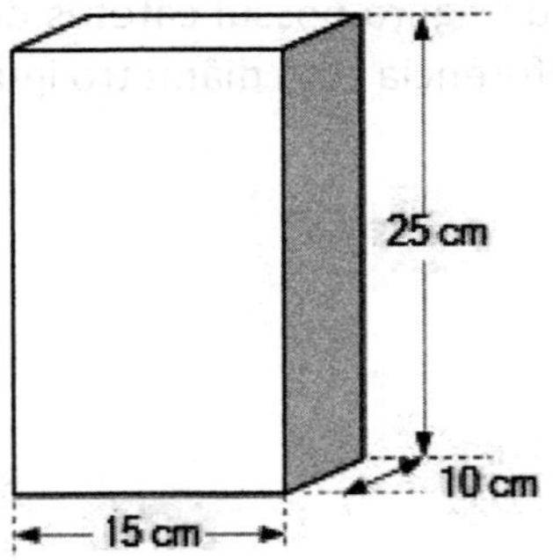

[38] VUNESP/FUNDUNESP/Engenheiro de Segurança/Matemática/2013/Questão 189
[39] VUNESP/CETESB/Escriturário/Matemática/2013/Questão 226

Se as caixas devem ser colocadas de maneira que, pelo menos, uma de suas faces fique completamente apoiada na prateleira, o número máximo de caixas que poderão ser armazenadas nessas condições é: [40]

a) 15

b) 13

c) 12

d) 10

e) 9

Exercício 5.4.27. Em um terreno plano, uma formiga encontra-se, inicialmente, no centro de um quadrado cujos lados medem 2 metros. Ela caminha, em linha reta, até um dos vértices (cantos) do quadrado. Em seguida, a formiga gira 90 graus e recomeça a caminhar, também em linha reta, até percorrer o dobro da distância que havia percorrido no primeiro movimento, parando no ponto P. Se V é o vértice do quadrado que se encontra mais próximo do ponto P, então a distância, em metros, entre os pontos P e V é: [41]

a) um número entre 2 e 4.

b) igual a 4.

c) igual a 1.

d) um número entre 1 e 2.

e) igual a 2.

Exercício 5.4.28. Uma costureira precisa cortar retalhos retangulares de 15 cm por 9 cm para decorar uma bandeira. Para isso, ela dispõe de uma peça de tecido, também retangular, de 55 cm por 20 cm. Considerando que um retalho não poderá ser feito costurando dois pedaços menores, o número máximo de retalhos que ela poderá obter com essa peça é igual a: [42]

a) 7

b) 10

c) 8

d) 9

e) 6

[40] FCC/TRT/11ª Região (AM)/Analista Judiciário/Tecnologia da Informação/2012

[41] FCC/TRT/9ª REGIÃO (PR)/Técnico Judiciário/Área Administrativa/2013

[42] FCC/TRT/2ª REGIÃO (SP)/Analista Judiciário/2014

Exercício 5.4.29. Amanda utiliza pequenas caixas retangulares, de dimensões 20 cm por 20 cm por 4 cm, para embalar as trufas de chocolate que fabrica em sua casa. As trufas são redondas, tendo a forma de bolas (esferas) de 4 cm de diâmetro. Considerando que as caixas devem ser tampadas, a máxima quantidade de trufas que pode ser colocada em uma caixa desse tipo é igual a: [43]

a) 12

b) 32

c) 25

d) 20

e) 16

Exercício 5.4.30. Para resolver um problema de Geometria, cuja pergunta era a distância entre os pontos A e C, Paula calculou as medidas dos segmentos AB e BC, obtendo, respectivamente, $\sqrt{50}cm$ e $\sqrt{98}cm$. Como o ponto B pertencia ao segmento AC, para chegar à resposta, Paula só precisou simplificar e somar as duas medidas já calculadas, tendo obtido como resultado:[44]

a) $\sqrt{148}cm$

b) $4\sqrt{5}cm$

c) $8\sqrt{5}cm$

d) $6\sqrt{2}cm$

e) $12\sqrt{2}cm$

[43] FCC/TRT/2ª REGIÃO (SP)/Técnico Judiciário/2014

[44] FCC/MPE-AP/Técnico Ministerial/Informática/2012

Capítulo 6

Trigonometria

6.1 Funções Trigonométricas

Denota-se **Ciclo Trigonométrico** a circunferência orientada e unitária (raio $R = 1$) de centro O. Conforme ilustrado na figura abaixo, o ponto O é a origem dos eixos e o ponto A a origem dos arcos. Assim, dado um arco qualquer $\widehat{AP}$, tem-se que sua origem é sempre no ponto A, sua extremidade no ponto P e o ângulo formado é $A\hat{O}P$. O sentido positivo de $A\hat{O}P$ é o sentido anti-horário, e o sentido negativo, o horário.

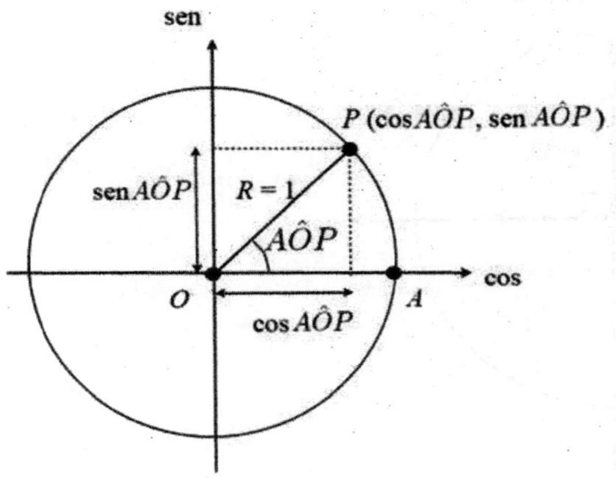

Figura 6.1: Ciclo Trigonométrico

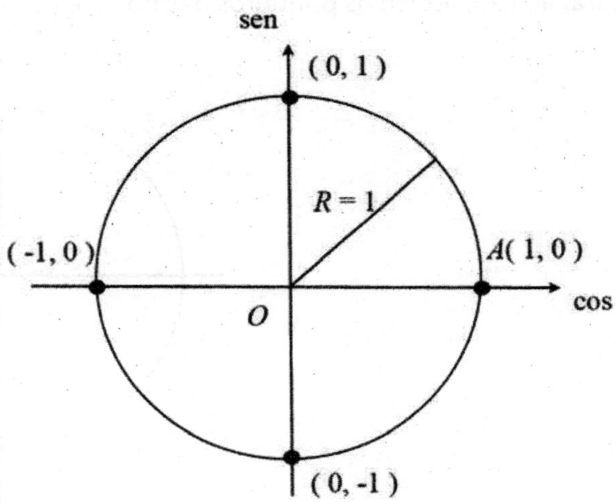

Figura 6.2: Coordenadas

Chama-se **seno** do arco $\widehat{AP}$ a projeção de $\widehat{AP}$ sobre o eixo vertical. Este eixo, portanto, chama-se **eixo dos senos**. Analogamente, chama-se **cosseno** do arco $\widehat{AP}$ a projeção de $\widehat{AP}$ sobre o eixo horizontal. Este eixo, portanto, chama-se **eixo dos cossenos**.

Observe que o centro O do ciclo trigonométrico coincide com a origem do sistema cartesiano. Isto implica, que um ponto qualquer P na extremidade do arco $\widehat{AP}$ tem coordenadas $(\cos A\hat{O}P, \sin A\hat{O}P)$. Além disso, o raio do círculo é 1, consequentemente, o máximo e o mínimo valores assumidos por qualquer das coordenadas x e y é 1 e -1 respectivamente.

Note que o ciclo divide-se em 4 quadrantes:

1º Quadrante: de $0°$ a $90°$ ou de 0 radianos a 2π radianos;

2º Quadrante: de $90°$ a $180°$ ou de $\frac{\pi}{2}$ radianos a π radianos;

3º Quadrante: de $180°$ a $270°$ ou de π radianos a $\frac{3\pi}{2}$ radianos;

4º Quadrante: de $270°$ a $360°$ ou de $\frac{3\pi}{2}$ radianos a 2π radianos.

As coordenadas dos pontos que delimitam os quadrantes são dadas na figura 6.2 acima.

Exercício 6.1.1. *Às 3 horas, a medida do menor ângulo formado pelos ponteiros das horas e dos minutos de um relógio é igual a* $90°$. *Exatamente 50 minutos depois, o menor ângulo formado pelos ponteiros das horas e dos minutos apresenta uma medida igual a* $175°$. [1]

A figura, abaixo, ilustra os ponteiros das horas e dos minutos às 3:00:

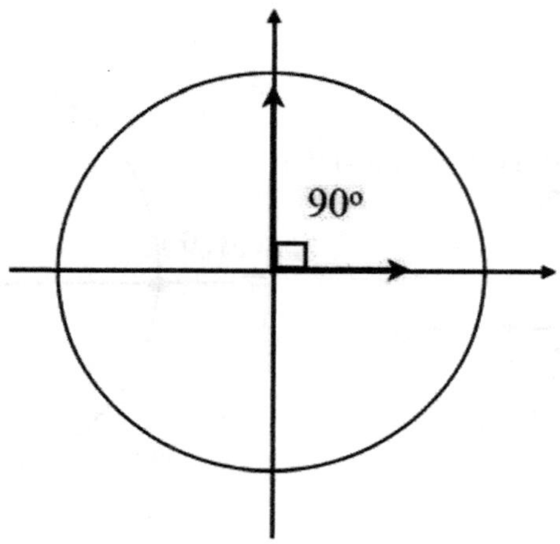

Como pode ser observado, a medida do menor ângulo formado pelos ponteiros das horas e dos minutos é igual a $90°$. Dividindo o círculo em 12 partes iguais, temos que cada intervalo de 5 minutos corresponde a $\frac{360°}{12} = 30°$. E, dividindo 5 minutos ou $30°$ em 12 partes iguais, temos que cada intervalo de 5 minutos corresponde a $\frac{30°}{12} = 2,5°$. Assim, segue que às 3:50 o ponteiro dos minutos terá andado 50 min ou $10 \cdot 30° = 300°$. Simultaneamente, o ponteiro das horas terá andando $10 \cdot 2,5° = 25°$.

[1] FCC/TCE-SE/Técnico de Controle Externo/Nível Médio/2011/Questão 25

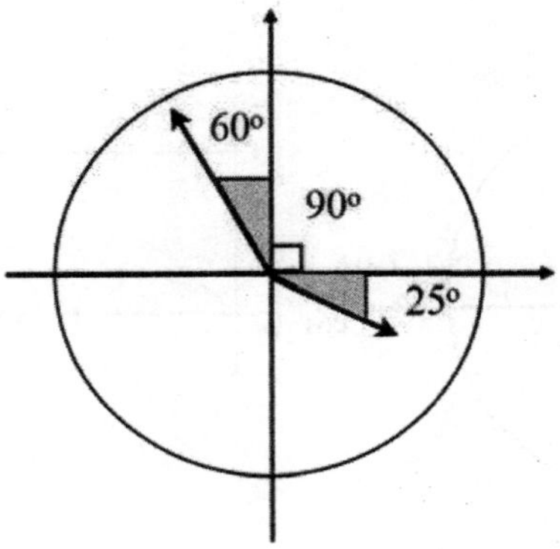

Mais uma vez, temos que a medida do menor ângulo formado pelos ponteiros das horas e dos minutos é igual a

$$\boxed{60° + 90° + 25° = 175°.}$$

6.1.1 Função Seno

A função $f: \mathbb{R} \to [-1,1]$ dada por $f(x) = sen\ x$ chama-se função **seno**. Note que não há restrições para a variável independente x, ou seja, o domínio contém todos os números reais ($D(f) = \mathbb{R}$). Porém, para qualquer x a imagem é dada por $Im(f) = [-1,1]$, ou seja, $-1 \leq \operatorname{sen} x \leq 1$.

O gráfico da função seno denota-se **senoide**. Conjuntamente com o ciclo trigonométrico, observa-se que no 1º quadrante a função seno cresce de 0 até 1 e é positiva; no 2º quadrante a função seno decresce de 1 até 0 e é positiva.

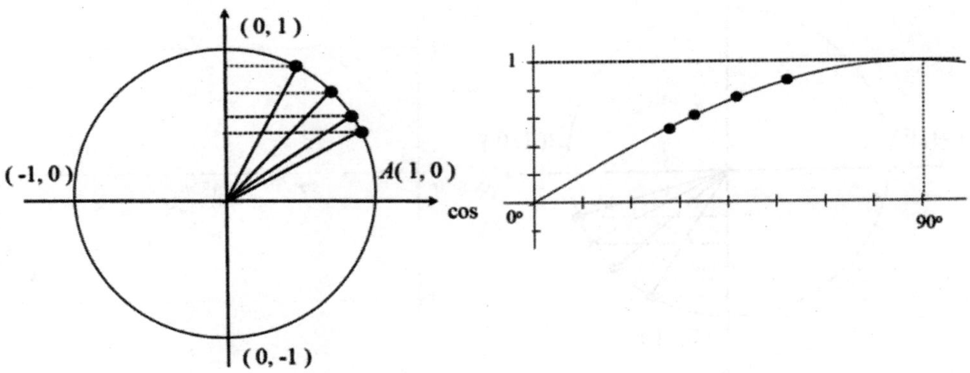

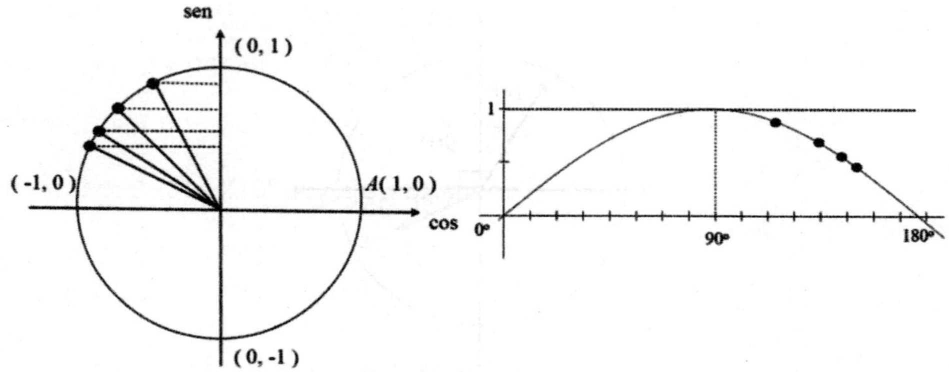

Figura 6.3: 1º e 2º Quadrantes da Função Seno

No 3º quadrante a função seno decresce de 0 até -1 e é negativa; e no 4.° quadrante a função seno cresce de -1 até 0 e é negativa:

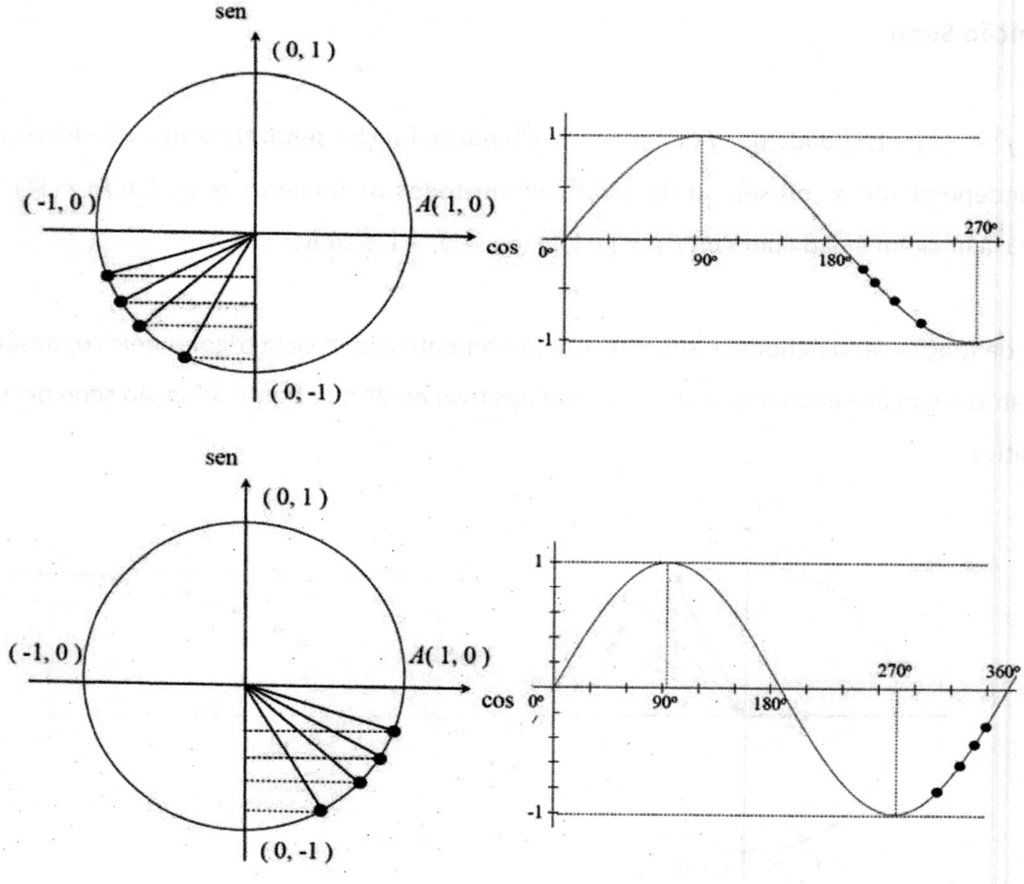

Figura 6.4: 3º e 4º Quadrantes da Função Seno

Observe que após 360° ou 2π *radianos* inicia-se a segunda volta no ciclo trigonométrico. Isto implica que os valores da função seno de 360° a 720° são os mesmos valores da função seno de 0° a 360°, onde daí inicia-se a terceira volta e os valores novamente se repetem. Da mesma forma, se continuarmos a traçar a senoide, o seu comportamento no intervalo 360° a 720° será o mesmo do que o do intervalo de 0° a 360° e assim sucessivamente.

6.1.2 Função Cosseno

A função $f: \mathbb{R} \to [-1,1]$ dada por $f(x) = \cos x$ chama-se função **cosseno**. Analogamente à função seno, na fução cosseno não há restrições para a variável independente x, ou seja, $D(f) = \mathbb{R}$. E da mesma forma, para qualquer x a imagem é dada por $Im(f) = [-1,1]$, ou seja, $-1 \leq \cos x \leq 1$.

O gráfico da função seno denota-se **cossenoide**. Conjuntamente com o ciclo trigonométrico, observa-se que no 1.° quadrante a função cosseno decresce de 1 até 0 e é positiva; no 2.° quadrante a função cosseno decresce de 0 até -1 e é negativa.

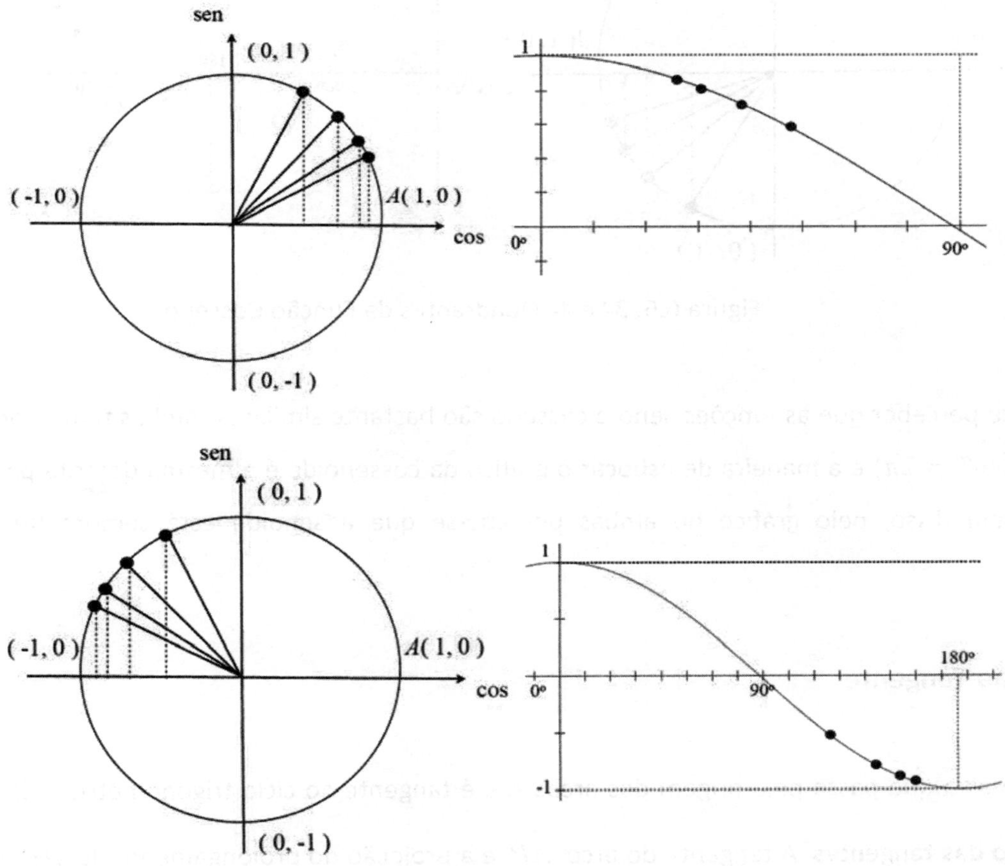

Figura 6.5: 1º e 2º Quadrantes da Função Cosseno

No 3º quadrante f cresce de -1 até 0 e é negativa; e no 4.° quadrante f cresce de 0 até 1 e é positiva:

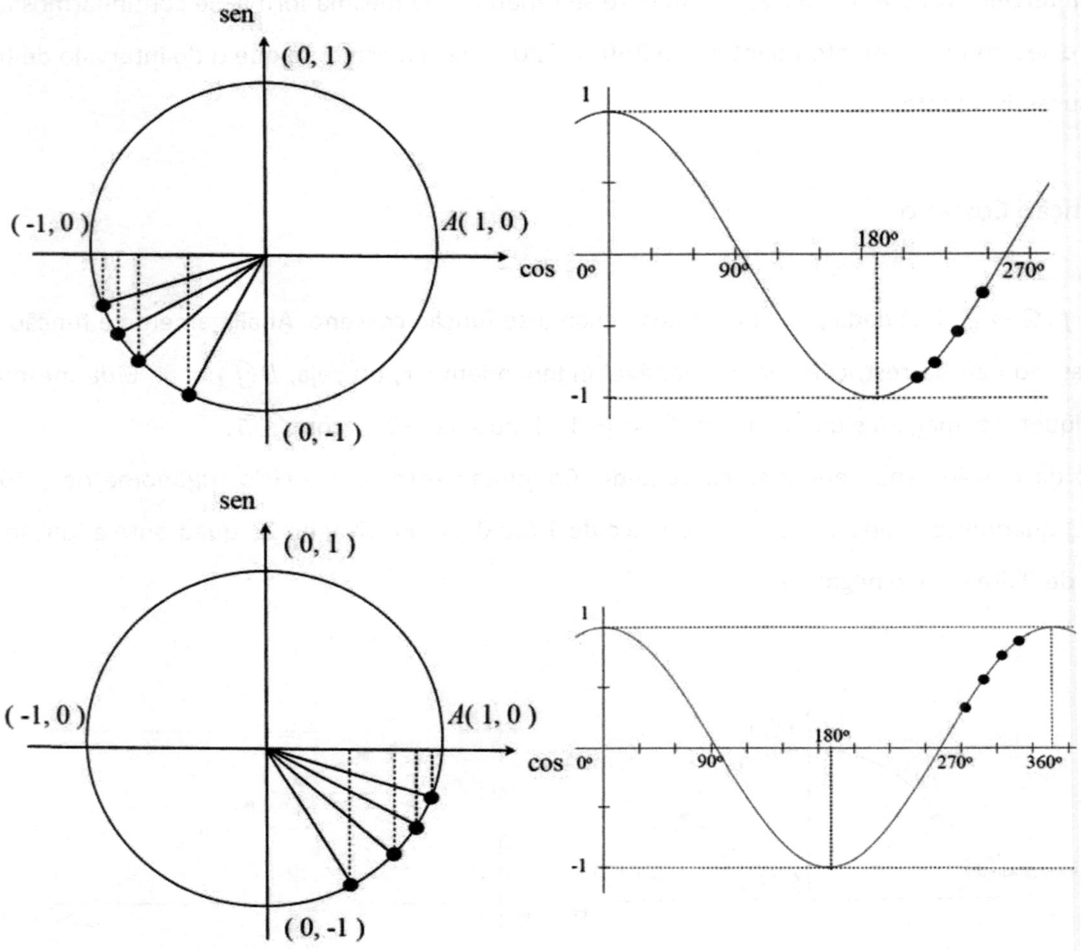

Figura 6.6: 3º e 4º Quadrantes da Função Cosseno

É importante perceber que as funções seno e cosseno são bastante similares. Ambas tem período de 360° ($T = 360°$ ou $T = 2\pi$) e a maneira de esboçar o gráfico da cossenoide é a mesma descrita para esboçar a senoide. Além disso, pelo gráfico de ambas percebe-se que a senoide está sempre 90° "atrás" da cossenoide.

6.1.3 Função Tangente

Considere o eixo que passa pela origem dos arcos A e é tangente ao ciclo trigonométrico. Chama-se este eixo de **eixo das tangentes**. A tangente do arco $\widehat{AP}$ é a projeção do prolongamento de $\widehat{AP}$ sobre o eixo das tangentes.

Observe que na primeira volta do ciclo trigonométrico o valor da tangente não existe para $\alpha = 90°$ ou $\alpha = 270°$. Isto implica que a tangente não existe nas demais voltas para todos os ângulos α múltiplos de $90°$ e $270°$: $450°$ (múltiplo de $90°$ na segunda volta), $630°$ (múltiplo de $270°$ na segunda volta), $810°$ (múltiplo de $90°$ na terceira volta), etc.

A função $f\colon \mathbb{R} - \{90°, 270°, 450°\ldots\} \to \mathbb{R}$ dada por $f(x) = \tan x$ chama-se função **tangente**. Diferentemente das funções seno e cosseno, a função tangente é indefinida para os arcos cujo ângulo $90°, 270°, 450°, \ldots$. Já a imagem é dada por $Im(f) = \mathbb{R}$.

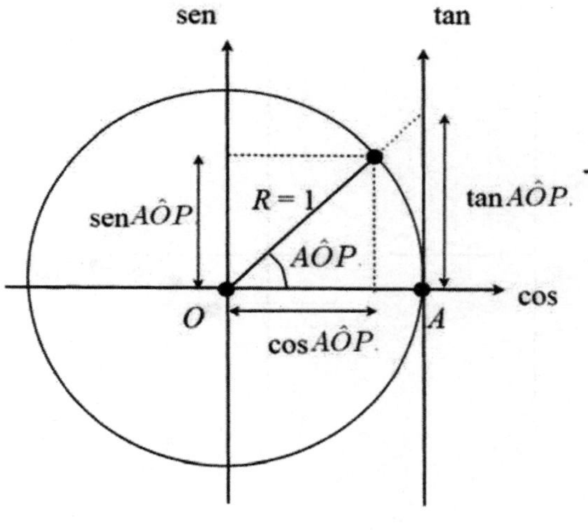

Figura 6.7: Eixo das Tangentes

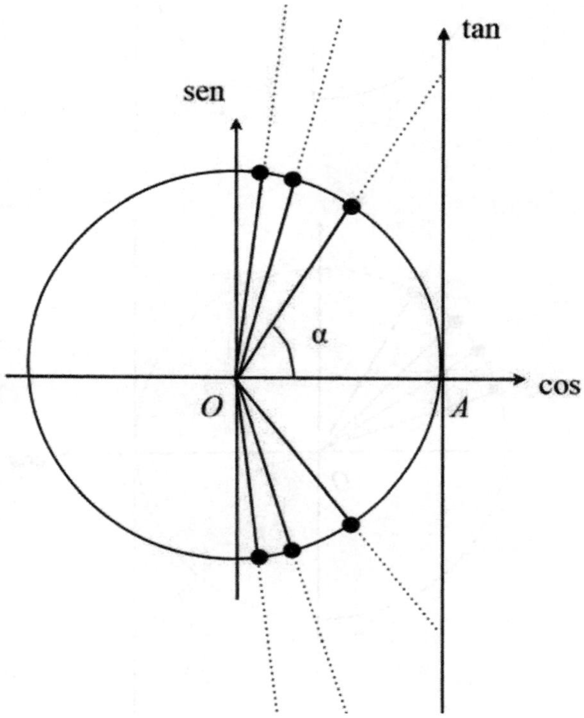

Figura 6.8: α aproximando $90°$ e $270°$

O gráfico da função tangente denota-se **tangentoide**. Conjuntamente com o ciclo trigonométrico, observa-se que no 1.° quadrante a função tangente cresce infinitamente de 0 e é positiva; no 2.° quadrante a função tangente cresce infinitamente até 0 e é negativa.

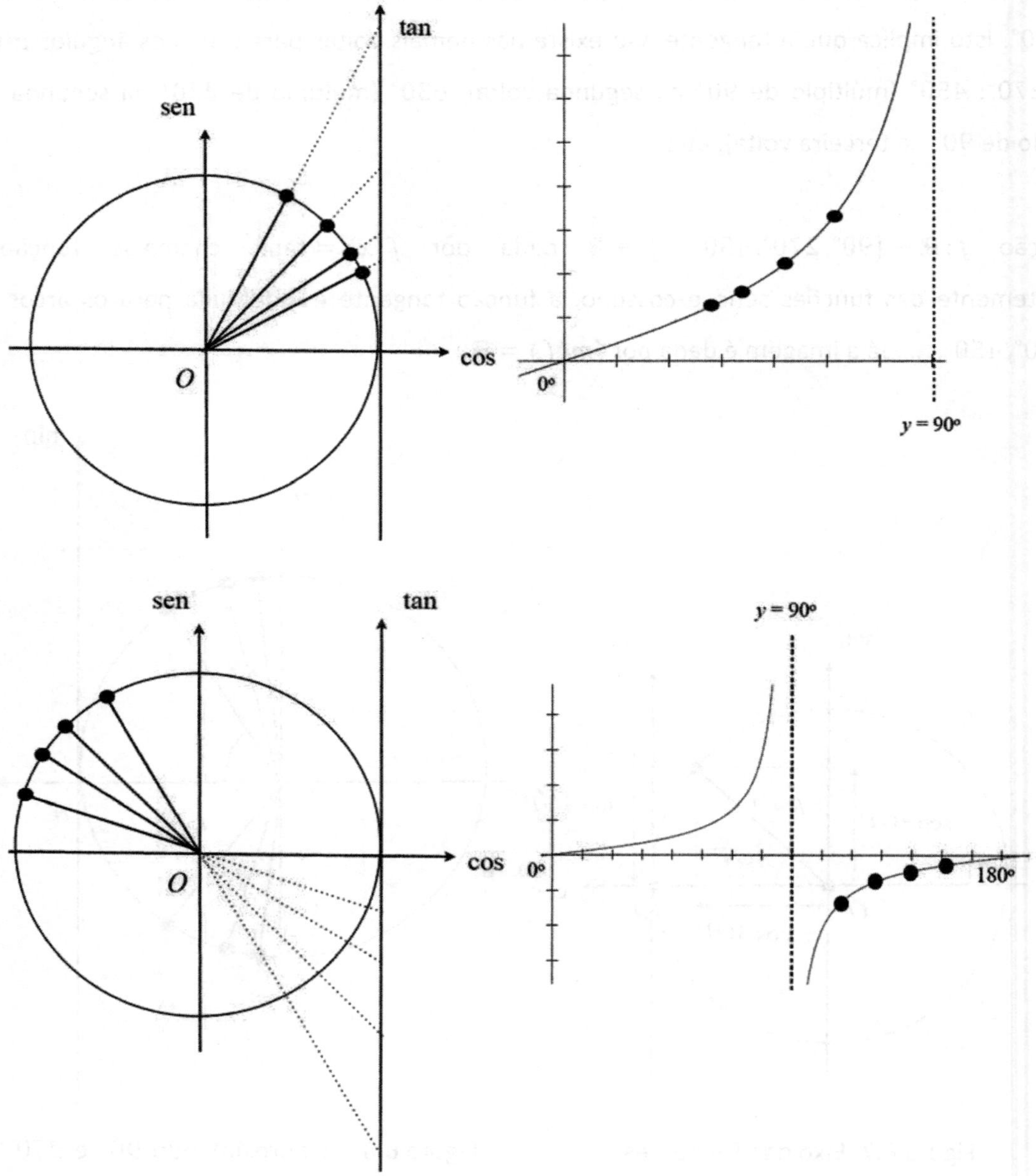

Figura 6.9: 1º e 2º Quadrantes da Função Tangente

No 3.° quadrante f cresce infinitamente de 0 e é positiva; e no 4.° quadrante f cresce infinitamente até 0 e é positiva.

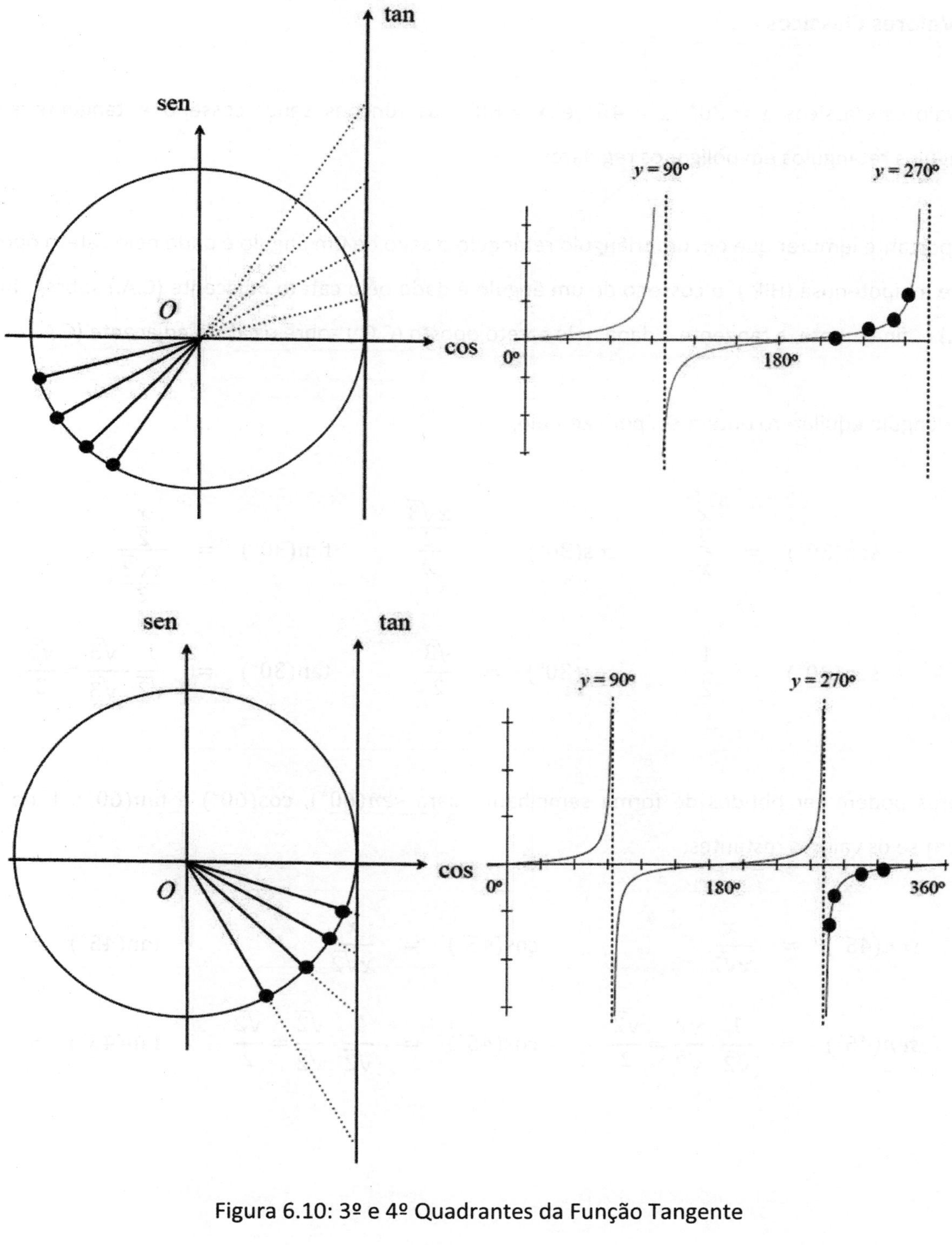

Figura 6.10: 3º e 4º Quadrantes da Função Tangente

Note que o período de f é $T = 180°$ ou $T = \pi$ e as retas verticais $y = 90°$, $y = 270°$, $y = 450°$, ... são assíntotas verticais.

6.2 Valores Clássicos

Os valores clássicos $x = 30°$, $x = 45°$ e $x = 60°$ das funções seno, cosseno e tangente surgem de triângulos retângulos em polígonos regulares.

É importante lembrar que em um triângulo retângulo o seno de um ângulo é dado pelo cateto oposto (C.O.) sobre a hipotenusa (HIP.), o cosseno de um ângulo é dado pelo cateto adjacente (C.A.) sobre a hipotenusa (HIP.) e, finalmente, a tangente é dada pelo cateto oposto (C.O.) sobre o cateto adjacente (C.A.).

Do triângulo equilátero obtém-se, por exemplo,

$$\text{sen}(30°) = \frac{\frac{x}{2}}{x} \qquad \cos(30°) = \frac{\frac{x\sqrt{3}}{2}}{x} \qquad \tan(30°) = \frac{\frac{x}{2}}{\frac{x\sqrt{3}}{2}}$$

$$\text{sen}(30°) = \frac{1}{2} \qquad \cos(30°) = \frac{\sqrt{3}}{2} \qquad \tan(30°) = \frac{1}{\sqrt{3}} \cdot \frac{\sqrt{3}}{\sqrt{3}} = \frac{\sqrt{3}}{3}.$$

Valores podem ser obtidos de forma semelhante para $sen(60°)$, $\cos(60°)$ e $\tan(60°)$. E do quadrado obtém-se os valores restantes:

$$sen(45°) = \frac{x}{x\sqrt{2}} \qquad \cos(45°) = \frac{x}{x\sqrt{2}} \qquad \tan(45°) = \frac{x}{x}$$

$$sen(45°) = \frac{1}{\sqrt{2}} \cdot \frac{\sqrt{2}}{\sqrt{2}} = \frac{\sqrt{2}}{2} \qquad \cos(45°) = \frac{1}{\sqrt{2}} \cdot \frac{\sqrt{2}}{\sqrt{2}} = \frac{\sqrt{2}}{2} \qquad \tan(45°) = 1.$$

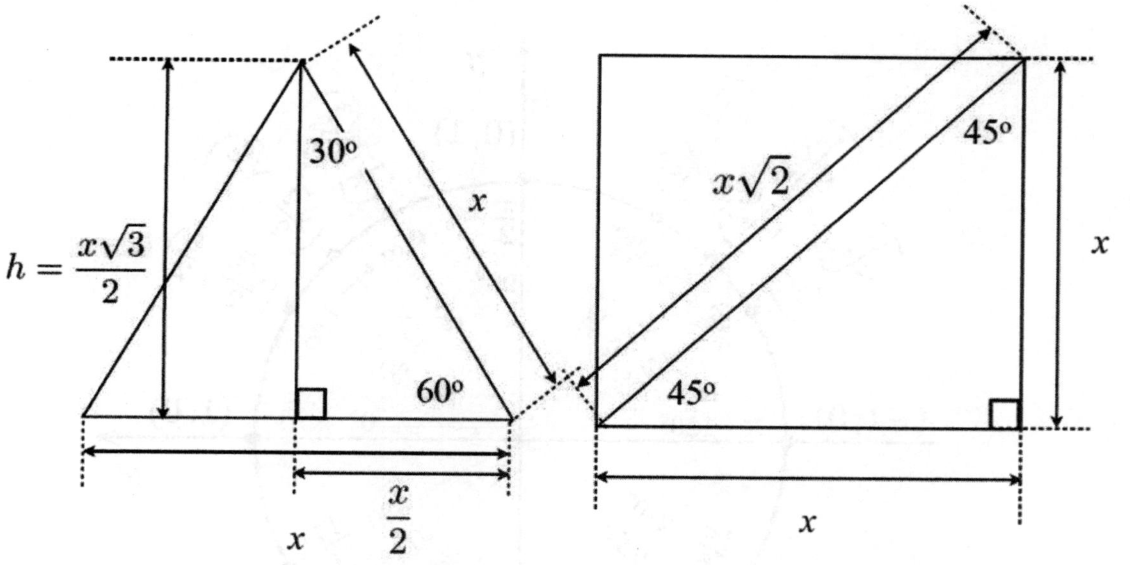

(a) Triângulo Equilátero (b) Quadrado

Figura 6.11: $x = 30°$, $x = 45°$ e $x = 60°$

Resumidamente:

	sen	$\cos$	$\tan = \frac{sen}{\cos}$	$\tan$
30°	$\frac{1}{2}$	$\frac{\sqrt{3}}{2}$	$\frac{1}{2} \div \frac{\sqrt{3}}{2}$	$\frac{\sqrt{3}}{3}$
45°	$\frac{\sqrt{2}}{2}$	$\frac{\sqrt{2}}{2}$	$\frac{\sqrt{2}}{2} \div \frac{\sqrt{2}}{2}$	1
60°	$\frac{\sqrt{3}}{2}$	$\frac{1}{2}$	$\frac{\sqrt{3}}{2} \div \frac{1}{2}$	$\sqrt{3}$

Tabela 6.1: Valores Clássicos no 1º quadrante

Generalizando para os múltiplos de 30°, 45° e 60° nos demais quadrantes no círculo trigonométrico e observando o jogo de sinais em cada quadrante, obtém-se:

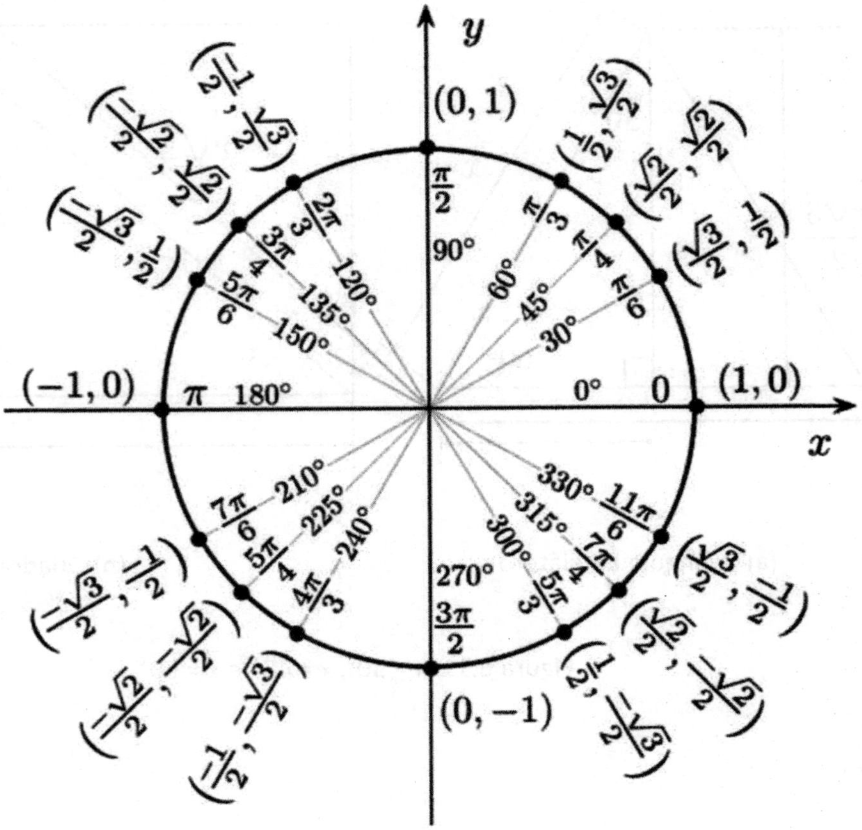

Figura 6.12: Valores Clássicos no Círculo Trigonométrico

Exemplo 6.2.1. Dada a função $f(x) = senx - cosx$, a função tem três zeros no intervalo $[0{,}3\pi]$. [2]
Convertendo os valores extremos do intervalo 0 a 3π em graus obtemos 0° e $3 \cdot 180° = 540°$. Encontrar os zeros de f no intervalo $[0°, 540°]$ equivale a encontrar os valores x em que a função seno é igual à função cosseno, ou seja

$$\begin{aligned} f(x) &= senx - \cos x \\ 0 &= senx - \cos x \\ senx &= \cos x. \end{aligned}$$

Grafando ambas para $0° \leq x \leq 540°$ vemos claramente que as funções se $\boxed{\text{interceptam em 3 pontos.}}$

[2] FIP/CAMARA-SJC/Programador/2009/Questão 30

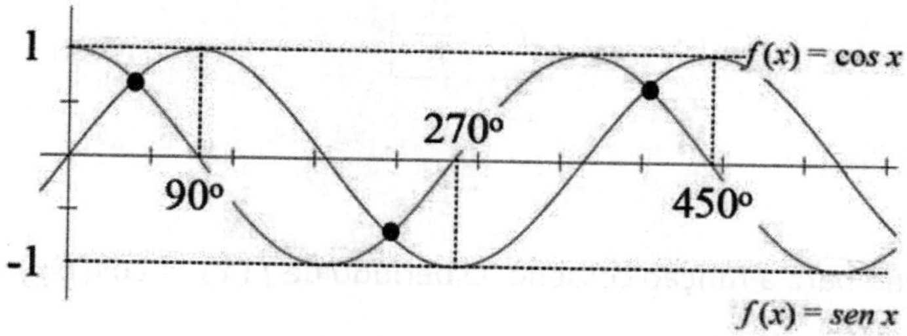

É importante perceber que a questão não pede as coordenadas destes três pontos, portanto, o conhecimento do gráfico das funções é o suficiente para solucionar o problema. Basta saber que os gráficos se interceptam no 1.° e no 3.° quadrante, e novamente no 1.° quadrante da segunda volta no círculo trigonométrico.

Exemplo 6.2.2. Dada a função $f(x) = 2 + 3sin(7x)$, o período $T = \frac{2\pi}{7}$ e a imagem de $f(x)$ é $Im(f) = [-1{,}5]$. [3]

Conforme ilustrado no gráfico abaixo, os valores testados para B reduzem o período da função seno. Por exemplo, para $B = 2$, o gráfico é duas vezes mais "veloz", ou seja, o período cai pela metade: $T = \frac{360°}{2} = 180°$. Analogamente, para $B = 7$ temos que o período da função $f(x) = sen(7x)$ é igual a $T = \frac{360°}{7}$ ou

$$\boxed{T = \frac{2\pi}{7}.}$$

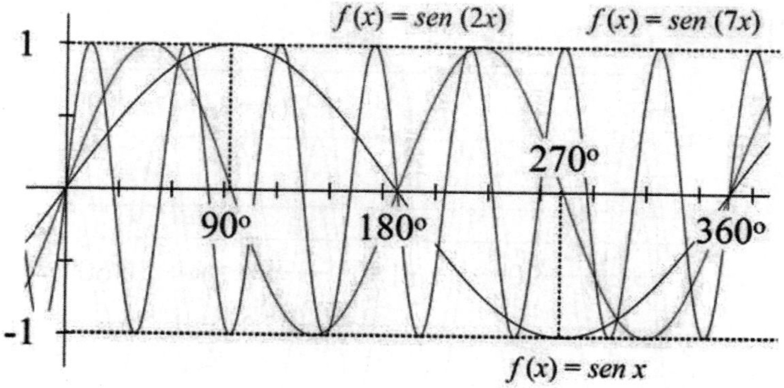

De uma forma geral, o período de $f(x) = sen(Bx)$ é dado por $T = \frac{360°}{B}$ ou

[3] FIP/CAMARA-SJC/Analista de Sistemas/2009/Questão 37

$$\boxed{T = \frac{2\pi}{B}.} \qquad (6.1)$$

O mesmo raciocínio é válido para a função cosseno. O período de $f(x) = \cos(Bx)$ é $T = \frac{360°}{B}$ ou $T = \frac{2\pi}{B}$.

Já o valor $A = 3$ altera a amplitude da função seno. Lembrando que a imagem da função $f(x) = sen(x)$ é $Im(f) = [-1,1]$, para $f(x) = 3sen(x)$, a imagem passa a ser $Im(f) = [-3,3]$.

De uma forma geral, a imagem da função $f(x) = A \cdot sen(x)$ é igual a $Im(f) = [-A, A]$ para qualquer x.

Finalmente, o valor C em uma função $f(x) = A \cdot sen(Bx) + C$ translada para cima o gráfico de f quando $C > 0$ e translada para baixo quando $C < 0$, ou seja, o valor C altera a imagem de f, como pode ser visto no gráfico abaixo.

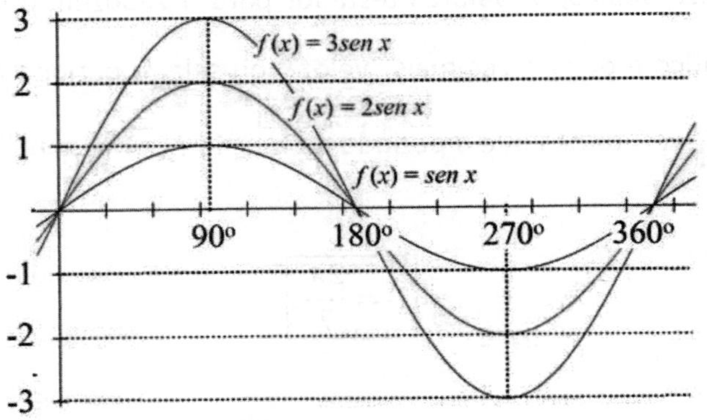

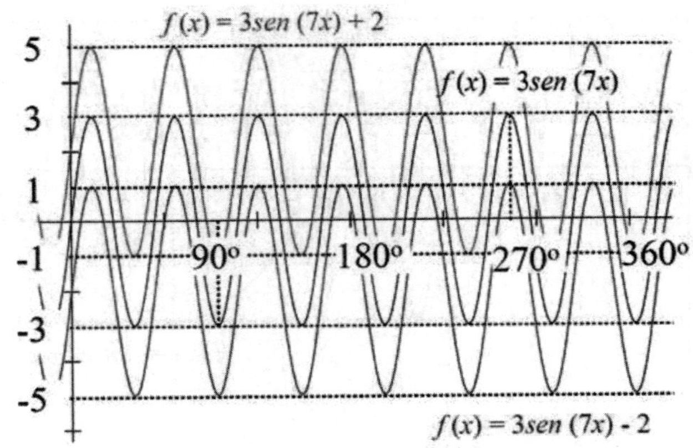

Assim, para $C = 2$ temos que a imagem da função $f(x) = 3sen(7x)$ dada por $Im(f) = -[3,3]$ é transladada para

$$\boxed{Im(f) = [-3+2, 3+2] = [-1,5]}$$

para a nova função $f(x) = 3sen(7x) + 2$.

Exemplo 6.2.3. Considerando a função $f(x) = sen(x) - \sqrt{3}cos(x)$, em que o ângulo x é medido em graus, julgue os itens seguintes.

O valor máximo dessa função é igual a 2. [4]

Pela expressão dada, vemos que f será máximo quando $sen(x)$ for máximo e $\cos(x)$ for mínimo simultaneamente. Este valor para x está no 2.° quadrante em que $sen(x) > 0$ e $\cos(x) < 0$.

Pela figura 6.12, atribuindo os valores clássicos a x temos que $f(x)$ é igual a

$$\begin{aligned}
f(120°) &= sen(120°) - \sqrt{3}\cos(120°) \\
&= \frac{\sqrt{3}}{2} - \sqrt{3}\cdot\left(\frac{-1}{2}\right) \\
&= \frac{\sqrt{3}}{2} + \frac{\sqrt{3}}{2} \\
f(120°) &= \sqrt{3},
\end{aligned}$$

$$\begin{aligned}
f(135°) &= sen(135°) - \sqrt{3}\cos(135°) \\
&= \frac{\sqrt{2}}{2} - \sqrt{3}\cdot\left(\frac{-\sqrt{2}}{2}\right) \\
&= \frac{\sqrt{2}}{2} + \frac{\sqrt{6}}{2} \\
f(135°) &= \frac{\sqrt{2}+\sqrt{6}}{2} > f(120°)
\end{aligned}$$

e,

[4] CESPE/PC-ES/Perito Criminal Especial/2011/Questão 94

$$\begin{aligned} f(150°) &= sen(150°) - \sqrt{3}\cos(150°) \\ &= \frac{1}{2} - \sqrt{3}\cdot\left(\frac{-\sqrt{3}}{2}\right) \\ &= \frac{1}{2} + \frac{3}{2} \end{aligned}$$

$$\boxed{f(150°) = 2 > f(135°) > f(120°).}$$

$f(x) > 0$ para x tal que $230° < x < 250°$. [5]

Atribuindo o valor clássico $x = 240°$ a f, obtemos:

$$f(240°) = sen(240°) - \sqrt{3}\cos(240°)$$

$$= \frac{\sqrt{3}}{2} - \sqrt{3}\cdot\left(\frac{-1}{2}\right)$$

$$= \frac{\sqrt{3}}{2} + \frac{\sqrt{3}}{2}$$

$$f(240^o) = \sqrt{3}.$$

Generalizando, os valores de $sen(x)$ e $\cos(x)$ no 3º quadrante são ambos negativos. Isto implica que os valores $sen(x)$ e $-\sqrt{3}\cos(x)$ serão somados no intervalo $230° < x < 250°$, tornando a função

$$\boxed{f(x) = sen(x) - \sqrt{3}\cos(x) \text{ sempre positiva neste intervalo.}}$$

Exemplo 6.2.4. O triângulo retângulo apresentado tem área igual a $8\sqrt{3}$ m². A medida do ângulo $\alpha = 60°$.[6] Seja *h* a altura do triângulo retângulo. Calculamos *h* igual a

[5] CESPE/PC-ES/Perito Criminal Especial/2011/Questão 95

[6] CONSULPLAN/RJ/Prefeitura de Santa Maria Madalena/Agente Administrativo/2010/Questão 16

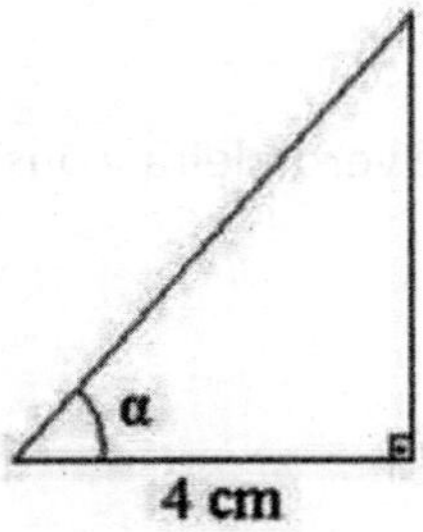

$$A_\Delta = \frac{4 \cdot h}{2}$$

$$8\sqrt{3} = \frac{4^2 \cdot h}{2^2}$$

$$8\sqrt{3} = 2h$$

$$h = 4\sqrt{3}\,cm.$$

Lembrando que em um triângulo retângulo a tangente de α é dada pelo cateto oposto (C.O.) sobre o cateto adjacente (C.A.), obtemos α igual a

$$\tan a = \frac{C.O.}{C.A.}$$

$$= \frac{h}{4}$$

$$= \frac{4\sqrt{3}}{4}$$

$$\tan a = \sqrt{3}$$

Finalmente, pela tabela 6.1 concluímos que

$$\boxed{\alpha = \arctan(\sqrt{3}) = 60^o.}$$

6.3 Exercícios Propostos

Exercício 6.3.1. Qual das afirmativas a seguir é verdadeira, considerando que $0 < x < \pi$ e $\tan(x) = \frac{\sqrt{3}}{3}$? [7]

a) $sen(x) + 2\cos(x) = \frac{1+3\sqrt{2}}{2}$

b) $sen(x) - \cos(x) = \frac{1-3\sqrt{2}}{2}$

c) $2sen(x) - \cos(x) = \frac{2+\sqrt{3}}{2}$

d) $2\cos(x) - sen(x) = \frac{2\sqrt{3}-1}{2}$

e) $\cos(x) + 2sen(x) = \frac{1+\sqrt{3}}{2}$

Exercício 6.3.2. Se $\text{sen } x = 0{,}8$ e $x \in [0, 2\pi]$, então quanto vale sen(2x)? [8]

a) 0,65

b) 1,6

c) 0,55

d) 0,96

e) 0,72

Exercício 6.3.3. Quantas soluções há na equação tan(x) = 1 para x no intervalo I = [0,2π]? [9]

a) 4

b) 5

c) 1

d) 3

e) 6

---

[7] CONSULPLAN/Pref. de Guaxupé-MG/Agente de Administração/2010/Questão 12

[8] FIP/Câmara-SJC/Analista de Sistemas/2009/Questão 24

[9] FIP/Câmara-SJC/Analista de Sistemas/2009/Questão 23

Exercício 6.3.4. Considerando-se a expressão trigonométrica $x = 1 + \cos(30^o)$, um dos possíveis produtos que a representam é igual a: [10]

a) $2 \cdot \cos^2(15^o)$

b) $4 \cdot \cos^2(15^o)$

c) $2 \cdot sen^2(30^o)$

d) $2 \cdot \cos^2(30^o)$

e) $4 \cdot sen^2(15^o)$

Exercício 6.3.5. Os catetos de um triângulo retângulo medem, respectivamente, z metros e $(w-2)$ metros. Sabendo-se que o ângulo oposto ao cateto que mede $(w-2)$ metros é igual a um ângulo de 45^0, então o perímetro desse triângulo, em metros, é igual a: [11]

a) $z\sqrt{2}(w-2)$

b) $zw(2-\sqrt{2})$

c) $zw(2+\sqrt{2})$

d) $(z+w)(z+w\sqrt{2})$

e) $z(2+\sqrt{2})$

Exercício 6.3.6. A figura abaixo mostra uma viga AB de 4m de comprimento presa no ponto A a uma parede vertical. A viga é mantida na posição horizontal pelo cabo de aço PQ de forma que P está fixo na parede, AP é vertical e Q está no meio da viga AB. Sabe-se que o ângulo $A\hat{P}Q$ mede 40°.

---

[10] ESAF/Receita Federal/Auditor Fiscal da Receita Federal - Prova 1/2012/Questão 16

[11] ESAF/Receita Federal/Auditor Fiscal da Receita Federal - Prova 1/2012/Questão 23

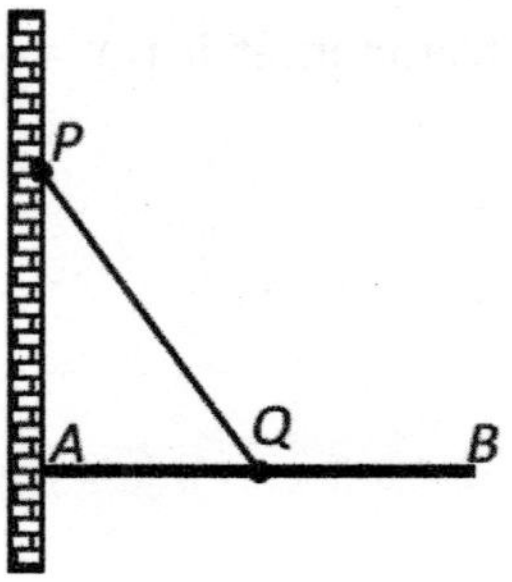

Dados: $sen(40^\circ) = 0,64$, $\cos(40^\circ) = 0,77$, $\tan(40^\circ) = 0,84$. A distância entre os pontos *A* e *P* é de aproximadamente: [12]

a) 1,68m

b) 2,38m

c) 2,56m

d) 2,75m

e) 3,08m

Exercício 6.3.7. Uma esfera foi liberada no ponto *A* de uma rampa. Sabendo-se que o ponto *A* está a 2 metros do solo e que o caminho percorrido pela esfera é exatamente a hipotenusa do triângulo retângulo da figura abaixo, determine a distância que a esfera percorreu até atingir o solo no ponto *B*. [13]

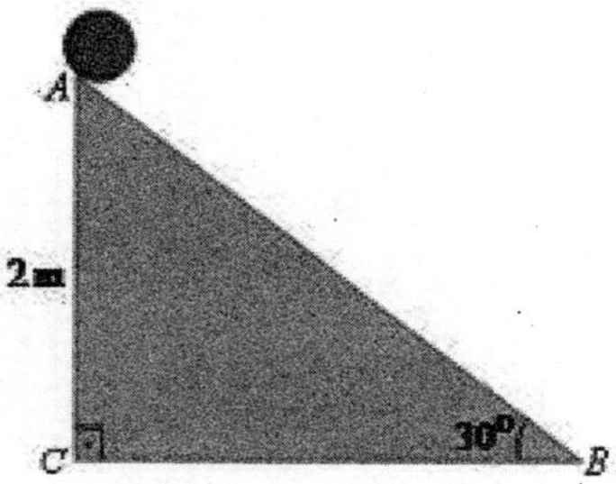

a) 5 metros

b) 3 metros

c) 4 metros

d) 6 metros

e) 7 metros

---

[12] FGV/PC-MA/Farmacêutico Legista/2012

[13] ESAF/Receita Federal/Analista Tributário da Receita Federal/Prova 1-Gabarito 1/2012

Capítulo 7

Sequências e Séries

7.1 Sequências

Uma **sequência** é um conjunto de números $a_1, a_2, a_3, \ldots$ listados ordenadamente e formados a partir de uma determinada regra ou lei de formação. Cada número da sequência é um termo a_k; a_n é o **enésimo termo**. A sequência é chamada de **finita** ou **infinita** se o número de termos dela forem finitos ou não.

Exemplo 7.1.1. A sequência de números inteiros $(F_1, F_2, F_3, \ldots, F_{n-1}, F_n, F_{n+1}, \ldots)$, cujos termos são obtidos utilizando a lei de formação $F_1 = F_2 = 1$ e $F_n = F_{n-1} + F_{n-2}$, para todo inteiro $n \geq 3$, é chamada Sequência de Fibonacci --- famoso matemático italiano do século XIII. Assim sendo, a soma do quinto, sétimo e décimo termos da sequência de Fibonacci é igual a 73. [1]

Pela lei de formação segue que $F_3 = F_2 + F_1 = 1 + 1 = 2$, $F_4 = F_3 + F_2 = 2 + 1 = 3$ e $F_5 = F_4 + F_3 = 3 + 2 = 5$. O mesmo cálculo pode ser executado para os demais termos dessa sequência. Logo, os dez primeiros termos são iguais a

$$\{1, 1, 2, 3, 5, 8, 13, 21, 34, 55\}.$$

Note que todos os termos a partir do terceiro termo nada mais são do que a soma dos dois termos que o antecedem. Desta forma, a soma do quinto, sétimo e décimo termos da Sequência de Fibonacci é igual a

$$F_5 + F_7 + F_{10} = 5 + 13 + 55$$

$$\boxed{F_5 + F_7 + F_{10} = 73.}$$

Exemplo 7.1.2. Considerando-se a sequência dos números naturais $x_1, x_2, \ldots, x_n$, em que $x_1 = 1$ e, recursivamente, $x_{n+1} = x_n + 2^n$ para todo $n \geq 1$, é correto afirmar que o termo x_9 é igual a 511. [2]

---

[1] FCC/Assembleia Legislativa- SP/Agente Legislativo de Serviços Técnicos e Administrativos/2010/Questão 22

[2] CESPE/TRE - MA/Técnico Judiciário - Programação de Sistemas/2009/Questão 20

Pela lei de formação $x_{n+1} = x_n + 2^n$, segue que o 9.° termo é dado por

$$\begin{aligned} x_9 &= \overbrace{x_8}^{} + 2^8 \\ &= \overbrace{x_7 + 2^7}^{=x_8} + 2^8 \\ &= \overbrace{x_6 + 2^6}^{=x_7} + 2^7 + 2^8. \end{aligned}$$

Por indução, e lembrando que $x_1 = 1$, temos que x_9 é igual a:

$$\begin{aligned} x_9 &= x_1 + 2^1 + 2^2 + 2^3 + 2^4 + 2^5 + 2^6 + 2^7 + 2^8 \\ &= 1 + 2^1 + 2^2 + 2^3 + 2^4 + 2^5 + 2^6 + 2^7 + 2^8 \\ &= 1 + 2 + 4 + 8 + 16 + 32 + 64 + 128 + 256 \end{aligned}$$

$$\boxed{x_9 = 511.}$$

Exemplo 7.1.3. Na sequência $0,1,2,4,7,12,x$, o valor x é 20. [3]

Note que a diferença entre quaisquer dos termos consecutivos resulta nos termos da sequência de Fibonacci: $1-0=1$, $2-1=1$, $4-2=2$, $7-4=3$ e $12-7=5$. Ou seja, a lei de formação determina que todos os valores das diferenças entre dois termos consecutivos da sequência $\{0,1,2,4,7,12,x\}$ são termos da sequência de Fibonacci $\{1,1,2,3,5,8\}$. Assim, temos que $x-12=8$ e, portanto, $\boxed{x=20.}$

7.2 Progressão Aritmética

Seja $\{a_1, a_2, a_3, \ldots, a_n\}$ uma sequência onde a diferença entre dois termos consecutivos é sempre igual a r, ou seja, $a_2 - a_1 = r$, $a_3 - a_2 = r$, $a_4 - a_3 = r$, ..., $a_n - a_{n-1} = r$. Segue que a sequência é listada da seguinte forma:

$$\{a_1, \overbrace{a_2}^{=a_1+r}, \overbrace{a_3}^{=a_1+2r}, \overbrace{a_4}^{=a_1+3r}, \overbrace{a_5}^{=a_1+4r}, \overbrace{a_6}^{=a_1+5r}, \ldots, \overbrace{a_{n-1}}^{=a_1+(n-2)r}, \overbrace{a_n}^{=a_1+(n-1)r}\}.$$

Esta sequência é chamada de **progressão aritmética (P.A.)**. Como pode ser observado, o enésimo termo é dado por

[3] CEPERJ/DEGASE/Técnico de Suporte e Comunicação-TI/2012

$$a_n = a_1 + (n-1)r. \tag{7.1}$$

Exemplo 7.2.1. *"(...) De julho de 2008 a março de 2009, a cotação do barril de petróleo caiu de U$145,00 para U$49,00."*

Jornal O Globo, 18 mar. 2009. (Adaptado)

Se a queda mensal do preço do barril de petróleo tivesse ocorrido linearmente, as cotações mensais formariam uma progressão aritmética de razão r. Conclui-se que r seria, em dólares, -12,00. [4]

Em julho de 2008, no primeiro mês, $a_1 = 145$ e em março de 2009, 8 meses depois, $a_9 = 49$. Assim, por (7.1), segue que r seria, em dólares,

$$\begin{aligned} a_9 &= a_1 + (9-1)r \\ 49 &= 145 + 8r \end{aligned}$$

$$\boxed{r = -12{,}00.}$$

Explicitamente, a P.A. é dada por $\{145, 133, 121, 109, 97, 85, ...\}$. Como esperado, a diferença entre dois termos consecutivos é igual a -12.

A soma S dos n termos de uma P.A. é dada por

$$S = \sum_{k=1}^{n} a_k = a_1 + a_2 + a_3 + ... + a_n.$$

Substituindo (7.1) na expressão acima, calcula-se S igual a

$$\begin{aligned} S &= a_1 + a_2 + a_3 + ... + a_n \\ &= a_1 + (a_1 + r) + (a_1 + 2r) + ... + (a_1 + (n-1)r) \end{aligned}$$

$$S = \frac{n(a_1 + a_n)}{2}. \tag{7.2}$$

[4] CESGRANRIO/DECEA/Técnico em Informações Aeronáuticas/2009/Questão 31

Exemplo 7.2.2. Uma sequência de números $(a_1, a_2, a_3, \ldots)$ é tal que a soma dos n primeiros termos é dada pela expressão $S_n = 3n^2 + n$. O valor do 51.° termo é 304. [5]

Note que $a_1 = S_1$. Assim,

$$\begin{aligned} a_1 &= 3(1)^2 + 1 \\ a_1 &= 4. \end{aligned}$$

Sendo $S_2 = a_1 + a_2$, segue que a_2 é igual a

$$\begin{aligned} S_2 &= 4 + a_2 \\ 3(2)^2 + 2 &= 4 + a_2 \\ a_2 &= 10. \end{aligned}$$

Analogamente, tem-se que a_3 é igual a

$$\begin{aligned} S_3 &= a_1 + a_2 + a_3 \\ 3(3)^2 + 3 &= 4 + 10 + a_3 \\ a_3 &= 16. \end{aligned}$$

O cálculo para a_3 foi efetuado para comprovar que a sequência é uma P.A. tal que $r = 6$. Explicitamente, a P.A. é dada por $\{4, 6, 10, 14, 18, 22, \ldots\}$.

Portanto, pela eq. (7.1) , obtemos o valor do 51.° termo:

$$\begin{aligned} a_{51} &= a_1 + (51 - 1)r \\ &= 4 + 50 \cdot 6 \end{aligned}$$

$$\boxed{a_{51} = 304.}$$

Observe por (7.2) que a soma dos n termos desta P.A. é igual a $3n^2 + n$, como expresso no enunciado:

[5] BNDES/Técnico Administrativo/Cesgranrio 2008/Questão 19

$$\begin{aligned} S_n &= \frac{n\left(\overbrace{4}^{=a_1} + \overbrace{4+(n-1)6}^{=a_n}\right)}{2} \\ &= \frac{n(8+6n-6)}{2} \\ &= \frac{n(6n+2)}{2} \\ &= \frac{6n^2+2n}{2} \\ &= 3n^2+n. \end{aligned}$$

Exemplo 7.2.3. A sequência $\{4; 5; 8; 10; 12; 15; 16; 20; 20; 25; 24; \ldots\}$ é uma sequência ilimitada que intercala os múltiplos de 4, a partir do 4, com os múltiplos de 5, a partir do 5. Desta forma, a diferença entre os elementos 22.° e 21.° é 11. [6]

Os elementos $a_1 = 4$, $a_3 = 8$, $a_5 = 12$, ... formam uma P.A. em que $a_1 = 4$ e $r = 4$. Isto implica que o 21.° termo da sequência é o 11.° termo desta P.A. Assim, temos que

$$\begin{aligned} a_{21} &= 4 + (11-1)4 \\ a_{21} &= 44. \end{aligned}$$

Semelhantemente, os elementos $a_2 = 5$, $a_4 = 10$, $a_6 = 15$,... formam uma P.A. em que agora o primiro termo é 5 e $r = 5$. Sendo assim, o 22.° termo da sequência é o 11.° termo desta P.A.:

$$\begin{aligned} a_{22} &= 5 + (11-1)5 \\ a_{21} &= 55. \end{aligned}$$

Finalmente, obtemos a diferença entre os elementos 22.° e 21.°:

$$a_{22} - a_{21} = 55 - 44$$

$$\boxed{a_{22} - a_{21} = 11.}$$

[6] VUNESP/Pref. São José do Rio Preto-SP/Técnico Jurídico/Nível Superior/2011/Questão 11

7.3 Progressão Geométrica

Seja $\{a_1, a_2, a_3, \ldots, a_n\}$ uma sequência onde o quociente entre dois termos consecutivos é sempre igual a q, ou seja, $\frac{a_2}{a_1} = q, \frac{a_3}{a_2} = q, \frac{a_4}{a_3} = q, \ldots, \frac{a_n}{a_{n-1}} = q$. Assim, tem-se a seguinte sequência listada:

$$\{a_1, \overbrace{a_2}^{=a_1 \cdot q}, \overbrace{a_3}^{=a_1 \cdot q^2}, \overbrace{a_4}^{=a_1 \cdot q^3}, \overbrace{a_5}^{=a_1 \cdot q^4}, \overbrace{a_6}^{=a_1 \cdot q^5}, \ldots, \overbrace{a_{n-1}}^{=a_1 \cdot q^{n-2}}, \overbrace{a_n}^{=a_1 \cdot q^{n-1}}\}.$$

Esta sequência é chamada de **progressão geomética (P.G.)**. Note que o enésimo termo é dado por

$$a_n = a_1 \cdot q^{n-1}. \tag{7.3}$$

Exemplo 7.3.1. A tabela abaixo foi organizada seguindo um padrão, porém alguém apagou as 10 últimas linhas. Observando o padrão apresentado nas linhas que não foram apagadas, é correto afirmar que o número localizado na 9.ª linha e na 4.ª coluna é 14641. [7]

3	9	27	81	243
4	16	64	256	1.024
5	25	125	625	3.125
⋮	⋮	⋮	⋮	⋮
⋮	⋮	⋮	⋮	⋮

É fácil perceber que os elementos da 1.ª coluna formam uma P.A. de razão 1 e primeiro termo igual a 3. Já os elementos da 2.ª coluna são os elementos da 1.ª coluna elevados ao quadrado: $3^2 = 9$, $4^2 = 16$, $5^2 = 25, \ldots$. Similarmente, os elementos da 3.ª coluna são os elementos da 1.ª coluna elevados, agora, ao cubo: $3^3 = 27, 4^3 = 64, 5^3 = 125, \ldots$. Estes padrões implicam, como pode ser visto, que os elementos da 4.ª coluna são os elementos da 1.ª coluna elevados à quarta potência: $3^4 = 81$, $4^4 = 256$, $5^4 = 625, \ldots$. Assim, o número localizado na 9.ª linha e na 4.ª coluna é dado por

$$(3 + (9-1) \cdot 1)^4 \;=\; 11^4$$

$$\boxed{11^4 = 14.641.}$$

[7] INEC/Prefeitura de Campinas-SP/Agente de Fiscalização/Nível Médio/2011/Questão 16

Exemplo 7.3.2. Considerando que, em uma progressão aritmética de termos $a_1, a_2, \ldots, a_n, \ldots$, a razão seja positiva, $a_1 = 2$ e os termos a_1, a_3 e a_{11} estejam, nessa ordem, em progressão geométrica, julgue os itens a seguir.

Para cada n ímpar, a_n será sempre um número par. [8]

Por (7.1), temos que o enésimo termo da P.A. é

$$a_n = 2 + (n-1) \cdot r.$$

Para n ímpar, ou seja, para $n = 2k+1$ onde $k = 0,1,2,3,\ldots$ temos que

$$\begin{aligned} a_{2k+1} &= 2 + (2k+1-1) \cdot r \\ &= 2 + 2k \cdot r \\ a_{2k+1} &= 2 \cdot (1 + k \cdot r). \end{aligned}$$

Note que a multiplicação do resultado do parêntese por 2 sempre resultará em um número par. Portanto, para n ímpar concluímos que a_n será sempre um número par.

A razão dessa progressão aritmética será um número natural. [9]

Pela questão anterior já temos que $a_3 = 2 + 2r$ e $a_{11} = 2 + 10r$. E por (7.3) temos também que a_3, a_{11} são dados por

$$\begin{cases} a_3 = 2 \cdot q \\ a_{11} = 2 \cdot q^2. \end{cases}$$

Igualando ambas as expressões para a_3 e a_{11}, montamos o seguinte sistema:

$$\begin{cases} 2 + 2r = 2 \cdot q \\ 2 + 10r = 2 \cdot q^2. \end{cases}$$

Simplificando o sistema:

$$\begin{cases} 1 + r = q \\ 1 + 5r = q^2. \end{cases}$$

Substituindo q na segunda eq. e montando a eq. do 2.° grau em r:

[8] CESPE/BRB/Escriturário/Nível Médio/2011/Questão 91

[9] CESPE/BRB/Escriturário/Nível Médio/2011/Questão 92

$$\begin{aligned} 1+5r &= (1+r)^2 \\ 1+5r &= 1+2r+r^2 \\ r^2-3r &= 0 \\ r(r-3) &= 0. \end{aligned}$$

$r = 0$ leva a uma P.G. trivial onde somente o primeiro termo é diferente de zero. Assim, concluímos que

$$\boxed{r = 3.}$$

A média aritmética de 3 termos quaisquer dessa progressão aritmética será sempre um número inteiro. [10]

Pela questão anterior temos que os 11 primeiros elementos da P.A. são:

$$\{2, 5, 8, 11, 14, 17, 20, 23, 26, 29, 32, \ldots\}.$$

Observe que $\{2, 8, 32\}$ realmente forma uma P.G. de razão $q = 4$.

Sejam a_i, a_j e a_k três termos quaisquer desta P.A. . Por (7.1), obtemos

$$\begin{cases} a_i &= 2+(i-1)3 = 3i-1 \\ a_j &= 2+(j-1)3 = 3j-1 \\ a_k &= 2+(k-1)3 = 3k-1. \end{cases}$$

Assim, a média aritmética destes 3 termos é igual a

$$\begin{aligned} a_i + a_j + a_k &= \frac{(3i-1)+(3j-1)+(3k-1)}{3} \\ &= \frac{3(i+j+k)-3}{3} \end{aligned}$$

$$\boxed{a_i + a_j + a_k = i+j+k-1.}$$

Como i,j e k representam a posição dos termo na P.A., concluímos que a média aritmética será sempre um número inteiro.

Analogamente a P.A., a soma S dos n termos de uma P.G. é dada por

[10] CESPE/BRB/Escriturário/Nível Médio/2011/Questão 93

$$S = \sum_{k=1}^{n} a_k \quad = \quad a_1 + a_2 + a_3 + \ldots + a_n.$$

Substituindo (7.3) na expressão acima, obtém-se S igual a

$$\begin{aligned} S &= a_1 + a_2 + a_3 + \ldots + a_n \\ &= a_1 + (a_1 \cdot q) + (a_1 \cdot q^2) + \ldots + (a_1 \cdot q^{n-1}) \end{aligned}$$

$$S = \frac{a_1(1 - q^{n-1})}{1 - q}, \qquad |q| > 1. \tag{7.4}$$

Para $|q| < 1$, o termo q^{n-1} tendo 0 a medida que o número de termos n da P.G. aumenta. Isto implica que S pode ser simplificado para

$$S = \frac{a_1}{1 - q}, \qquad |q| < 1. \tag{7.5}$$

Note que a diferença entre uma P.A. e uma P.G. é uma leve alteração na regra que as regem. Enquanto na P.A. a diferença entre dois termos consecutivos é constante, na P.G., tem-se que o quociente entre dois termos consecutivos é constante.

Exemplo 7.3.3. Uma sequência de números k_1, k_2, k_3, k_4,....,k_n é denominada Progressão Geométrica - PG - de n termos quando, a partir do segundo termo, cada termo dividido pelo imediatamente anterior for igual a uma constante *r* denominada razão. Sabe-se que, adicionando uma constante *x* a cada um dos termos da sequência *(p - 2); p; e (p + 3)* ter-se-á uma PG. Desse modo, o valor de *x*, da razão e da soma dos termos da PG são, respectivamente, iguais a $6 - p; \frac{3}{2}; 19$. [11]

A P.G. é dada por $\{p - 2 + x, p + x, p + 3 + x\}$. Note que

[11] ESAF/Receita Federal/ Auditor Fiscal da Receita Federal/Prova 1 /2012/Questão 24

$$r = \frac{p+x}{p-2+x} = \frac{p+3+x}{p+x}.$$

Resolvendo a segunda igualdade para *x*, temos que

$$\begin{aligned}(p+x)^2 &= (p-2+x)(p+3+x)\\ \cancel{p}^2 + 2\cancel{px} + \cancel{x}^2 &= \cancel{p}^2 + 3p + \cancel{px} - 2p - 6 - 2x + \cancel{px} + 3x + \cancel{x}^2\\ 0 &= 3p - 2p - 6 - 2x + 3x\\ 0 &= p - 6 + x\\ &\boxed{x = 6 - p.}\end{aligned}$$

Desta forma, segue que a razão r é dada por

$$\begin{aligned}r &= \frac{p+x}{p-2+x}\\ r &= \frac{p+6-p}{p-2+6-p}\\ &\boxed{r = \frac{6}{4} = \frac{3}{2}.}\end{aligned}$$

Finalmente, temos que a soma S dos termos desta P.G. é igual a

$$\begin{aligned}S &= (p-2+x)+(p+x)+(p+3+x)\\ &= (p-2+6-p)+(p+6-p)+(p+3+6-p)\\ &= 4+6+9\\ &\boxed{S = 19.}\end{aligned}$$

Observe que a P.G. é dada por $\{4, 6, 9\}$ e a razão r entre dois termos consecutivos realmente é $\frac{3}{2}$:

$r = \frac{a_2}{a_1} = \frac{6}{4} = \frac{3}{2}$ e $r = \frac{a_3}{a_2} = \frac{9}{6} = \frac{3}{2}$.

Exemplo 7.3.4. Considere que:

$$\begin{array}{llclll} 1 & milissegundo & (ms) & = & 10^{-3} & segundo \\ 1 & microssegundo & (\mu s) & = & 10^{-6} & segundo \\ 1 & nanossegundo & (ns) & = & 10^{-9} & segundo \\ 1 & picossegundo & (ps) & = & 10^{-12} & segundo \end{array}$$

Nessas condições, a soma $1ms + 10\mu s + 100ns + 1000ps$ é igual a $1001\mu s$. [12]

$$\begin{aligned} S &= 1ms + 10\mu s + 100ns + 1000ps \\ &= 10^{-3} + 10 \cdot 10^{-6} + 100 \cdot 10^{-9} + 1{,}000 \cdot 10^{-12} \\ &= 10^{-3} + 10^{-5} + 10^{-7} + 10^{-9}. \end{aligned}$$

Observe que os quatro termos somados formam uma P.G. em que $a_1 = 10^{-3}$ e $q = 10^{-2}$. Apesar de $|q| < 1$, a soma é somente de 4 termos. Portanto, por (7.4) obtemos

$$\begin{aligned} S &= 10^{-3} + 10^{-5} + 10^{-7} + 10^{-9} \\ &= \frac{10^{-3}\left(1-\left(10^{-2}\right)^{3}\right)}{1-10^{-3}} \\ &= \frac{10^{-3}\left(1-10^{-6}\right)}{1-10^{-3}} \\ &= 0{,}001001 \\ &= 1001 \cdot 10^{-6} \end{aligned}$$

$$\boxed{S = 1001\mu s.}$$

7.4 Exercícios Propostos

Exercício 7.4.1. Qual das sequências a seguir **NÃO** representa uma progressão geométrica? [13]

a) (– 1, 5, – 25, 125)

b) $\left(\frac{3}{4}, 1, \frac{4}{3}, \frac{16}{9}\right)$

c) $\left(\sqrt{2}, \sqrt{8}, \sqrt{32}, \sqrt{128}\right)$

d) $\left(\sqrt{2}, 2, 2\sqrt{2}, 4\sqrt{2}\right)$

---

[12] TRF 4.ª Região/FCC/Técnico Judiciário/Nível Médio/2010/Questão 63

[13] CONSULPLAN/Pref. de Guaxupé-MG/Fiscal de Tributos/2010/Questão 13

e) $\left(\frac{2}{3}, \frac{1}{3}, \frac{1}{6}, \frac{1}{12}\right)$

Exercício 7.4.2. O valor de x, para que a sequência $(17, 3x+6, 4x+5)$ represente uma progressão aritmética é um número: [14]

a) negativo.

b) primo.

c) múltiplo de 3.

d) decimal.

e) quadrado perfeito.

Exercício 7.4.3. Qual é a soma de x, y e z para que a sequência $16, x, y, z, 81$ seja uma progressão geométrica crescente? [15]

a) 121

b) 105

c) 98

d) 125

e) 114

Exercício 7.4.4. João e José resolveram apostar ao jogar "par ou ímpar". Na primeira aposta, João perdeu R$ 0,50, na segunda, perdeu R$ 1,00. Ele seguiu dobrando suas apostas, mas perdeu todas, até totalizar R$ 63,50. Quantos reais João perdeu na última aposta? [16]

a) 7,00

b) 8,00

c) 16,00

d) 24,00

e) 32,00

Exercício 7.4.5. Um jovem teve uma ideia interessante para criar um ambiente de relacionamento virtual na Internet. Ele montou o ambiente e o divulgou para 10 amigos, os quais têm bons relacionamentos

[14] CONSULPLAN/Pref. de Guaxupé-MG/Fiscal de Tributos/2010/Questão 19

[15] CONSULPLAN/Pref. de Guaxupé-MG/Agente de Administração/2010/Questão 17

[16] CESGRANRIO/Petrobras/Administrador Júnior/2012

sociais. Cada um desses amigos, por sua vez, divulgou a ideia para outros 10 amigos. A divulgação prosseguiu dessa forma, sempre com dez pessoas distintas recebendo a notícia de um amigo, até que, pela primeira vez, ocorreu uma interseção entre os grupos de pessoas que foram comunicadas da ideia. Nesse momento, exatamente, 111.110 pessoas tinham conhecimento da ideia.

Nessa situação, quantas daquelas 111.110 pessoas receberam a comunicação da ideia por mais de uma fonte? [17]

a) 1

b) 2

c) 3

d) 4

e) 5

Exercício 7.4.6. Complete o elemento faltante, considerando a sequência a seguir: $1, 2, 4, 8, x, 32, 64$. [18]

a) 26

b) 12

c) 20

d) 16

e) 34

Exercício 7.4.7. Observe a figura.

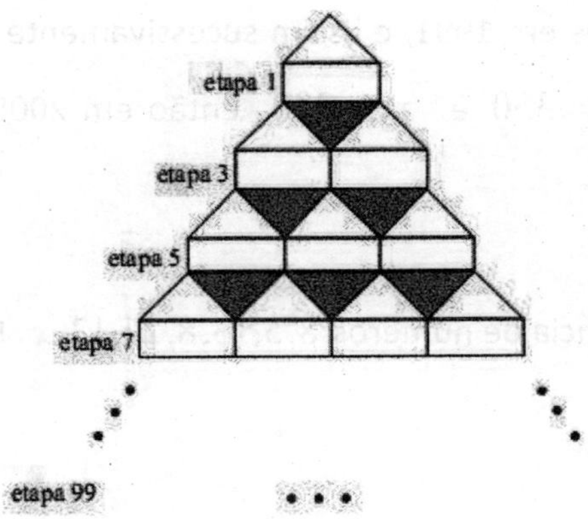

[17] FUNIVERSA/PC-DF/Perito Criminal/Geologia/2012

[18] AOCP/BRDE/Assistente Administrativo/2012

Mantendo-se o mesmo padrão, ao completar a etapa 99 da figura, o total de triângulos sombreados será igual à soma $1+2+3+4+5+...+n$, com n igual a: [19]

a) 44

b) 45

c) 49

d) 50

e) 99

Exercício 7.4.8. Uma pessoa está fazendo uma pilha com papéis coloridos, nas cores: rosa (R), verde (V), branca (B), azul (AZ) e amarela (AM) e, para isso, ela separa 50 folhas de cada cor e as intercala, colocando-as na seguinte ordem: R, B, AM, AZ, V,...., isto é, 50 folhas rosa, seguidas de 50 folhas brancas e assim, sucessivamente.

Se for mantida sempre essa mesma sequência de cores, a 725.ª folha será da cor: [20]

a) verde

b) azul

c) amarela

d) branca

e) rosa

Exercício 7.4.9.

( ) Considere a sequência $x_0, x_1, x_2, ..., x_{20}$, em que $x_0 =$ quantidade de passagens vendidas em 1990, $x_1 =$ quantidade de passagens vendidas em 1991, e assim sucessivamente. Nesse caso, se essa sequência está em progressão aritmética, se $x_0 = 350$ e $x_2 = 380$, então em 2005 a companhia vendeu mais de 560 passagens. [21]

Exercício 7.4.10. Observe a sequência de números $8, 5, 13, 8, 21, 13, x$. Nessa sequência, o x vale: [22]

a) 5

b) 8

[19] VUNESP/SPTrans/Analista de Gestão Pleno/Administração Geral/2012

[20] VUNESP/SPTrans/Técnico de Informática/2012

[21] VUNESP/SPTrans/Analista de Gestão Pleno/Administração Geral/2012

[22] CEPERJ/Rioprevidência/Especialista em Previdência Social/Finanças Públicas/2014

c) 21

d) 29

e) 34

Exercício 7.4.11. Observe os quatro primeiros termos da sequência a seguir: 156, 151, 145, 138, ... O décimo termo é: [23]

a) 65

b) 78

c) 87

d) 92

Exercício 7.4.12. Observe a sequência a seguir: 35, 42, 49, 56, ... Qual o sétimo termo desta sequência? [24]

a) 63

b) 65

c) 70

d) 75

e) 77

Exercício 7.4.13. Um tabuleiro de xadrez possui 64 casas. Se fosse possível colocar 1 grão de arroz na primeira casa, 4 grãos na segunda, 16 grãos na terceira, 64 grãos na quarta, 256 na quinta, e assim sucessivamente, o total de grãos de arroz que deveria ser colocado na 64ª casa desse tabuleiro seria igual a: [25]

a) 2^{256}

b) 2^{64}

c) 2^{126}

d) 2^{66}

e) 2^{128}

Exercício 7.4.14. Sabe-se que os termos da sequência $(8, 9, 12, 13, 15, 16, 19, 20, 22, 23, 26, ...)$ foram

[23] BIO-RIO/EMGEPRON/Advogado/2014
[24] AOCP/UFGD/Farmacêutico/2014
[25] FCC/TRF/3ª REGIÃO/Analista Judiciário/2014

obtidos segundo uma lei de formação. De acordo com essa lei, o 13.° termo dessa sequência é um número: [26]

a) par

b) primo

c) divisível por 3

d) múltiplo de 4

e) quadrado perfeito.

Exercício 7.4.15. Uma sequência é formada de tal modo que o seu primeiro termo é 20 e seu vigésimo termo é 11. Além disso, a partir do terceiro termo, cada termo é igual à média aritmética de todos os termos que o antecedem.

Determine o segundo termo dessa sequência. [27]

a) 2

b) 11

c) 15,5

d) 20

e) 31

Exercício 7.4.16. Considere a sequência de figuras abaixo, formadas por tijolos de forma cúbica (todas as arestas dos tijolos com o mesmo tamanho):

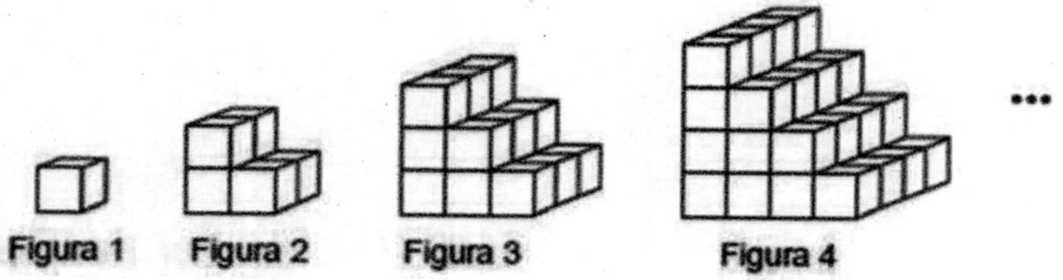

Se todas as figuras obedecem à mesma lógica de formação apresentada acima, deduz-se, corretamente, que a Figura 6 apresentará um total de: [28]

a) 108 tijolos.

b) 126 tijolos.

---

[26] FCC/TCE-PR/Analista de Controle - Jurídica/Nível Superior/2011/Questão 25

[27] CESGRANRIO/TRANSPETRO/Economista Júnior/Nível Superior/2011/Questão 70

[28] FCC/TCE-SE/Técnico de Controle Externo/Nível Médio/2011/Questão 21

c) 144 tijolos.

d) 162 tijolos.

e) 186 tijolos.

Exercício 7.4.17. Qual é o número que deve ser somado aos números 1, 5 e 7 para que os resultados dessas somas, nessa ordem, formem três termos de uma progressão geométrica? [29]

a) -9

b) -5

c) -1

d) 1

e) 9

Exercício 7.4.18. Assinale certo ou errado:

( ) Considere-se que (a_n) seja uma sequência que satisfaz à seguinte relação: $a_n + 1 - a_n = 2^n$ e $a_1 = 1$. Nesse caso, $a_1 + a_2 + \ldots + a_{100} = 2^{101} - 102$. [30]

( ) Se o primeiro e o quinto termos de uma progressão aritmética são 3 e 17, respectivamente, então o décimo termo é superior a 45. [31]

Exercício 7.4.19. Uma sequência de números (a_1,a_2, a_3,...) é tal que a soma dos n primeiros termos é dada pela expressão $S_n = 3n^2 + n$. O valor do 51.° termo é: [32]

a) 300

b) 301

c) 302

d) 303

e) 304

[29] Petrobrás/Administrado Júnior/Nível Superior/Cesgranrio/2010/Questão 7

[30] Prefeitura de Vila Velha/Nível Médio/CESPE 2008/Questão 99

[31] Prefeitura de Vila Velha/Nível Médio/CESPE 2008/Questão 108

[32] BNDES/Técnico Administrativo/Cesgranrio/2008/Questão 19

Exercício 7.4.20. Você vê abaixo os números triangulares: 1, 3, 6, ...

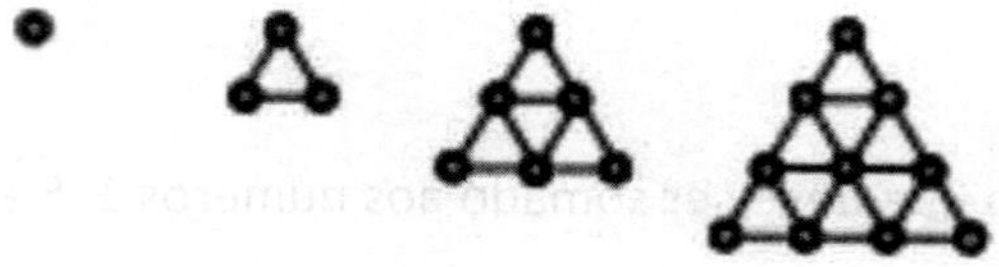

O 60° número triangular é: [33]

a) 1830

b) 1885

c) 1891

d) 1953

e) 2016

Exercício 7.4.21. Os irmãos Antônio, Beatriz e Carlos comeram, juntos, as 36 balas que havia em um pacote. Mas Antônio achou a divisão injusta, já que Beatriz comeu 4 balas a mais que ele, e Carlos comeu mais balas do que Beatriz.

Se as quantidades de balas que os três irmãos comeram formavam uma progressão aritmética, quantas balas Antônio comeu? [34]

a) 4

b) 6

c) 8

d) 10

e) 12

Exercício 7.4.22. Sendo a $P.A. = \{x; x+2; 2x-3\}$, o valor de x é: [35]

a) 7

b) 8

c) 9

[33] FGV/SENADO/Analista Legislativo - Apoio Técnico de Processo Legislativo/2008/Questão 22
[34] EPE/Assistente Administrativo/Cesgranrio/2012/Questão 12
[35] FUNCAB/PM-ES/Soldado Combatente da Polícia Militar/Matemática/2013/Questão 148

d) 10

e) 11

Exercício 7.4.23. Observe a sequência de figuras com bolinhas.

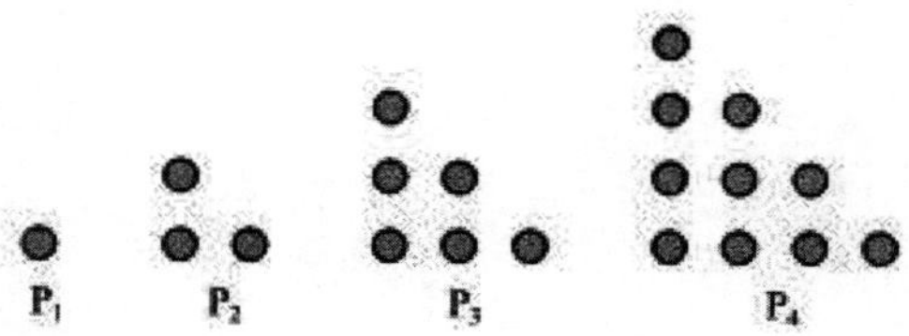

Mantendo-se essa lei de formação, o número de bolinhas na 13. ª posição (P_{13}) será de: [36]

a) 91

b) 74

c) 63

d) 58

e) 89

[36] VUNESP/SAP-SP/Agente de Segurança Penitenciária/Matemática/2013/Questão 196

Capítulo 8

Matrizes e Determinantes

8.1 Operações entre Matrizes

Uma matriz de **ordem** $m \times n$ tal que $A_{m\times n} = [a_{ij}]$ é uma lista de números reais a_{ij} com índices duplos, onde $1 \leq i \leq m$ representa o **número de linhas** e $1 \leq j \leq n$ representa o **número de colunas** da matriz:

$$A_{m\times n} = [a_{ij}] = \begin{bmatrix} a_{11} & a_{12} & a_{13} & \cdots & a_{1n} \\ a_{21} & a_{22} & a_{23} & \cdots & a_{2n} \\ a_{31} & a_{32} & a_{33} & \cdots & a_{3n} \\ \vdots & \vdots & \vdots & \ddots & \vdots \\ a_{m1} & a_{m2} & a_{m3} & \cdots & a_{mn} \end{bmatrix}.$$

As matrizes $A_{3\times 1}$, $B_{1\times 4}$, $C_{2\times 2}$ e $D_{3\times 3}$ por exemplo, são dadas por

$$A_{3\times 1} = \begin{bmatrix} a_{11} \\ a_{21} \\ a_{31} \end{bmatrix}, \qquad B_{1\times 4} = \begin{bmatrix} b_{11} & b_{12} & b_{13} & b_{14} \end{bmatrix},$$

$$C_{2\times 2} = \begin{bmatrix} c_{11} & c_{12} \\ c_{21} & c_{22} \end{bmatrix}, \qquad D_{3\times 3} = \begin{bmatrix} d_{11} & d_{12} & d_{13} \\ d_{21} & d_{22} & d_{23} \\ d_{31} & d_{32} & d_{33} \end{bmatrix}.$$

Uma matriz que possui o mesmo número de linhas e colunas é chamada de **matriz quadrada**; as matrizes $C_{2\times 2}$ e $D_{3\times 3}$ acima são exemplos de matrizes quadradas.

Exemplo 8.1.1. Os elementos de uma matriz $A_{3\ 2}$, isto é, com três linhas e duas colunas, são dados por:

$$a_{ij} = \begin{cases} (i+j)^2 & \text{se } i = j \\ i^2 + j^2 & \text{se } i \neq j \end{cases}.$$

Em que a_{ij} representa o elemento da matriz $A_{3\ 2}$ localizado na linha i e coluna j. Então, a soma dos elementos da primeira coluna de $A_{3\ 2}$ é igual a 19. [1]

Pelo enunciado, a matriz $A_{3\times2}$ é dada por:

$$A_{3\times2}=\begin{bmatrix}a_{11} & a_{12}\\ a_{21} & a_{22}\\ a_{31} & a_{32}\end{bmatrix}=\begin{bmatrix}(1+1)^2 & 1^2+2^2\\ 2^2+1^2 & (2+2)^2\\ 3^2+1^2 & 3^2+2^2\end{bmatrix}=\begin{bmatrix}4 & 5\\ 5 & 16\\ 10 & 13\end{bmatrix}.$$

Assim, temos que a soma dos elementos da primeira coluna é igual a

$$\boxed{4+5+10=19.}$$

Exemplo 8.1.2. O gerente de um depósito de bebidas decidiu montar matrizes com dados sobre as vendas de latas de refrigerantes e de cervejas. Em cada elemento m_{ij}, i indica a semana (1, 2, 3 ou 4) em que foram efetuadas as vendas e j, o tipo de bebida (1 para refrigerante e 2 para cerveja). A matriz abaixo apresenta dados sobre as vendas do mês de março.

$$\begin{bmatrix}560 & 810\\ 715 & 915\\ 615 & 760\\ 540 & 800\end{bmatrix}.$$

Em abril, foram vendidas 350 latas de cerveja a mais e 220 latas de refrigerante a menos que em março. Sabe-se, também, que as vendas de refrigerantes foram menores nas três primeiras semanas do mês, quando comparadas ao mês anterior e que, na 3.ª semana, foram vendidas mais de 800 latas de cerveja. A única que pode representar a matriz referente às vendas do mês de abril é $\begin{bmatrix}495 & 880\\ 620 & 1040\\ 515 & 950\\ 580 & 765\end{bmatrix}$. [2]

Explicitamente, para o mês de março temos:

[1] ESAF/DNIT/Técnico de Suporte em Infraestrutura de Transportes–Estradas/2013

[2] CESGRANRIO/Petrobras/Inspetor de Segurança/2008/Questão 14

$$\begin{bmatrix} \overbrace{560}^{\text{Refrigerante}} & \overbrace{810}^{\text{Cerveja}} & \}\text{Semana 1} \\ 715 & 915 & \}\text{Semana 2} \\ 615 & 760 & \}\text{Semana 3} \\ 540 & 800 & \}\text{Semana 4} \end{bmatrix}.$$

Assim, a matriz referente às vendas do mês de abril pode ser dada por

$$\boxed{\begin{bmatrix} \overbrace{495}^{\text{Refrigerante}} & \overbrace{880}^{\text{Cerveja}} & \}\text{Semana 1} \\ 620 & 1.040 & \}\text{Semana 2} \\ 515 & 950 & \}\text{Semana 3} \\ 580 & 765 & \}\text{Semana 4} \end{bmatrix}}.$$

Isto se deve ao fato que em março foram vendidas $810 + 915 + 760 + 800 = 3.285$ latas de ceveja, 350 latas a menos que em abril: $880 + 1.040 + 950 + 765 = 3.635$. Analogamente, em abril foram vendidas $495+620+515+580=2.210$ latas de refrigerante, 220 latas a menos que em março: $560+715+615+540=2.430$. E as vendas de refrigerantes foram menores nas três primeiras semanas do mês de abril quando comparadas a março e que, na $3.^a$ semana, foram vendidas mais de 800 latas de cerveja (950 latas de cerveja foram vendidas).

As operações entre matrizes são adição, subtração, multiplicação por um número real e multiplicação por uma matriz.

Define-se a adição e a subtração das matrizes como $A_{m\times n} + B_{m\times n} = [a_{ij}] + [b_{ij}] = [a_{ij} + b_{ij}]$ e $A_{m\times n} - B_{m\times n} = [a_{ij}] - [b_{ij}] = [a_{ij} - b_{ij}]$ respectivamente. Ou seja, a soma e a subtração são calculadas entre elementos correspondentes. Consequentemente estas operações só podem ser efetuadas entre matrizes com o mesmo número de linhas e o mesmo número de colunas:

$$\begin{aligned} A_{m\times n} \pm B_{m\times n} &= [a_{ij}] \pm [b_{ij}] \\ &= \begin{bmatrix} a_{11} \pm b_{11} & a_{12} \pm b_{12} & a_{13} \pm b_{13} & \dots & a_{1n} \pm b_{1n} \\ a_{21} \pm b_{21} & a_{22} \pm b_{22} & a_{23} \pm b_{23} & \dots & a_{2n} \pm b_{2n} \\ a_{31} \pm b_{31} & a_{32} \pm b_{23} & a_{33} \pm b_{33} & \dots & a_{3n} \pm b_{3n} \\ \vdots & \vdots & \vdots & \ddots & \vdots \\ a_{m1} \pm b_{m1} & a_{m2} \pm b_{m2} & a_{m3} \pm b_{m3} & \dots & a_{mn} \pm b_{mn} \end{bmatrix}. \end{aligned}$$

Define-se o produto de uma matriz por um número real α como $\alpha \cdot A_{m\times n} = \alpha \cdot [a_{ij}] = [\alpha \cdot a_{ij}]$. Note que todos os elementos da matriz são multiplicados por α:

$$\alpha \cdot A_{m\times n} = \alpha \cdot [a_{ij}]$$

$$= \begin{bmatrix} \alpha \cdot a_{11} & \alpha \cdot a_{12} & \alpha \cdot a_{13} & \dots & \alpha \cdot a_{1n} \\ \alpha \cdot a_{21} & \alpha \cdot a_{22} & \alpha \cdot a_{23} & \dots & \alpha \cdot a_{2n} \\ \alpha \cdot a_{31} & \alpha \cdot a_{32} & \alpha \cdot a_{33} & \dots & \alpha \cdot a_{3n} \\ \vdots & \vdots & \vdots & \ddots & \vdots \\ \alpha \cdot a_{m1} & \alpha \cdot a_{m2} & \alpha \cdot a_{m3} & \dots & \alpha \cdot a_{mn} \end{bmatrix}.$$

Finalmente, seja $A_{m\times n} = [a_{ij}]$ uma matriz de ordem $m \times n$ e $B_{n\times r} = [b_{ij}]$ uma matriz de ordem $n \times r$. A matriz $C_{m\times r} = [c_{ij}]$ de ordem $m \times r$ é o produto de A por B, nesta ordem, se o número de colunas da matriz A for igual ao número de linhas da matriz B:

$$C_{m\times r} = A_{\underbrace{m\times n \cdot B}_{\text{coluna } n=\text{linha } n}n\times r}$$

Observe que C tem m linhas (provenientes de A) e r colunas (provenientes de B). Isto implica que multiplicação de matrizes não é comutativo, ou seja, $A_{m\times n} \cdot B_{n\times r} \neq B_{n\times r} \cdot A_{m\times n}$.

Expandindo os elementos c_{11} e c_{12} da matriz $C_{m\times r}$ por exemplo, obtém-se

$$\begin{bmatrix} a_{11} & a_{12} & a_{13} & \cdots & a_{1n} \\ . & . & . & \cdots & . \\ . & . & . & \cdots & . \\ \vdots & \vdots & \vdots & \ddots & \vdots \\ . & . & . & \cdots & . \end{bmatrix}_{m\times n} \cdot \begin{bmatrix} b_{11} & b_{12} & \cdots & . \\ b_{21} & b_{22} & \cdots & . \\ b_{31} & b_{32} & \cdots & . \\ \vdots & \vdots & \ddots & \vdots \\ b_{n1} & b_{n2} & \cdots & . \end{bmatrix}_{n\times r}$$

$$\begin{cases} c_{11} = a_{11} \cdot b_{11} + a_{12} \cdot b_{21} + a_{13} \cdot b_{31} + \ldots + a_{1n} \cdot b_{n1} \\ c_{12} = a_{11} \cdot b_{12} + a_{12} \cdot b_{22} + a_{13} \cdot b_{32} + \ldots + a_{1n} \cdot b_{n2}, \end{cases}$$

onde os demais elementos da matriz são calculados da mesma forma.

Exemplo 8.1.3. O produto das matrizes

$$[1 \quad 2]\cdot\begin{bmatrix}0 & -1 & 0\\1 & 0 & 1\end{bmatrix}\cdot\begin{bmatrix}1 & 0\\0 & 1\\0 & 0\end{bmatrix}$$

é igual a $[2 \quad -1]$.[3]

Sejam $A_{1\times2}=[1 \quad 2]$, $B_{2\times3}=\begin{bmatrix}0 & -1 & 0\\1 & 0 & 1\end{bmatrix}$ e $C_{3\times2}=\begin{bmatrix}1 & 0\\0 & 1\\0 & 0\end{bmatrix}$ as matrizes dadas acima. Observe que no produto $A_{1\times2}\cdot B_{2\times3}$, o número de colunas da matriz $A_{1\times2}$ é igual ao número de linhas da matriz $B_{2\times3}$. Isto implica que a ordem da matriz resultante $D_{1\times3}$ é igual a 1×3:

$$\begin{aligned}A_{1\times2}\cdot B_{2\times3}&=[1 \quad 2]\cdot\begin{bmatrix}0 & -1 & 0\\1 & 0 & 1\end{bmatrix}\\&=\begin{bmatrix}1\cdot0+2\cdot1 & 1\cdot(-1)+2\cdot0 & 1\cdot0+2\cdot1\end{bmatrix}\\&=[2 \quad -1 \quad 2]\\&=D_{1\times3}.\end{aligned}$$

Analogamente, no produto $D_{1\times3}\cdot C_{3\times2}$, o número de colunas da matriz $D_{1\times3}$ é igual ao número de linhas da matriz $C_{3\times2}$. Finalmente, a ordem da matriz resultante $E_{1\times2}$ é igual a 1×2:

$$\begin{aligned}D_{1\times3}\cdot C_{3\times2}&=[2 \quad -1 \quad 2]\cdot\begin{bmatrix}1 & 0\\0 & 1\\0 & 0\end{bmatrix}\\&=\begin{bmatrix}2\cdot1+(-1)\cdot0+2\cdot0 & 2\cdot0+(-1)\cdot1+2\cdot0\end{bmatrix}\\&\boxed{E_{1\times3}=[2 \quad -1].}\end{aligned}$$

A **matriz nula** $O_{m\times n}$ é aquela formada por zeros em todas as entradas:

[3] CESGRANRIO/BNDES/Profissional Básico-Economia/2008

$$O_{m\times n} = \begin{bmatrix} 0 & 0 & 0 & \dots & 0 \\ 0 & 0 & 0 & \dots & 0 \\ 0 & 0 & 0 & \dots & 0 \\ \vdots & \vdots & \vdots & \ddots & \vdots \\ 0 & 0 & 0 & \dots & 0 \end{bmatrix}.$$

Como esperado, a matriz nula é a matriz neutra da adição de matrizes, isto é, $A_{m\times n} + O_{m\times n} = A_{m\times n}$.

As matrizes $O_{1\times 3}, O_{2\times 2}, O_{2\times 1}, O_{3\times 3}$, por exemplo, são dadas por

$$O_{1\times 3} = \begin{bmatrix} 0 & 0 & 0 \end{bmatrix} \qquad O_{2\times 2} = \begin{bmatrix} 0 & 0 \\ 0 & 0 \end{bmatrix}$$

$$O_{2\times 1} = \begin{bmatrix} 0 \\ 0 \end{bmatrix} \qquad O_{3\times 3} = \begin{bmatrix} 0 & 0 & 0 \\ 0 & 0 & 0 \\ 0 & 0 & 0 \end{bmatrix}.$$

A **matriz identidade** $I_{n\times n}$ é dada por:

$$I_{n\times n} = \begin{bmatrix} 1 & 0 & 0 & \dots & 0 \\ 0 & 1 & 0 & \dots & 0 \\ 0 & 0 & 1 & \dots & 0 \\ \vdots & \vdots & \vdots & \ddots & \vdots \\ 0 & 0 & 0 & \dots & 1 \end{bmatrix}.$$

Note que $I_{n\times n}$ é uma matriz quadrada onde todos os elementos da **diagonal principal** são iguais a 1 e onde os demais elementos são iguais a 0. Além disso, a matriz identidade também é a matriz neutra da multiplicação de matrizes:

$$\begin{aligned} I_{n\times n} \cdot A_{n\times n} &= \begin{bmatrix} 1 & 0 & 0 & \dots & 0 \\ 0 & 1 & 0 & \dots & 0 \\ 0 & 0 & 1 & \dots & 0 \\ \vdots & \vdots & \vdots & \ddots & \vdots \\ 0 & 0 & 0 & \dots & 1 \end{bmatrix} \cdot \begin{bmatrix} a_{11} & a_{12} & a_{13} & \cdots & a_{1n} \\ a_{21} & a_{22} & a_{23} & \cdots & a_{2n} \\ a_{31} & a_{32} & a_{33} & \cdots & a_{3n} \\ \vdots & \vdots & \vdots & \ddots & \vdots \\ a_{n1} & a_{n2} & a_{n3} & \cdots & a_{nn} \end{bmatrix} \\ &= \begin{bmatrix} 1 \cdot a_{11} + 0 \cdot a_{21} + 0 \cdot a_{31} + \ldots + + 0 \cdot a_{n1} & \dots & & & \dots \\ 0 \cdot a_{11} + 1 \cdot a_{21} + 0 \cdot a_{31} + \ldots + + 0 \cdot a_{n1} & \dots & & & \dots \\ \vdots & \vdots & \vdots & \ddots & \vdots \end{bmatrix} \\ &= \begin{bmatrix} a_{11} & a_{12} & a_{13} & \cdots & a_{1n} \\ a_{21} & a_{22} & a_{23} & \cdots & a_{2n} \\ a_{31} & a_{32} & a_{33} & \cdots & a_{3n} \\ \vdots & \vdots & \vdots & \ddots & \vdots \\ a_{n1} & a_{n2} & a_{n3} & \cdots & a_{nn} \end{bmatrix} = A_{n\times n}. \end{aligned}$$

As matrizes $I_{3\times3}$ e $I_{2\times2}$ por exemplo, são dadas por

$$I_{3\times3} = \begin{bmatrix} 1 & 0 & 0 \\ 0 & 1 & 0 \\ 0 & 0 & 1 \end{bmatrix} \qquad I_{2\times2} = \begin{bmatrix} 1 & 0 \\ 0 & 1 \end{bmatrix}.$$

E, finalmente, a **matriz transposta** $A^T_{n\times m}$ de $A_{m\times n}$ transforma as m linhas de A em m colunas:

$$A^T_{n\times m} = [a_{ij}] = \begin{bmatrix} a_{11} & a_{21} & a_{31} & \dots & a_{n1} \\ a_{12} & a_{22} & a_{32} & \dots & a_{n2} \\ a_{13} & a_{23} & a_{33} & \dots & a_{n3} \\ \vdots & \vdots & \vdots & \ddots & \vdots \\ a_{1n} & a_{2n} & a_{3n} & \dots & a_{nm} \end{bmatrix}.$$

Exemplo 8.1.4. A Tabela I apresenta as quantidades médias de combustível, em litros, vendidas semanalmente em três postos de abastecimento de uma mesma rede. O preço praticado em um dos postos é o mesmo praticado pelos outros dois. Esses preços, por litro, em duas semanas consecutivas, estão apresentados na Tabela II.

Tabela I

	Posto 1	Posto 2	Posto 3
Etanol	20.200	22.000	21.000
Gasolina	32.000	33.600	35.000
Diesel	18.000	23.000	24.500

Tabela II

	Semana 1	Semana 2
Etanol	R$ 2,48	R$ 2,52
Gasolina	R$ 2,69	R$ 2,71
Diesel	R$ 1,98	R$ 2,02

Com os dados das Tabelas I e II são montadas as matrizes A e B a seguir.

$$A = \begin{bmatrix} 20.200 & 22.000 & 21.000 \\ 32.000 & 33.600 & 35.000 \\ 18.000 & 23.000 & 24.500 \end{bmatrix}, B = \begin{bmatrix} 2{,}48 & 2{,}52 \\ 2{,}69 & 2{,}71 \\ 1{,}98 & 2{,}02 \end{bmatrix}$$

Seja $C_{2\times3}$ a matriz que apresenta os valores médios arrecadados em cada um dos três postos, por semana, com a venda de combustíveis.

Identificando-se A^T e B^T como as matrizes transpostas de A e de B, respectivamente, a matriz C é definida pela operação $B^T \cdot A$.[4]

[4] CESGRANRIO/Transpetro/Técnico de Contabilidade Júnior/Nível Médio/2011/Questão 20

Note que os valores médios arrecadados em cada um dos três postos, por semana, é igual ao preço por litro vezes as quantidades médias de combustível, em litros, vendidas semanalmente:

$$\boxed{C_{2\times 3} = B_{2\times 3}^T \cdot A_{3\times 3}.}$$

$$C_{2\times 3} = \begin{bmatrix} \overset{Etanol}{\widehat{2{,}48}} & \overset{Gasolina}{\widehat{2{,}69}} & \overset{Diesel}{\widehat{1{,}98}} & \}Semana1 \\ 2{,}52 & 2{,}71 & 2{,}02 & \}Semana2 \end{bmatrix} \cdot \begin{bmatrix} \overbrace{20.200}^{Posto1} & \overbrace{22.000}^{Posto2} & \overbrace{21.000}^{Posto3} \\ 32.000 & 33.600 & 35.000 \\ 18.000 & 23.000 & 24.500 \end{bmatrix}.$$

Observe que os elementos c_{11}, c_{12} e c_{13} , por exemplo, representam o ganho da venda de etanol, gasolina e diesel na semana 1 e no posto 1, na semana 1 e no posto 2 e na semana 1 e no posto 3, respectivamente. O mesmo raciocínio pode ser feito para as demais linhas da matriz C. É importante perceber também que a questão não pede a matriz C e, sim, sua interpretação.

8.2 Determinantes e Inversas

É importante perceber que não existe divisão de matrizes. Ao contrário, calcula-se a inversa A^{-1} de uma matriz quadrada qualquer $A_{n\times n}$ tal que $A_{n\times n} \cdot A_{n\times n}^{-1} = I_{n\times n}$.

Para calcular a inversa de $A_{n\times n}$, primeiramente, precisa-se do seu **determinante**.

O determinante de uma matriz 2×2 é dado pelo produto dos elementos da diagonal principal menos o produto dos elementos da **diagonal secundária**:

$$\det(A) = \begin{vmatrix} a_{11} & a_{12} \\ a_{21} & a_{22} \end{vmatrix} = a_{11} \cdot a_{22} - a_{12} \cdot a_{21} \tag{8.1}$$

Assim, tem-se que a matriz inversa é dada por:

$$A_{2\times 2}^{-1} = \frac{1}{det(A)} \cdot \begin{bmatrix} a_{22} & -a_{12} \\ -a_{21} & a_{11} \end{bmatrix}. \tag{8.2}$$

Observe que, literalmente, $A_{2\times2}\cdot A^{-1}_{2\times2}=I_{2\times2}$:

$$\begin{aligned}A\cdot A^{-1} &= \frac{1}{det(A)}\cdot\begin{bmatrix}a_{11} & a_{12}\\ a_{21} & a_{22}\end{bmatrix}\cdot\begin{bmatrix}a_{22} & -a_{12}\\ -a_{21} & a_{11}\end{bmatrix}\\ &= \frac{1}{a_{11}a_{22}-a_{12}a_{21}}\begin{bmatrix}a_{11}a_{22}-a_{12}a_{21} & -a_{11}a_{12}+a_{12}a_{11}\\ a_{21}a_{22}-a_{22}a_{21} & -a_{21}a_{12}+a_{22}a_{11}\end{bmatrix}\\ A\cdot A^{-1} &= \begin{bmatrix}1 & 0\\ 0 & 1\end{bmatrix}.\end{aligned}$$

Exemplo 8.2.1. Considere que $A=\begin{bmatrix}a & b\\ c & d\end{bmatrix}$ seja uma matriz invertível, $B=A^{-1}$ seja a inversa de A. Nesse caso, é correto afirmar que, para toda matriz A, invertível, tem-se que $det(A\times B)=1$.[5]

Pelo enunciado, $B\cdot A=A^{-1}\cdot A=I_{2\times2}$. É fácil perceber que

$$\begin{aligned}det(I_{2\times2}) &= \begin{vmatrix}1 & 0\\ 0 & 1\end{vmatrix}\\ &= 1\cdot1-0\cdot0\end{aligned}$$

$$\boxed{det(I_{2\times2})=1.}$$

Analogamente, para uma matriz 3×3 tem-se que seu determinante é igual à soma do produto dos elementos das três diagonais principais menos a soma do produto dos elementos das três diagonais secundárias:

$$det(A)=\begin{vmatrix}a_{11} & a_{12} & a_{13}\\ a_{21} & a_{22} & a_{23}\\ a_{31} & a_{32} & a_{33}\end{vmatrix}\begin{matrix}a_{11} & a_{12}\\ a_{21} & a_{22}\\ a_{31} & a_{32}\end{matrix}\Bigg| \tag{8.3}$$

[5] CESPE/Petrobras/Nível Médio/2008/Questão 36

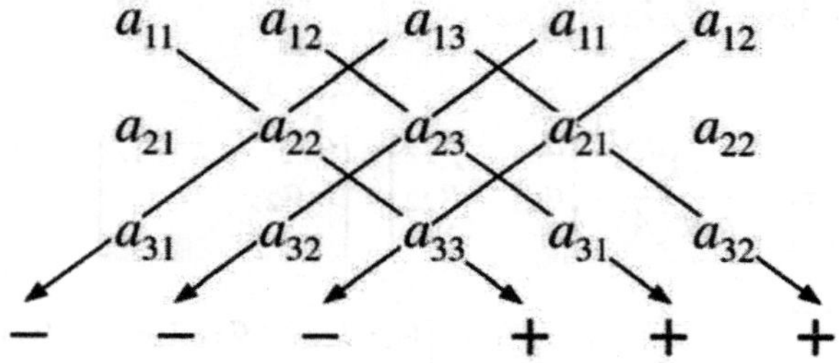

Exemplo 8.2.2. Se uma matriz quadrada $A = (a_{ij})$ tem dimensão 3×3 e é tal que $a_{ij} = 1$, se $i \leq j$ e $a_{ij} = i - j$, se $i > j$, então o determinante de A é um número estritamente positivo. [6]

Explicitamente, a matriz A é dada por

$$A_{3\times 3} = \begin{bmatrix} 1 & 1-2 & 1-3 \\ 1 & 1 & 2-3 \\ 1 & 1 & 1 \end{bmatrix}$$

$$= \begin{bmatrix} 1 & -1 & -2 \\ 1 & 1 & -1 \\ 1 & 1 & 1 \end{bmatrix}.$$

Portanto, o determinante de A é igual a

$$det(A) = \begin{vmatrix} 1 & -1 & -2 \\ 1 & 1 & -1 \\ 1 & 1 & 1 \end{vmatrix}\begin{matrix} 1 & -1 \\ 1 & 1 \\ 1 & 1 \end{matrix}\Bigg|$$

$$= 1 \cdot 1 \cdot 1 + (-1) \cdot (-1) \cdot 1 + (-2) \cdot 1 \cdot 1 - (-2) \cdot 1 \cdot 1 - 1 \cdot (-1) \cdot 1 - (-1) \cdot 1 \cdot 1$$
$$= 1 + 1 - 2 + 2 + 1 + 1$$

$$\boxed{det(A) = 4.}$$

Ou seja, o determinante de A é estritamente positivo.

[6] CESPE/MS/Agente Administrativo/2008/Questão 30

Exemplo 8.2.3. A matriz $X = \begin{bmatrix} x \\ y \end{bmatrix}$, solução do sistema de equações lineares

$$\begin{cases} 2x + 3y & = & 185 \\ 3x + 2y & = & 190 \end{cases}$$

pode ser expressa na forma $X = P \cdot B$, em que $B = \begin{bmatrix} 185 \\ 190 \end{bmatrix}$ é a matriz dos termos constantes do sistema, e P é uma matriz constante, quadrada, de dimensão 2×2.

Nesse caso, $P = \begin{bmatrix} -1 & 1 \\ 1 & \frac{-2}{3} \end{bmatrix}$.[7]

Em forma matricial, o sistema linear acima é reescrito como

$$\begin{bmatrix} 2 & 3 \\ 3 & 3 \end{bmatrix} \cdot \begin{bmatrix} x \\ y \end{bmatrix} = \begin{bmatrix} 185 \\ 190 \end{bmatrix}$$

$$\begin{bmatrix} x \\ y \end{bmatrix} = \begin{bmatrix} 2 & 3 \\ 3 & 3 \end{bmatrix}^{-1} \cdot \begin{bmatrix} 185 \\ 190 \end{bmatrix}.$$

Primeiramente, calcula-se o determinante de P:

$$\begin{aligned} det(P) &= \begin{vmatrix} 2 & 3 \\ 3 & 3 \end{vmatrix} \\ &= 2 \cdot 3 - 3 \cdot 3 \\ &= -3. \end{aligned}$$

Sendo assim, temos que P é igual a

$$P = \frac{1}{-3} \cdot \begin{bmatrix} 3 & -3 \\ -3 & 2 \end{bmatrix}$$

[7] CESPE/Petrobras/Nível Médio/2008/Questão 26

$$\boxed{P = \begin{bmatrix} -1 & 1 \\ 1 & \frac{-2}{3} \end{bmatrix}}.$$

Por motivos de clareza, calculando os valores de x e y, obtemos:

$$\begin{bmatrix} x \\ y \end{bmatrix} = \begin{bmatrix} 2 & 3 \\ 3 & 3 \end{bmatrix}^{-1} \cdot \begin{bmatrix} 185 \\ 190 \end{bmatrix}$$

$$= \begin{bmatrix} -1 & 1 \\ 1 & \frac{-2}{3} \end{bmatrix} \cdot \begin{bmatrix} 185 \\ 190 \end{bmatrix}$$

$$= \begin{bmatrix} -1\cdot(185)+1\cdot(190) \\ 1\cdot(185)+\frac{-2}{3}\cdot(190) \end{bmatrix}$$

$$\begin{bmatrix} x \\ y \end{bmatrix} = \begin{bmatrix} 5 \\ \frac{175}{3} \end{bmatrix}.$$

Exemplo 8.2.4. Seja y um ângulo medido em graus tal que $0° \leq y \leq 180°$ com $y \neq 90°$. Ao multiplicarmos a matriz $\begin{bmatrix} 1 & \tan y & 1 \\ \alpha & \tan y & 1 \\ \cos y & \operatorname{sen} y & \cos y \end{bmatrix}$ por α, sendo $\alpha \neq 0$, o determinante da matriz resultante é igual a 0.[8]

Primeiramente, multiplicando α:

$$\alpha \cdot \begin{bmatrix} 1 & \tan y & 1 \\ \alpha & \tan y & 1 \\ \cos y & \operatorname{sen} y & \cos y \end{bmatrix} = \begin{bmatrix} \alpha & \alpha\tan y & \alpha \\ \alpha^2 & \alpha\tan y & \alpha \\ \alpha\cos y & \alpha \operatorname{sen} y & \alpha\cos y \end{bmatrix}.$$

Agora, calculando o determinante e lembrando que $\tan\alpha = \frac{\operatorname{sen}\alpha}{\cos\alpha}$, obtemos

$$\left| \begin{matrix} \alpha & \alpha\tan y & \alpha \\ \alpha^2 & \alpha\tan y & \alpha \\ \alpha\cos y & \alpha \operatorname{sen} y & \alpha\cos y \end{matrix} \right| \begin{matrix} \alpha & \alpha\tan y \\ \alpha^2 & \alpha\tan y \\ \alpha\cos y & \alpha \operatorname{sen} y \end{matrix} \Bigg| =$$

[8] ESAF/MTE/Auditor Fiscal do Trabalho/2010/Questão 4

$$= \alpha^3 \cdot \frac{sen(y)}{\cos(y)} \cdot \cos(y) + \alpha^3 \cdot \frac{sen(y)}{\cos(y)} \cdot \cos(y) + \alpha^3 \cdot sen(y)$$

$$-\alpha^3 \cdot \frac{sen(y)}{\cos(y)} \cdot \cos(y) - \alpha^3 \cdot sen(y) - \alpha^3 \cdot \frac{sen(y)}{\cos(y)} \cdot \cos(y)$$

$$= \alpha^3 \cdot sen(y) + \alpha^3 \cdot sen(y) + \alpha^3 \cdot sen(y)$$

$$-\alpha^3 \cdot sen(y) - \alpha^3 \cdot sen(y) - \alpha^3 \cdot sen(y)$$

$$\boxed{\begin{vmatrix} \alpha & \alpha \tan y & \alpha \\ \alpha^2 & \alpha \tan y & \alpha \\ \alpha \cos y & \alpha sen y & \alpha \cos y \end{vmatrix} = 0.}$$

8.3. Exercícios Propostos

Exercício 8.3.1. São dadas as matrizes $A = \begin{bmatrix} 2 & -1 \\ 1 & 0 \end{bmatrix}$ e $B = \begin{bmatrix} 3 & 1 \\ 1 & 2 \end{bmatrix}$. A matriz X é tal que $A \cdot X = B$. A soma dos elementos da matriz X é: [9]

a) 3

b) 5

c) 7

d) 9

e) 11

Exercício 8.3.2. Considere a seguinte matriz.

$$A = \begin{bmatrix} 1 & 2 & a \\ b & 4 & 5 \\ 3 & c & 6 \end{bmatrix}$$

Se a matriz A goza da seguinte propriedade: $A = A^T$, então a afirmativa incorreta é: [10]

[9] CEPERJ/SEDUC-RJ/Professor Matemática/2011/Questão 52

[10] COPEVE/AL/Prefeitura de Penedo/Agente Administrativo/2010/Questão 15

a) $a + b + c = 10$

b) $\det(A) = -1$

c) $\det(A \cdot A^T) = 1$

d) $\det(A) = 1$

e) $\det(A^T) = -1$

Exercício 8.3.3. As matrizes, A, B, C e D são quadradas de quarta ordem. A matriz B é igual a 1/2 da matriz A, ou seja: $B = \frac{1}{2}A$. A matriz C é igual à matriz transposta de B, ou seja: $C = B^T$. A matriz D é definida a partir da matriz C; a única diferença entre essas duas matrizes é que a matriz D tem como primeira linha a primeira linha de C multiplicada por 2. Sabendo-se que o determinante da matriz A é igual a 32, então a soma dos determinantes das matrizes B, C e D é igual a: [11]

a) 6

b) 4

c) 12

d) 10

e) 8

Exercício 8.3.4. Considere o sistema de equações lineares dado por:

$$\begin{cases} x + y + z = 0 \\ x - y + rz = 2 \\ rx + 2y + z = -1. \end{cases}$$

Sabendo-se que o sistema tem solução única para $r \neq 0$ e $r \neq 1$, então o valor de x é igual a: [12]

a) $\frac{2}{r}$

b) $-\frac{2}{r}$

c) $\frac{1}{r}$

[11] ESAF/ Receita Federal/Auditor Fiscal da Receita Federal/2012/Questão 17

[12] ESAF/ Receita Federal/Auditor Fiscal da Receita Federal/2012/Questão 18

d) $-\frac{1}{r}$

e) $2r$

Exercício 8.3.5. Dada a matriz $A=\begin{bmatrix} 2^x & 2^x+4 \\ 2 & 2^x \end{bmatrix}$ qual o valor de $x \in \mathbb{R}$ para que o determinante da matriz A seja nulo (det A = 0)? [13]

a) 2

b) 3

c) 4

d) 5

Exercício 8.3.6. O valor de b para que o determinante da matriz $\begin{bmatrix} x & \frac{b}{2} \\ 2 & y \end{bmatrix}$ seja igual a 8, em que x e y são as coordenadas da solução do sistema $\begin{cases} x+2y=7 \\ 2x+y=8 \end{cases}$, é igual a : [14]

a) 2

b) -2

c) 4

d) -1

Exercício 8.3.7. Dadas as matrizes $A=\begin{bmatrix} 2 & 3 \\ 1 & 3 \end{bmatrix}$ e $B=\begin{bmatrix} 2 & 4 \\ 1 & 3 \end{bmatrix}$, calcule o determinante do produto $A \cdot B$. [15]

a) 8

b) 12

c) 9

d) 15

e) 6

[13] UFMT/COPEL/Técnico Industrial de Eletrônica/Matemática/2013/Questão 100

[14] ESPP/COBRA/Tecnologia S-A (BB)/Técnico de Operação/Todos os Cargos/2013/Questão 154

[15] ESAF/MF/Assistente Técnico-Administrativo/2012

Exercício 8.3.8. Dada a matriz $A=\begin{bmatrix}2 & 1\\ 0 & 1\end{bmatrix}$, o determinante de A^5 é igual a: [16]

a) 20

b) 28

c) 32

d) 30

e) 25

Exercício 8.3.9. Calcule o determinante da matriz $\begin{bmatrix}\cos(x) & \operatorname{sen}(x)\\ \operatorname{sen}(x) & \cos(x)\end{bmatrix}$. [17]

a) 1

b) 0

c) $\cos(2x)$

d) $\operatorname{sen}(2x)$

e) $\operatorname{sen}\left(\frac{x}{2}\right)$

---

[16] ESAF/Receita Federal/Analista Tributário da Receita Federal/Prova 1/Gabarito 1/2012

[17] ESAF/CGU/Analista de Finanças e Controle/Prova 1/Conhecimentos Gerais/2012

Capítulo 9

Probabilidade

9.1 Espaço Amostral

O conjunto de U todas as possibilidades de um dado experimento é chamado de **espaço amostral.** A probabilidade p de um evento específico A do experimento ocorrer é igual a

$$p = \frac{\text{número de casos favoráveis}}{\text{número de casos possíveis}} = \frac{n(A)}{n(U)}. \tag{9.1}$$

Já a probabilidade de dois eventos epecíficos e independentes A e B do experimento ocorrer é igual a

$$p = \frac{n(A)}{n(U)} \times \frac{n(B)}{n(U)}. \tag{9.2}$$

Exemplo 9.1.1. Em um rebanho de 30 novilhas, 7 são marrons, 13 são malhadas e 10 são brancas. Se um desses animais for selecionado ao acaso, a probabilidade de ele ser malhado é superior a 40%. [1]

O número de casos possíveis $n(U)$ representa o número total de novilhas no rebanho: $n(U)=30$. O número de casos favoráveis $n(A)$, ou seja, o número total de novilhas malhadas é igual a $n(A)=13$. Conclui-se, portanto, que a probabilidade p desta novilha ser malhada é

$$\boxed{p = \frac{n(A)}{n(U)} = \frac{13}{30}.}$$

Exemplo 9.1.2. Em um escritório trabalham 10 funcionários: 5 do sexo feminino e 5 do sexo masculino. Dispõe-se de 10 fichas numeradas de 1 a 10, que serão usadas para sortear dois prêmios entre esses funcionários e, para tal, cada mulher receberá uma ficha numerada de 1 a 5, enquanto que cada homem receberá uma numerada de 6 a 10. Se, para o sorteio, as fichas das mulheres forem colocadas em uma urna

[1] CESPE /INPI /Todos os Cargos - Conhecimentos Básicos/2013/Questão 44

M e as dos homens em uma urna H, então, ao sortear uma ficha de cada urna, a probabilidade de que em pelo menos uma delas esteja marcado um número ímpar é de 76%.[2]

O espaço amostral da urna M é dado por $\{1,2,3,4,5\}$. 1, 3 e 5 são as fichas ímpares na urna M. Assim, a probabilidade de retirar uma ficha ímpar na urna M é de $\frac{3}{5}$. Isto implica que a probabildade de retirar uma ficha par na urna M é igual a $\frac{2}{5}$. Analogamente, 7 e 9 são as fichas ímpares na urna H em que seu espaço amostral é dado por $\{6,7,8,9,10\}$. Logo, a probabilidade de retirar uma ficha ímpar na urna H é de $\frac{2}{5}$. Consequentemente, a probabilidade de retirar uma ficha par na urna H é igual a $\frac{3}{5}$.

Conclui-se, portanto, que a probabilidade de que pelo menos em uma das duas fichas esteja marcado um número ímpar é igual a todas as possibilidades de sorteio, exceto a probabilidade de ambos os números sorteados serem pares, ou seja,

$$\begin{aligned} p(\text{ímpar}) &= 1 - p(\text{par}) \\ &= 1 - \overbrace{\underbrace{\frac{2}{5}}_{\text{2 ou 4 na urna M}} \times \underbrace{\frac{3}{5}}_{\text{6,8 ou 10 na urna H}}}^{\text{eventos independentes}} \\ p(\text{ímpar}) &= 1 - \frac{6}{25} \end{aligned}$$

$$\boxed{p(\text{ímpar}) = \frac{19}{25} = 0{,}76 = 76\%.}$$

Exemplo 9.1.3. Num jogo de roleta, onde se pode apostar nos números de 1 a 15, uma pessoa apostou em todos os números pares e também nos múltiplos de 3. Portanto, a chance desta pessoa não ganhar é igual a 33,3%.[3]

O espaço amostral deste jogo de roleta é dado por $\{1,2,3,4,5,6,7,8,9,10, 11,12,13,14,15\}$. Explicitamente, a pessoa apostou nos números pares 2, 4, 6, 8, 10, 12 e 14, e nos múltiplos de três 3, 6, 9 e 15 (12 já foi contado como um número par). Portanto, a pessoa perde o jogo se os seguintes cinco números saírem: 1, 5, 7, 11 e 13. Sendo assim, a probabilidade dele perder é de

[2] FCC/TCE-PR/Analista de Controle - Jurídica/Nível Superior/2011/Questão 26

[3] INEC/Prefeitura de Campinas-SP/Agente Fiscal Tributário/Nível Médio/2011/Questão 12

$$\boxed{\frac{5}{15} = 0{,}333 = 33{,}3\%.}$$

Exemplo 9.1.4. João comprou diversos números de uma rifa que teve todos os seus 300 números vendidos. Se a probabilidade de um dos números de João ser sorteado é de 6%, ele comprou 18 rifas. [4]

A probabilidade de cada rifa ser sorteada é $\frac{1}{300}$. Se a probabilidade total de João ganhar é de 6%, isto significa que ele comprou x rifas. Assim, João comprou

$$\begin{aligned} 6\% &= \overbrace{\frac{1}{300}+\frac{1}{300}+\frac{1}{300}+\ldots+\frac{1}{300}}^{x \text{ vezes}} \\ \frac{6}{1\cancel{00}} &= \frac{x}{3\cancel{00}} \end{aligned}$$

$$\boxed{x = 18 \text{ rifas.}}$$

É importante notar que as 18 rifas compradas por João são consideradas um só evento e não 18 eventos específicos e independentes.

Exemplo 9.1.5. Dentro de uma urna há bolas brancas e bolas pretas. Retirando uma bola ao acaso, a probabilidade de que ela seja preta é $\frac{2}{3}$. Se fossem retiradas da urna 5 bolas pretas e colocadas 10 bolas brancas, a probabilidade de uma bola branca ser retirada ao acaso passaria a ser $\frac{4}{7}$. Na urna há 30 bolas. [5]

O espaço amostral no primeiro evento é dado por x bolas pretas e y bolas brancas. A probabilidade $p_1(P)$ de retirar bolas pretas é $p_1(P) = \frac{2}{3}$. Consequentemente, a probabilidade $p_1(B)$ de retirar bolas brancas é $p_1(B) = 1 - \frac{2}{3} = \frac{1}{3}$.

Isto significa que a relação entre o número de bolas brancas e pretas na urna no primeiro evento é $2y = x$.

Já no segundo evento, o número de bolas pretas no espaço amostral é alterado para $x - 5$. Igualmente, o número de bolas brancas é alterado para $y + 10$. Agora, a probabilidade $p_2(B)$ de retirar bolas brancas é $p_2(B) = \frac{4}{7}$. Logo, a probabilidade $p_2(P)$ de retirar bolas pretas é $p_2(P) = 1 - \frac{4}{7} = \frac{3}{7}$.

Mais uma vez, conclui-se que a relação entre o número de bolas brancas e pretas na urna no segundo evento é $4(x - 5) = 3(y + 10)$.

---

[4] CESGRANRIO/FINEP/Técnico - Apoio Administrativo e Secretariado/Nível Médio/2011/Questão 40

[5] CESGRANRIO/Petrobras/Nível Médio/2011/Questão 18

Montando o sistema de duas equações e variáveis x e y:

$$\begin{cases} x & = & 2y \\ 4(x-5) & = & 3(y+10). \end{cases}$$

Simplificando a segunda eq. e substituindo a primeira eq. na segunda, calculamos y igual a

$$\begin{aligned} 4(2y) - 20 &= 3y + 30 \\ 5y &= 50 \end{aligned}$$

$$\boxed{y = 10 \text{ bolas brancas.}}$$

Isto implica que o número de bolas pretas na urna é

$$x = 2(10)$$

$$\boxed{x = 20 \text{ bolas pretas}}$$

e o número total de bolas na urna é $\boxed{30.}$

9.2 Probabilidade e Diagrama de Venn

O espaço amostral pode ser intepretado como o conjunto universal do diagrama de Venn:

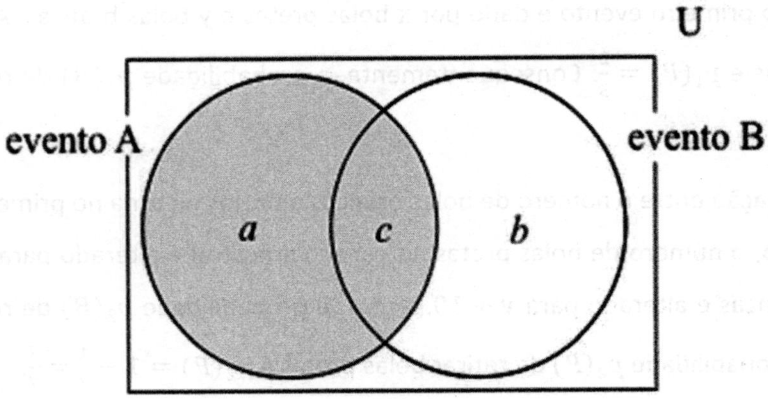

Figura 9.1: A = {a,c} e B = {b,c}

Da mesma forma, a probabilidade do evento A ocorrer é igual $p(A) = \dfrac{n(A)}{n(U)}$ ou , de acordo com a figura

9.1, $p(A)=\dfrac{a+c}{a+b+c}$.

Analogamente, a probabilidade do evento B ocorrer é igual a $p(B)=\dfrac{n(B)}{n(U)}$ ou, de acordo com a figura 9.1, $p(B)=\dfrac{b+c}{a+b+c}$.

Agora, os seguintes resultados podem ser acrescentados de acordo com as figuras 9.1 e 9.2:

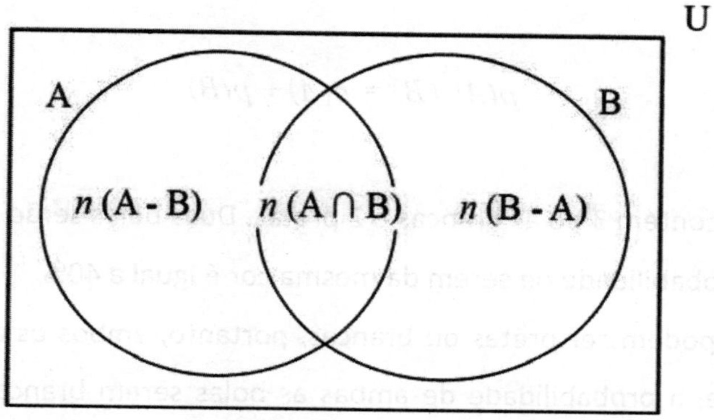

Figura 9.2: Número de casos favoráveis de somente A : $n(A - B)$, de A e B : $n(A \cap B)$, e de somente B : $n(B - A)$

1. Probabilidade de **somente o evento** A ocorrer:

$$p(A-B)=\frac{n(A-B)}{n(U)} \text{ ou } p(A-B)=\frac{a}{a+b+c}$$

2. Probabilidade de **somente o evento** B ocorrer:

$$p(B-A)=\frac{n(B-A)}{n(U)} \text{ ou } p(B-A)=\frac{b}{a+b+c}$$

3. Probabilidade de **ambos os eventos** A e B ocorrerem:

$$p(A\cap B)=\frac{n(A\cap B)}{n(U)} \text{ ou } p(A\cap B)=\frac{c}{a+b+c}$$

4. Probabilidade de **ou o evento** A **ou o evento** B ocorrer:

$$p(A \cup B) = p(A) + p(B) - p(A \cap B)$$

Note que no caso 4 é calculada a probabilidade de ou A ou B ocorrerem e não ambos simultamenamente. A probabilidade de ambos ocorrerem já foi calculada no caso 3. Caso os eventos A e B sejam eventos distintos, tem-se que $p(A \cap B) = \varnothing$. Isto implica que

$$p(A \cup B) = p(A) + p(B).$$

Exemplo 9.2.1. Uma caixa contém 3 bolas brancas e 2 pretas. Duas bolas serão retiradas dessa caixa, uma a uma e sem reposição. A probabilidade de serem da mesma cor é igual a 40%. [6]

Note que ambas as bolas podem ser pretas ou brancas, portanto, ambos os casos devem ser calculados. Calculando, primeiramente, a probabilidade de ambas as bolas serem brancas, temos que o número de casos favoráveis na 1ª retirada é igual a 3, e o número de casos possíveis é igual a 5. Já para a 2ª retirada, levando em conta que não há reposição de bolas, temos que o número de casos favoráveis é igual a 2 e o número de casos possíveis é igual a 4. Como ambas as retiradas de bolas brancas são eventos específicos e independentes, conclui-se que a probabilidade de serem retiradas 2 bolas brancas é igual a:

$$p(\text{2 bolas brancas}) = \overbrace{\frac{3}{5} \times \frac{2}{4}}^{\text{eventos independentes}} = \frac{6}{20} = \frac{3}{10}.$$

A mesma linha de raciocínio deve ser seguida para calcular a probabilidade de serem retiradas duas bolas pretas: o número de casos favoráveis na 1ª retirada é igual a 2, e o número de casos possíveis é igual a 5. Ja para a 2ª retirada, levando em conta que não há reposição de bolas, temos que o número de casos favoráveis é igual a 1, e o número de casos possíveis é igual a 4. Como ambas as retiradas de bolas pretas são eventos específicos e independentes, conclui-se que a probabilidade de serem retiradas 2 bolas pretas é igual a:

[6] ESAF /MF/Assistente Técnico - Administrativo/2012/Questão 55

$$p(2 \text{ bolas pretas}) = \overbrace{\frac{2}{5} \times \frac{1}{4}}^{\text{eventos independentes}} = \frac{2}{20} = \frac{1}{10}.$$

Finalmente, conclui-se que a probabilidade de serem retiradas 2 bolas brancas ou 2 bolas pretas é igual a

$$p(2 \text{ bolas brancas} \cup 2 \text{ bolas pretas}) = \frac{3}{10} + \frac{1}{10} = \frac{4}{10} = \frac{2}{5}.$$

Exemplo 9.2.2. Numa pesquisa sobre a preferência em relação a dois jornais, foram consultadas 470 pessoas e o resultado foi o seguinte:

250 delas leem o jornal A, 180 leem o jornal B e 60 leem os jornais A e B. Escolhendo um dos entrevistados ao acaso, a probabilidade de que ele seja leitor do jornal A ou do jornal B é de $\frac{37}{47}$. [7]

Sejam $n(U) = 470$ o número de pessoas consultadas, $n(A) = 250$ o número de pessoas que leem o jornal A, $n(B) = 180$ o número de pessoas que leem o jornal B e $n(A \cap B) = 60$ o número de pessoas que leem ambos os jornais. Montando o diagrama de Venn, calculamos que a probabilidade de que um dos entrevistados seja leitor do jornal A ou do jornal B é igual a probabilidade dele ser leitor do jornal A, mais a probabilidade dele ser leitor do jornal B menos a probabilidade dele ser leitor de ambos os jornais (caso 4):

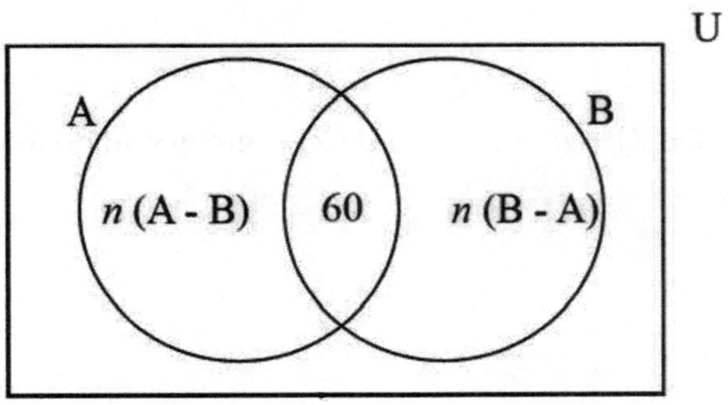

$$\begin{aligned} p(A \cup B) &= p(A) + p(B) - p(A \cap B) \\ &= \frac{n(A)}{n(U)} + \frac{n(B)}{n(U)} - \frac{n(A \cap B)}{n(U)} \\ &= \frac{250}{470} + \frac{180}{470} - \frac{60}{470} \\ &= \frac{370}{470} \end{aligned}$$

[7] CONCSEL/Prefeitura Municipal de Jaçanã - RN/Procurador Municipal/Nível Superior/2011/Questão 13

$$\boxed{p(A \cup B) = \frac{37}{47}.}$$

Observando os casos 1, 2 e 3 separadamente, temos que o caso 1 é dado pela probabilidade de uma pessoa ser leitora somente do jornal A:

$$p(A-B) = \frac{n(A-B)}{n(U)} = \frac{250-60}{470} = \frac{190}{470} = \frac{19}{47}.$$

O caso 2 é dado pela probabilidade de uma pessoa ser leitora somente do jornal B:

$$p(B-A) = \frac{n(B-A)}{n(U)} = \frac{180-60}{470} = \frac{120}{470} = \frac{12}{47}.$$

E, finalmente, o caso 3 é dado pela probabilidade de uma pessoa ser leitora de ambos os jornais:

$$p(A \cap B) = \frac{n(A \cap B)}{n(U)} = \frac{60}{470} = \frac{6}{47}.$$

Como esperado, temos que:

$$p(A-B) + p(B-A) + p(A \cap B) = \frac{37}{47} = p(A \cup B).$$

9.3 Análise Combinatória

Seja $n! = n \cdot (n-1) \cdot (n-2) \cdot (n-3) \cdot \ldots \cdot 3 \cdot 2 \cdot 1$ em que $n!$ denota-se **fatorial**. Observe que

- $0! = 1$,
- $1! = 1$,
- $2! = 2 \cdot 1 = 2$,
- $3! = 3 \cdot 2 \cdot 1 = 6$,
- $4! = 4 \cdot 3 \cdot 2 \cdot 1 = 24$ e assim sucessivamente.

A **permutação simples** é um **agrupamento não ordenado** de n elementos distintos, e é dada por

$$P_n = n!.$$

A **permutação com elementos repetidos** é um **agrupamento ordenado** de n elementos tal que n_1 destes elementos são idênticos entre si, n_2 destes elementos são idênticos entre si, n_3 destes elementos são idênticos entre si e assim sucessivamente:

$$P_n^{n_1,n_2,n_3,\ldots} = \frac{n!}{n_1! \times n_2! \times n_3! \times \ldots}.$$

Observe que na permutação simples qualquer elemento pode aparecer repetido ou não na sequência.

Note, também, que a sequência é **não ordenada**, ou seja, a ordem em que os *n* elementos da sequência são agrupados é irrelevante.

Ao contrário da permutação simples, na permutação com elementos repetidos a ordem em que os *n* elementos são agrupados importa.

Exemplo 9.3.1. Com os algarismos 1, 2, 3, 4 e 5, é possível formar 120 números diferentes de 5 algarismos, sem repetição.[8]

O número de números formados com 5 algarismos distintos agrupados de forma não ordenada é igual a

$$\underbrace{\overbrace{5}^{1,2,3,4 \text{ ou } 5}} \quad \underline{4}\ \underline{3}\ \underline{2} \quad \underbrace{\overbrace{1}^{1 \text{ algarismo restante}}}$$

Ou seja,

$$\boxed{P_5 = 5! = 120.}$$

Exemplo 9.3.2. Com 3 letras A e 7 letras B formam-se 120 sequências distintas de 10 letras cada.[9]

O número total de anagramas distintos de 10 elementos — tal que 3 desses elementos sejam idênticos a letra A e 7 desses elementos sejam idênticos a letra B — é igual a:

$$\begin{aligned} P_{10}^{3,7} &= \frac{10!}{3!7!} \\ &= \frac{10 \times 9 \times 8 \times \cancel{7}!}{6 \times \cancel{7}!} \\ &= 10 \times 3 \times 4 \end{aligned}$$

---

[8] CESPE/SEPLAG-DF/Assistente de Educação - Monitor/2009/Questão 77

[9] CESPE/SEPLAG-DF/Assistente de Educação - Monitor/2009/Questão 76

$$\boxed{P_{10}^{3,7} = 120.}$$

Note que na permutação com elementos repetidos a ordem sempre importa. Caso contrário haveria contagem de sequências repetidas.

Exemplo 9.3.3. Considerando que o anagrama da palavra ALARME seja uma permutação de letras dessa palavra, tendo ou não significado na linguagem comum, a quantidade de anagramas distintos dessa palavra que começam por vogal é 180. [10]

O número anagramas distintos formados, iniciados pela vogal A, é dado por

$$\underline{A} \quad \underline{\overbrace{5}^{\text{L,A,R,M ou E}}} \quad \underline{4}\,\underline{3}\,\underline{2} \quad \underline{\overbrace{1}^{\text{1 letra restante}}}$$

Ou seja, é a permutação das 5 letras L, A, R, M ou E de forma não ordenada:

$$P_5 = 5! = 120.$$

Da mesma forma, o número de anagramas formados, iniciados pela vogal E, é:

$$\underline{E} \quad \underline{\overbrace{5}^{\text{A,L,A,R ou M}}} \quad \underline{4}\,\underline{3}\,\underline{2} \quad \underline{\overbrace{1}^{\text{1 letra restante}}}$$

Ou seja, é a permutação das 5 letras A,L, A, R, M com 2 elementos repetidos. Isto é, ambos os As originam os mesmos anagramas. Isto implica que o total de anagramas distintos é igual a

$$P_5^2 = \frac{5!}{2!} = \frac{120}{2} = 60.$$

Assim, a quantidade de anagramas distintos que começam por vogal é

$$\boxed{120 + 60 = 180.}$$

Exemplo 9.3.4. Suponha que um banco tenha um cartão especial para estudantes, que já venha com senha de 4 algarismos escolhidos de 0 a 9 e atribuídos ao acaso. Com relação a essa situação, podem-se obter

[10] CESPE/Banco da Amazônia/Técnico Científico - TI/2010/Questão 31

2.016 senhas em que o 0 é, necessariamente, um, e somente um, dos algarismos e os outros 3 algarismos são distintos. [11]

O número de senhas formadas iniciadas pelo algarismo 0 e com o restante dos algarismos distintos agrupados de forma não ordenada é igual a

$$\underline{0} \quad \underline{\overbrace{9}^{1,2,3,4,5,6,7,8 \text{ ou } 9}} \quad \underline{8}\ \underline{7}$$

ou

$$9 \cdot 8 \cdot 7 = 504.$$

Agora, permutando o 0 entre as quatro casas da senha, temos que o número total de senhas é

$$\boxed{4 \cdot 504 = 2.016.}$$

Exemplo 9.3.5. Se todos os anagramas da palavra BRASIL forem dispostos em ordem alfabética, o primeiro anagrama cuja última letra é "B" ocupará a 34ª posição. [12]

Conforme ilustrado abaixo, os primeiros 120 anagramas distintos formados iniciam com a vogal A. Isto se deve ao fato que todos os anagramas devem ser agrupados em ordem alfabética.

$$\underline{A} \quad \underline{\overbrace{5}^{B,R,S,I \text{ ou } L}} \quad \underline{4}\ \underline{3}\ \underline{2} \quad \underline{\overbrace{1}^{1 \text{ letra restante}}}$$

$$P_5 = 5! = 120.$$

Destes 120 anagramas formados, os primeiros 24 iniciam com as letras A e B:

$$\underline{A}\ \underline{B} \quad \underline{\overbrace{4}^{I,L,R \text{ ou } S}} \quad \underline{3}\ \underline{2} \quad \underline{\overbrace{1}^{1 \text{ letra restante}}}$$

$$P_4 = 4! = 24.$$

Note que os 24 anagramas seguintes — ou seja, do 25º ao 48º anagrama— iniciam com as letras A e I. Destes 24, os 6 primeiros anagramas iniciam com as letras A, I e B:

---

[11] CESPE/Banco da Amazônia/Técnico Científico - TI/2010/Questão 34

[12] CESGRANRIO /Banco do Brasil/Escriturário/2012/ Questão 351

$$\underline{A}\ \underline{I}\ \underline{B}\ \underbrace{\underline{3}}_{\text{L,R ou S}}\ \underline{2}\ \underbrace{\underline{1}}_{\text{1 letra restante}}$$

$$P_3 = 3! = 6.$$

Analogamente, dos 24 anagramas que iniciam com as letras A e I, os 6 primeiros iniciam com a letra B e os 6 anagramas seguintes iniciam com a letra L. Eles são AILBRS, AILBSR, AILRBS, **AILRSB**, AILSBR e AILSRB. Segue, portanto, que o primeiro anagrama cuja última letra é "B" é

$$\boxed{\text{o anagrama AILRSB que ocupa a } 34^{a} \text{ } posição: \ 24+6+4.}$$

O número de **combinações não ordenadas** de n elementos tomadas k a k é dada por

$$C_{n,k} = \frac{n!}{(n-k)!\,k!}.$$

Ou seja, a ordem em que os n elementos são agrupados é irrelevante.

Exemplo 9.3.5. Em uma loja, trabalham 8 funcionárias, dentre as quais Diana e Sandra. O gerente da loja precisa escolher duas funcionárias para trabalhar no próximo feriado. Sandra e Diana trabalharam no último feriado e, por isso, não podem ser escolhidas. Sendo assim, a gerente poderá escolher de 15 modos distintos. [13]

Pelo enunciado, Sandra e Diana não podem ser escolhidas para trabalhar no feriado. Consequentemente, a gerente pode escolher duas pessoas de forma não ordenada dentre os 6 funcionários restantes:

$$C_{6,2} = \frac{6!}{4!\,2!}$$

$$C_{6,2} = \frac{6 \cdot 5 \cdot \cancel{4}!}{\cancel{4}!\,2!}.$$

Sendo assim, a gerente poderá escolher de

[13] CESGRANRIO/Petrobras/Nível Médio/2011/Questão 16

$$\boxed{C_{6,2} = 15 \text{ modos distintos.}}$$

Exemplo 9.3.6. Um restaurante oferece 20 tipos de pizza, 10 tipos de salada e 5 tipos de sobremesa. Considere que uma pessoa pretende se servir de 1 tipo de pizza, 1 tipo de salada e 2 tipos de sobremesa. Essa pessoa tem 4.800 opções. [14]

A pessoa tem 1 escolha não ordenada de pizza dentre 20 sabores de pizza e 1 escolha não ordenada de salada dentre 10 tipos de salada e 2 escolhas não ordenadas de sobremesa dentre 5 opções. Assim, ela poderá escolher aleatoriamente de

$$\begin{aligned} C_{20,1} \cdot C_{10,1} \cdot C_{5,2} &= \frac{20!}{19!\,1!} \cdot \frac{10!}{9!\,1!} \cdot \frac{5!}{3!\,2!} \\ &= \frac{20 \cdot \cancel{19!}}{\cancel{19!}\,1!} \cdot \frac{10 \cdot \cancel{9!}}{\cancel{9!}\,1!} \cdot \frac{5 \cdot 4 \cdot \cancel{3!}}{\cancel{3!}\,2!} \\ &= 20 \cdot 10 \cdot 10 \end{aligned}$$

$$\boxed{C_{20,1} \cdot C_{10,1} \cdot C_{5,2} = 2.000 \text{ modos distintos.}}$$

O número de **arranjos ordenados** de n elementos tomadas k a k é dada por

$$A_{n,k} = \frac{n!}{(n-k)!}.$$ [15]

Ao contrário das combinações, no arranjo, a ordem em que os n elementos são agrupados importa.

Exemplo 9.3.7. Dentre os possíveis arranjos das letras F, E, R, M, A, T, tomados quatro a quatro, o número de arranjos que contém a letra M é 240. [16]

O número de arranjos que contém a letra M é dado pelo número total de arranjos das 6 letras tomadas 4 a 4 menos o número de arranjos que não contém a letra M. Segue, portanto, que o total de arranjos das 6 letras tomadas 4 a 4 é igual a

---

[14] FEPESE/UDESC/Analista de Sistemas/2010/Questão 9

[15] AOCP/BRDE/Analista de Projetos – Jurídica/2012/Questão 85
AOCP/BRDE/Analista de Sistemas – Suporte/2012/Questão 145

[16] FGV/SEFAZ-RJ/Analista de Controle Interno/Nível Superior/2011/Questão36

$$A_{6,4} = \frac{6!}{2!} = \frac{720}{2} = 360.$$

Obtém-se o número total de arranjos das 5 letras F, E, R, A e T tomadas 4 a 4 igual a

$$A_{5,4} = \frac{5!}{1!} = \frac{120}{1} = 120.$$

Conclui-se, portanto, que o número de arranjos com a letra M é

$$\boxed{A_{6,4} - A_{5,4} = 360 - 120 = 240.}$$

9.4 Exercícios Propostos

Exercício 9.4.1. A cidade de Recife foi escolhida como uma das 12 cidades-sede da Copa do Mundo de 2014. Na primeira fase do torneio, as 32 seleções serão divididas em 8 grupos (A, B, C, D, E, F, G e H) de quatro participantes, e, em cada grupo, todos os participantes se enfrentarão uma única vez. Ao final dos confrontos, os 2 melhores colocados de cada grupo se enfrentarão nas oitavas de final, de acordo com a tabela abaixo.

1.º colocado do grupo C x 2.º colocado do grupo D

1.º colocado do grupo A x 2.º colocado do grupo B

1.º colocado do grupo B x 2.º colocado do grupo A

1.º colocado do grupo D x 2.º colocado do grupo C

1.º colocado do grupo G x 2.º colocado do grupo H

1.º colocado do grupo E x 2.º colocado do grupo F

1.º colocado do grupo F x 2.º colocado do grupo E

1.º colocado do grupo H x 2.º colocado do grupo G

Com base nas informações apresentadas e considerando-se que os grupos da primeira fase já foram definidos e que Recife sediará um jogo da primeira fase do torneio e um jogo das oitavas de final, é correto afirmar que o número total de escolhas possíveis para essas duas partidas é igual a: [17]

(A) 12.288.

(B) 6.144.

(C) 4.608.

(D) 576.

(E) 384.

Exercício 9.4.2. Com relação aos princípios e técnicas de contagem, julgue os itens subsequentes. [18]

( ) Caso o chefe de um órgão de inteligência tenha de escolher 3 agentes entre os 7 disponíveis para viagens — um deles para coordenar a equipe, um para redigir o relatório de missão e um para fazer os levantamentos de informações —, o número de maneiras de que esse chefe dispõe para fazer suas escolhas é inferior a 200.

( ) Caso o servidor responsável pela guarda de processos de determinado órgão tenha de organizar, em uma estante com 5 prateleiras, 3 processos referentes a cidades da região Nordeste, 3 da região Norte, 2 da região Sul, 2 da região Centro-Oeste e 1 da região Sudeste, de modo que processos de regiões distintas fiquem em prateleiras distintas, então esse servidor terá 17.280 maneiras distintas para organizar esses processos.

( ) Considere que seja possível chegar a uma pequena cidade por meio de carro, por um dos 5 ônibus ou por um dos 2 barcos disponíveis e que, dado o caráter sigiloso de uma operação a ser realizada nessa cidade, os agentes que participarão dessa operação devam chegar à referida cidade de maneira independente, em veículos distintos. Em face dessa situação, sabendo-se que o órgão de inteligência dispõe de apenas um carro e que os deslocamentos devem ocorrer no mesmo dia, é correto afirmar que o número de maneiras de o servidor responsável pela organização das viagens escolher os veículos para transporte de 3 agentes para essa missão é inferior a 50.

Exercício 9.4.3. Acerca dos princípios e das técnicas de contagem, julgue os itens subsequentes. [19]

( ) Considere que uma unidade do DETRAN disponha de 10 servidores para atendimento ao público, dos quais exatamente 7 devem estar disponíveis, de fato, por dia e os outros três devem permanecer de

[17] CESPE/SECGE-PE/Analista de Controle Interno/2010/Questão 08

[18] CESPE/ABIN/Agente Técnico de Inteligência – Administração/2010/Questões 18 a 20

[19] CESPE/DETRAN-ES/Assistente Técnico de Trânsito/2010/Questões 47 e 48

prontidão para eventualidades. Nessas condições, o número de dias em que podem ser escalados grupos diferentes de servidores para o atendimento será inferior a 100.

( ) Considerando-se que, no Estado do Espírito Santo, as placas dos automóveis variem de MOX 0001 a MTZ 9999, é correto concluir que o número total de automóveis que podem ser licenciados nesse estado é igual a 162.000.

Exercício 9.4.4. Um pelotão de 36 policiais está formado em 4 colunas com 9 policiais em cada uma delas. João é um desses 36 policiais. Inicialmente, sorteia-se aleatoriamente um policial de cada coluna. Em seguida, sorteia-se, também aleatoriamente, um dos quatro policiais sorteados inicialmente.

A probabilidade de o policial sorteado no fim desse processo ser o João é: [20]

a) $\frac{13}{36}$

b) $\frac{1}{4}$

c) $\frac{1}{9}$

d) $\frac{13}{36}$

e) $\frac{13}{36}$

Exercício 9.4.5. Entre vinte policiais civis há doze homens e oito mulheres. Deseja-se escolher, entre eles, quatro policiais civis sendo dois homens e duas mulheres. O número total de conjuntos distintos de quatro policias civis que se pode escolher nas condições dadas é: [21]

a) 7392

b) 1848

c) 384

d) 188

e) 94

[20] FGV/PC-MA/Farmacêutico Legista/2012
[21] FGV/PC-MA/Farmacêutico Legista/2012

Exercício 9.4.6. Para o policiamento ostensivo e ininterrupto de uma cidade, o comando local estabeleceu a escala de 24 horas de plantão por 48 horas de folga para cada policial local e, em cada plantão, por razões de segurança, determinou que nenhum policial poderá trabalhar sozinho.

Com base nas informações da situação hipotética acima apresentada, julgue o item que se segue.

( ) Caso o comando local disponha de 12 policiais e 4 deles devam estar de plantão a cada dia, então, nesse caso, haverá mais de 500 maneiras distintas de se escolher a equipe que trabalhará no primeiro dia.

( ) Para que a escala atenda ao estabelecido, o comando local necessita de, pelo menos, 6 policiais.

( ) Considere que, entre os 12 policiais do comando local, sejam sorteados dois prêmios distintos e que um mesmo policial não receba os dois prêmios. Nesse caso, existem mais de 100 maneiras distintas de se distribuírem esses prêmios. [22]

Exercício 9.4.7. Um dos jogos de apostas que a Caixa Econômica Federal organiza é o chamado LOTOFÁCIL. Esse jogo tem sorteios duas vezes por semana, e cada aposta é constituída por 15 números diferentes entre si, escolhidos em um conjunto de 25 dezenas diferentes entre si. São sorteados 15 números diferentes entre si, e são premiadas as apostas para as quais houver coincidência de 11, 12, 13, 14 ou 15 números com o resultado do sorteio. Nesse jogo, a probabilidade de que uma aposta apresente, exatamente, quatro números coincidentes com os números sorteados é: [23]

a) nula.

b) positiva, mas menor que 10%.

c) maior ou igual a 10%, mas menor que 20%.

d) maior ou igual a 20%, mas menor que 30%.

e) maior que 30%.

Exercício 9.4.8. Quantos subconjuntos podemos formar com 3 bolas azuis e 2 vermelhas, de um conjunto contendo 7 bolas azuis e 5 vermelhas? [24]

a) 250

b) 5040

c) 210

d) 350

---

[22] CESPE/PM-CE/Soldado da Polícia Militar/2012

[23] AOCP/BRDE/Assistente Administrativo/2012

[24] AOCP/BRDE/Assistente Administrativo/2012

e) 270

Exercício 9.4.9. Em um concurso de televisão, há uma caixa fechada com nove bolas, sendo três brancas, três azuis e três verdes. O participante responde nove perguntas do apresentador e, a cada resposta correta, retira uma bola da caixa. O participante, que só identifica a cor da bola após retirá-la da caixa, ganha o prêmio do programa se conseguir retirar da caixa pelo menos uma bola de cada cor. Para que o participante tenha certeza de que ganhará o prêmio, independentemente de sua sorte ao retirar as bolas da caixa, deverá responder corretamente, no mínimo, [25]

a) 3 perguntas.

b) 5 perguntas.

c) 6 perguntas.

d) 7 perguntas.

e) 9 perguntas.

Exercício 9.4.10. Nas eleições municipais de uma pequena cidade, 30 candidatos disputam 9 vagas para a câmara de vereadores. Na sessão de posse, os nove eleitos escolhem a mesa diretora, que será composta por presidente, primeiro e segundo secretários, sendo proibido a um mesmo parlamentar ocupar mais de um desses cargos. Acerca dessa situação hipotética, julgue os itens seguintes.

( ) A quantidade de maneiras distintas de se formar a mesa diretora da câmara municipal é superior a 500.

( ) A quantidade de maneiras distintas para se formar a câmara de vereadores dessa cidade é igual a $\frac{30!}{9!21!}$.

( ) Sabendo-se que um eleitor vota em apenas um candidato a vereador, é correto afirmar que a quantidade de maneiras distintas de um cidadão escolher um candidato é superior a 50. [26]

Exercício 9.4.11. Considere um dado não viciado, com 6 faces numeradas de 1 a 6. A probabilidade de sair um número maior do que 4 ao se lançar esse dado é: [27]

a) 1/6

b) 1/3

c) 1/2

d) 4/5

---

[25] FCC/TST/Técnico Judiciário/Área Administrativa /2012

[26] CESPE/TRE-RJ/Técnico Judiciário/Operação de Computador/2012

[27] CEPERJ/DEGASE/Psicólogo/2012

e) 1

Exercício 9.4.12. Considere um órgão público com 30 técnicos, sendo 20 homens e 10 mulheres. Ao se escolher aleatoriamente, sem reposição, quatro técnicos para se formar uma comissão, sendo $C_{n,k}$ o número de combinações de n elementos tomados k a k, qual o valor mais próximo da probabilidade da comissão ser formada exatamente por duas mulheres e dois homens? [28]

a) $C_{4,2} \times \left(\frac{1}{3}\right)^2 \times \left(\frac{2}{3}\right)^2$

b) $C_{4,2} \times \left(\frac{20 \times 19 \times 10 \times 9}{30 \times 29 \times 28 \times 27}\right)$

c) $C_{4,4} \times \left(\frac{20 \times 19 \times 10 \times 9}{30 \times 29 \times 28 \times 27}\right)$

d) $C_{4,0} \times \left(\frac{1}{3}\right)^2 \times \left(\frac{2}{3}\right)^2$

e) $C_{4,4} \times \left(\frac{2}{3}\right)^2$

Exercício 9.4.13. A Mesa Diretora da Câmara dos Deputados, responsável pela direção dos trabalhos legislativos e pelos serviços administrativos da Casa, compõe-se de Presidência — presidente, 1.º e 2.º vice-presidentes — e de Secretaria — 1.º, 2.º, 3.º e 4.º secretários e 1.º, 2.º, 3.º e 4.º suplentes —, devendo cada um desses cargos ser ocupado por um deputado diferente, ou seja, um mesmo deputado não pode ocupar mais de um desses cargos. Supondo que, por ocasião da composição da Mesa Diretora, qualquer um dos 513 deputados possa assumir qualquer um dos cargos na Mesa, julgue os itens a seguir.

( ) O número correspondente à quantidade de maneiras diferentes de se compor a Mesa Diretora da Câmara dos Deputados pode ser expresso por $\frac{513!}{502!}$.

( ) Sabendo-se que, entre os 513 deputados, 45 são do sexo feminino, então o número correspondente à quantidade de maneiras distintas de se compor a Mesa Diretora de forma que pelo menos um dos 11 cargos seja ocupado por deputada pode ser expresso por $\frac{45!}{34!}$.

[28] ESAF/CGU/Analista de Finanças e Controle/prova 1/Conhecimentos gerais/2012

( ) Existem menos de 125.000.000 de maneiras diferentes de se escolher a Presidência da Mesa Diretora da Câmara dos Deputados. [29]

Exercício 9.4.14. Vinte bilhetes são numerados de 1 a 20 e depois são misturados de forma aleatória. Determine a probabilidade de um bilhete ser sorteado sendo este múltiplo de 3 ou de 5. [30]

a) $\frac{9}{20}$

b) $\frac{3}{2}$

c) $\frac{1}{4}$

d) $\frac{10}{21}$

e) $\frac{8}{20}$

Exercício 9.4.15. Dos 420 detentos de um presídio, verificou-se que 210 foram condenados por roubo, 140, por homicídio e 140, por outros crimes. Verificou-se, também, que alguns estavam presos por roubo e homicídio. Acerca dessa situação, julgue o item seguinte.

( ) A quantidade de maneiras distintas de se selecionarem dois detentos entre os condenados por outros crimes, que não roubo ou homicídio, para participarem de um programa destinado à ressocialização de detentos é inferior a 10.000. [31]

Exercício 9.4.16. Em um grupo há 10 brasileiros e 10 ingleses. Dos 10 brasileiros, 6 são homens e 4 mulheres, enquanto há 8 ingleses e 2 inglesas. Escolhendo-se ao acaso uma pessoa do grupo e sabendo que ela é mulher, a probabilidade de ser brasileira é: [32]

a) $\frac{3}{10}$

b) $\frac{1}{3}$

---

[29] CESPE/Câmara dos Deputados/Analista-Técnico em Material e Patrimônio-BÁSICOS/2012

[30] INSTITUTO CIDADES/TCM-GO/Auditor de Controle Externo-Informática/2012

[31] CESPE/PC-CE/Inspetor de Polícia Civil/2012

[32] CEPERJ/Rioprevidência/Especialista em Previdência Social/Finanças Públicas/2014

c) $\frac{2}{3}$

d) $\frac{3}{4}$

e) $\frac{4}{5}$

Exercício 9.4.17. Para melhorar a fiscalização, evitar o desmatamento ilegal e outros crimes contra o meio ambiente, 35 fiscais homens e 15 fiscais mulheres serão enviados para a região Norte do Brasil. Desses fiscais, uma equipe com 20 fiscais será enviada para o Pará, outra com 15 para o Amazonas e outra com 15 para Rondônia.

Considerando que qualquer um desses 50 fiscais pode ser designado para qualquer uma das três equipes, julgue os itens seguintes. [33]

( ) Considere que o destino de cada um dos 50 fiscais será decidido por sorteio da seguinte forma: em uma urna, colocam-se 20 fichas com o nome Pará, 15 com o nome Amazonas e 15 com o nome Rondônia. O fiscal, ao retirar da urna uma ficha, terá identificado o seu destino. Nesse caso, se os 5 primeiros fiscais que retiraram suas fichas terão como destino o Amazonas ou o Pará, a probabilidade de o 6.º ir para Rondônia é superior a 30%.

( ) A quantidade de maneiras distintas que essas três equipes podem ser formadas é o número representado por $(50-20)!\times(30-15)!\times 15!$.

( ) Se cada equipe tiver exatamente cinco mulheres, a quantidade de maneiras distintas que essas equipes podem ser formadas é o número representado por $\frac{35!}{(10!)^2\times(5!)^2}$.

Exercício 9.4.18. Uma bolsa contém apenas 5 bolas brancas e 7 bolas pretas. Sorteando ao acaso uma bola dessa bolsa, a probabilidade de que ela seja preta é: [34]

a) maior do que 55% e menor do que 60%.

b) menor do que 50%.

c) maior do que 65%.

---

[33] CESPE/IBAMA/Analista Ambiental-Tema 2/2013

[34] FCC/DPE-SP/Agente de Defensoria/Administrador de Banco de Dados/2013

d) maior do que 50% e menor do que 55%.

e) maior do que 60% e menor do que 65%.

Exercício 9.4.19. Dois dados de seis faces são lançados simultaneamente, e os números das faces voltadas para cima são somados. A probabilidade da soma obtida ser menor do que cinco ou igual a dez é igual a: [35]

a) 35%

b) 20%

c) 30%

d) 15%

e) 25%

Exercício 9.4.20. Ordenando ao acaso todas as letras da palavra TRIBUNAL, o que inclui a própria palavra TRIBUNAL, teremos 40.320 palavras (palavras com ou sem significado). Escolhendo ao acaso uma dessas palavras, a probabilidade de que ela comece e termine por vogal é igual a: [36]

a) $\frac{3}{28}$

b) $\frac{3}{14}$

c) $\frac{5}{28}$

d) $\frac{1}{7}$

e) $\frac{1}{14}$

Exercício 9.4.21. Em uma cidade, 1.000 habitantes foram entrevistados a respeito de suas relações com os bancos A e B. Dos entrevistados, 450 eram correntistas apenas do banco A, 480 eram correntistas do banco B, 720 eram correntistas de apenas um desses bancos e o restante não era correntista de nenhum desses 2 bancos. A respeito dessa pesquisa, é correto afirmar que a probabilidade de um dos entrevistados: [37]

( ) Ser correntista dos 2 bancos é superior a 0,20.

---

[35] ESAF/DNIT/Analista Administrativo/Analista em Infraestrutura de Transportes/2013

[36] FCC/AL-PE/Analista Legislativo/2014

[37] CESPE/BRB/Escriturário/Nível Médio/2011/Questão 94-96

( ) Não ser correntista de nenhum dos bancos é igual a 0,08.

( ) Ser correntista apenas do banco B é inferior a 0,25.

Exercício 9.4.22. O gerente de um banco formou uma equipe de escriturários para efetivar a abertura das contas-correntes dos 1.920 empregados de uma empresa. Sabe-se que, nessa equipe, cada escriturário efetiva a abertura da conta de um empregado da empresa em 5 minutos, que todos os escriturários trabalham no mesmo ritmo, e que esse trabalho será concluído em 2 dias, trabalhando-se 8 horas em cada dia. Com base nessas informações, julgue os itens que se seguem. [38]

( ) Com os elementos dessa equipe de escriturários poderão ser formados 45 grupos distintos, compostos, cada um, por 2 escriturários.

( ) Em 9 horas e 10 minutos de trabalho, 6 escriturários efetivarão a abertura das contas-correntes de 660 empregados da empresa.

( ) Para abrir as contas-correntes de 312 empregados da empresa, 8 escriturários precisarão trabalhar durante mais de 3 horas e 25 minutos.

Exercício 9.4.23. As entrevistas e as análises dos currículos dos candidatos Carlos e Sérgio, realizadas pelo setor de recursos humanos de uma empresa, revelaram que a probabilidade de Sérgio ser contratado é igual a $\frac{1}{2}$; que a probabilidade de apenas Carlos ser contratado é igual a $\frac{1}{4}$; que a probabilidade de Carlos não ser contratado é igual a $\frac{7}{12}$.

Nessa situação hipotética, a probabilidade de: [39]

( ) Os dois candidatos serem contratados é igual a $\frac{1}{6}$.

( ) Nenhum dos dois candidatos ser contratado é igual a $\frac{1}{3}$.

Exercício 9.4.24. Entre os 6 analistas de uma empresa, 3 serão escolhidos para formar uma equipe que elaborará um projeto de melhoria da qualidade de vida para os empregados da empresa. Desses 6 analistas, 2 desenvolvem atividades na área de ciências sociais e os demais, na área de assistência social. Julgue os itens que se seguem, relativos à composição da equipe acima mencionada. [40]

( ) Se os 2 analistas que desenvolvem atividades na área de ciências sociais fizerem parte da equipe,

---

[38] CESPE/BRB/Escriturário/Nível Médio/2011/Questão 97-99

[39] CESPE/EBC/Técnico-Administração/Nível Médio/2011/Questão 24, 25

[40] CESPE/EBC/Técnico-Administração/Nível Médio/2011/Questão 27, 28

então a quantidade de maneiras distintas de se compor essa equipe será superior a 6.

( ) Se a equipe for formada por 2 analistas da área de assistência social e 1 analista da área de ciências sociais, então ela poderá ser composta de 12 maneiras distintas.

Exercício 9.4.25. SÃO PAULO. Quatro entre nove brasileiros já têm computador em casa ou no trabalho. (...) É o que revela a 22.ª Pesquisa do Centro de Tecnologia de Informação Aplicada da Fundação Getúlio Vargas (...). De acordo com o levantamento, existem 85 milhões de computadores no Brasil. No ano passado, foram vendidos 14,6 milhões de unidades. (...)

Jornal O Globo, Rio de Janeiro, p. 27, 20 abr. 2011.

Considere que a pesquisa da Fundação Getúlio Vargas foi feita entrevistando pessoas e perguntando se possuíam, ou não, computador. Suponha que, dentre os entrevistados que declararam ainda não ter computador, três em cada cinco tenham a intenção de adquiri-lo nos próximos 12 meses.

Escolhendo-se, ao acaso, uma das pessoas que participaram da pesquisa, a probabilidade de que a pessoa escolhida não tenha computador mas pretenda adquirir um nos próximos 12 meses é de, aproximadamente, [41]

a) 24%

b) 33%

c) 40%

d) 52%

e) 60%

Exercício 9.4.26.

( ) Suponha-se uma comunidade na qual cada um de seus membros fala sempre proposições verdadeiras ou fala sempre proposições falsas. Sendo assim, se três membros dessa comunidade estiverem conversando, a quantidade de vezes em que é possível pelo menos dois deles dizerem a verdade é igual a 4. [42]

Exercício 9.4.27. As seguintes informações foram adaptadas do sítio www. teresina.pi.gov.br.

- A Ouvidoria Municipal de Teresina é uma unidade criada para que o cidadão possa tirar dúvidas, enviar

---

[41] CESGRANRIO/Transpetro/Técnico de Contabilidade Júnior/Nível Médio/2011/Questão 14

[42] Prefeitura de Vila Velha/Nível Médio/CESPE 2008/Questão 113

reclamações, denúncias, elogios e sugestões relativas à administração da prefeitura e demais órgãos correlatos. Essa ouvidoria é composta por 11 profissionais, assim distribuídos: 1 ouvidor-geral, 3 técnicos, 2 digitadores e 5 auxiliares.

- O GeoVista, um sistema de geoprocessamento que usa recursos do Google Maps, é disponibilizado a partir do portal da prefeitura de Teresina para facilitar aos cidadãos o acesso a mapas e consultas de endereços, trajetos de um ponto inicial a um ponto de destino, entre outros serviços. Uma das possibilidades para se localizar um endereço por meio do GeoVista é utilizar o código de endereçamento postal (CEP), que possui 8 dígitos, entre os quais são destacados um prefixo de 5 dígitos, e um sufixo com 3 dígitos.

A partir das informações acima, julgue os itens a seguir.

( ) A quantidade de maneiras distintas de se constituir uma comissão formada por 4 profissionais da Ouvidoria Municipal de Teresina, de modo que essa comissão contenha um profissional de cada categoria, é superior a 300. [43]

( ) Há exatamente 238 maneiras diferentes de se constituir uma comissão formada por 4 profissionais da Ouvidoria Municipal de Teresina, de modo que essa comissão contenha, no máximo, um técnico. [44]

( ) Considerando-se que o primeiro dígito do CEP corresponde à região postal que inclui determinados eEstados, e que o Estado do Piauí faz parte da região 7, então há exatamente 10 mil maneiras diferentes de se compor os prefixos dos códigos de endereçamentos postais da região que inclui o Estado do Piauí. [45]

( ) A quantidade de sufixos do CEP que podem ser formados de modo a conterem, no máximo, dois dígitos repetidos é inferior a 950. [46]

Exercício 9.4.28.

( ) Em um tribunal, os processos são protocolados com números de 6 algarismos de 0 a 9 e o primeiro algarismo refere-se ao número da sala onde o processo foi arquivado. Nessa situação, o total de processos que podem ser arquivados nas salas de números 4 e 5 é superior a 300.000. [47]

[43] PMT/Agente de Tributos Municipais/CESPE 2008/Questão 47
[44] PMT/Agente de Tributos Municipais/CESPE 2008/Questão 48
[45] PMT/Agente de Tributos Municipais/CESPE 2008/Questão 49
[46] PMT/Agente de Tributos Municipais/CESPE 2008/Questão 50
[47] STJ/Comum a todos os cargos técnicos/CESPE 2008/Questão 41

( ) Em um tribunal, todos os 64 técnicos administrativos falam inglês e(ou) espanhol; 42 deles falam inglês e 46 falam espanhol. Nessa situação, 24 técnicos falam inglês e espanhol. [48]

Exercício 9.4.29. Em uma reunião todas as pessoas se cumprimentaram, havendo ao todo 120 apertos de mão. O número de pessoas presentes nessa reunião foi: [49]

a) 14

b) 15

c) 16

d) 17

e) 20

Exercício 9.4.30. Marco estuda em uma universidade na qual, entre as moças de cabelos loiros, 18 possuem olhos azuis e 8 possuem olhos castanhos; entre as moças de cabelos pretos, 9 possuem olhos azuis e 9 possuem olhos castanhos; entre as moças de cabelos ruivos, 4 possuem olhos azuis e 2 possuem olhos castanhos. Marisa seleciona aleatoriamente uma dessas moças para apresentar para seu amigo Marco. Ao encontrar com Marco, Marisa informa que a moça selecionada possui olhos castanhos. Com essa informação, Marco conclui que a probabilidade de a moça possuir cabelos loiros ou ruivos é igual a: [50]

a) 0

b) $\frac{10}{19}$

c) $\frac{19}{50}$

d) $\frac{10}{50}$

e) $\frac{19}{31}$

Exercício 9.4.31. Dez participantes de um programa de televisão serão distribuídos aleatoriamente em duas casas, sendo que, em cada casa, haverá o mesmo número de participantes, isto é, 5 em cada uma. Desses 10 participantes, 3 preferem a casa X e 2 preferem a casa Y. Qual é a probabilidade de as preferências serem atendidas?[51]

[48] STJ/Comum a todos os cargos técnicos/CESPE 2008/Questão 42

[49] FGV/SENADO/Analista Legislativo - Apoio Técnico de Processo Legislativo/2008/Questão 25

[50] ESAF/STN/Analista de Finanças e Controle/2008/Questão 50

[51] CESGRANRIO/Transpetro - Administrador Júnior/Matemática/2011/Questão 121

a) $\frac{1}{252}$

b) $\frac{5}{252}$

c) $\frac{1}{126}$

d) $\frac{1}{126}$

e) $\frac{30}{126}$

Exercício 9.4.32. Duas empresas diferentes produzem a mesma quantidade de aparelhos celulares, ou seja, ao se comprar um aparelho celular, a probabilidade de ele ter sido produzido por qualquer uma delas é a mesma. Cada aparelho produzido pela fábrica A é defeituoso com probabilidade 1%, enquanto cada aparelho produzido pela fábrica B é defeituoso com probabilidade 5%. Suponha que você compre dois aparelhos celulares que foram produzidos na mesma fábrica. Se o primeiro aparelho foi verificado e é defeituoso, a probabilidade condicional de que o outro aparelho também seja defeituoso é:[52]

a) $\frac{13}{10.000}$

b) $\frac{13}{1.000}$

c) $\frac{13}{300}$

d) $\frac{13}{100}$

e) $\frac{3}{100}$

Exercício 9.4.33. Dois adultos e seis crianças aguardavam um táxi. Quando o táxi chegou, o motorista informou-lhes que o carro só pode transportar 5 pessoas e, portanto, só poderiam viajar ele, o motorista, e mais 4 passageiros. Os adultos decidiram que um deles embarcaria no táxi, levando consigo o maior número possível de crianças, e que o outro ficaria com as crianças restantes, aguardando outro táxi.

De quantos modos distintos é possível escolher os passageiros que embarcarão nesse táxi? [53]

a) 12

b) 15

c) 20

---

[52] CESGRANRIO/Transpetro - Administrador Júnior/Matemática/2011/Questão 123

[53] CESGRANRIO/EPE/Assistente Administrativo/Matemática/2012/Questão 18

d) 40

e) 70

Exercício 9.4.34. Em um pote há 20 jujubas, sendo cinco amarelas, cinco verdes, cinco vermelhas e cinco laranjas. Um menino coloca uma das mãos dentro do pote e, sem olhar, pega duas jujubas. A probabilidade de que ele pegue duas jujubas da mesma cor é: [54]

a) $\frac{4}{19}$

b) $\frac{3}{20}$

c) $\frac{1}{4}$

d) $\frac{1}{5}$

e) $\frac{1}{19}$

Exercício 9.4.35. Em um único lance de um par de dados honestos, a probabilidade de saírem as somas 5 ou 9 é de: [55]

a) $\frac{1}{9}$

b) $\frac{2}{9}$

c) $\frac{1}{3}$

d) $\frac{5}{9}$

Exercício 9.4.36. Com as letras da palavra COPEL, a soma do número de anagramas distintos que começam com C com o número de anagramas distintos que começam com C e terminam com L é igual a: [56]

a) 40

b) 35

[54] CESGRANRIO/EPE/Assistente Administrativo/Matemática/2012/Questão 20

[55] FUNDEP/CODEMIG/Agente-Assistente Administrativo/Matemática/2013/Questão 92

[56] UFMT/COPEL/Técnico Industrial de Eletrônica/Matemática/2013/Questão 97

c) 30

d) 45

Exercício 9.4.37. A testemunha de uma ocorrência com certo veículo relatou o seguinte, a respeito da placa desse veículo: "Na parte da placa com os números apareciam dois algarismos 5, mas não lembro em que posição. Não sei quais eram os outros dois algarismos, mas eram diferentes de 5". Considerando somente a parte numérica da placa, a quantidade de sequências distintas de 4 algarismos, compatíveis com o que relatou a testemunha, é: [57]

a) 324

b) 720

c) 486

d) 120

e) 512

Exercício 9.4.38. João e Maria estão enfrentando dificuldades em algumas disciplinas do 1° ano do Ensino Médio. A probabilidade de João ser reprovado é de 20%, e a de Maria é de 40%. Considerando-se que João e Maria são independentes, qual é a probabilidade de que um ou outro seja reprovado? [58]

a) 0

b) 0,2

c) 0,4

d) 0,52

e) 0,6

Exercício 9.4.39. Com as letras A,B,C,D e E formam-se senhas de 4 letras com repetição. A probabilidade se escolhermos uma dessas senhas de modo que não há repetição de letras é de: [59]

a) $\frac{1}{5}$

---

[57] VUNESP/PCP-SP/Perito Criminal/Matemática/2013/Questão 118

[58] CESGRANRIO/BNDES/Técnico Administrativo/Matemática/2013/Questão 282

[59] ESPP/COBRA/Tecnologia S-A (BB)/Analista Administrativo/Matemática/2013/Questão 252

b) $\frac{24}{125}$

c) $\frac{24}{625}$

d) $\frac{1}{4}$

Exercício 9.4.40. Com as letras A, C, D, G, H e J formam-se senhas de três letras com repetição sendo que a última não pode ser vogal. A probabilidade de escolhermos uma dessas senhas de modo que ela comece com a letra C ou D é de: [60]

a) $\frac{1}{6}$

b) 30%

c) $\frac{1}{3}$

d) 25%

[60] ESPP/COBRA/Tecnologia S-A (BB)/Analista Administrativo/Matemática/2013/Questão 238

Capítulo 10

Respostas dos Exercícios Propostos

Fundamentos da Teoria dos Conjuntos

1. D
2. D
3. B
4. A
5. C
6. A
7. C
8. E
9. D
10. B
11. E, C, E
12. A
13. D
14. B
15. D
16. D
17. E
18. D
19. D
20. D
21. B
22. D
23. E, E, E
24. C, C
25. D
26. C
27. A
28. D

Lógica

1. E, E, C, E
2. C, C
3. C
4. E
5. C
6. C
7. D
8. C
9. D
10. E, C, E, C
11. E
12. C
13. E
14. C
15. C
16. E
17. C
18. C
19. C
20. E
21. C
22. C
23. D
24. B
25. E
26. C
27. E
28. E
29. C
30. C
31. B
32. B
33. B
34. B
35. B
36. C
37. A

Álgebra Básica

1. A
2. C
3. C
4. B
5. C
6. D
7. A
8. D
9. E, C, E, E
10. C

11. D
12. D
13. C
14. A
15. D
16. E
17. E
18. D
19. A
20. E
21. E
22. D
23. A
24. C
25. E
26. C
27. A
28. D
29. A
30. C
31. C
32. D
33. D
34. E
35. A
36. B
37. A
38. C, E
39. B
40. D
41. A
42. B
43. C
44. C
45. C
46. B
47. A
48. C
49. B
50. C
51. E, E
52. C
53. E
54. D
55. D
56. B
57. D
58. E
59. B

Funções

1. B
2. A
3. D
4. B
5. E
6. D
7. E
8. B
9. D
10. E, E, C
11. D
12. E
13. C
14. D
15. B
16. E
17. C
18. C
19. A
20. D
21. C
22. B
23. C, E
24. E
26. C, E
27. C
28. A
29. A
30. A
31. C
32. B
33. B
34. E
35. A
36. B

Geometria Plana e Espacial

1. C
2. E
3. E
4. F, V
5. A
6. B
7. A
8. C
9. D
10. A
11. E

12. B
13. C, E, C
14. E
15. C
16. B
17. C
18. D
19. B
20. A
21. A
22. C
23. A
24. C
25. C
26. B
27. E
28. A
29. C
30. E

Trigonometria

1. D
2. D
3. E
4. A
5. E
6. B
7. C

Sequências e Séries

1. D
2. B
3. E
4. E
5. A
6. D
7. C
8. A
9. C
10. E
11. A
12. E
13. C
14. B
15. A
16. B
17. A
18. C, E
19. E
20. A
21. C
22. A
23. A

Matrizes e Determinantes

1. B
2. D
3. E
4. D
5. A
6. B
7. E
8. C
9. C

Probabilidade

1. C
2. E, C, E
3. E, E
4. E
5. B
6. E, C, C
7. A
8. D
9. D
10. C, C, E
11. B
12. B
13. C, E, E
14. A
15. C
16. C
17. C, E, C
18. A
19. E
20. A
21. V, F, F
22. V, V, F
23. V, F
24. F, V
25. B
26. C
27. E, C, C, E
28. E, C
29. C
30. B
31. D
32. C

33. D

34. A

35. B

36. C

37. C

38. D

39. D

40. C

Impressão e acabamento
Gráfica da Editora Ciência Moderna Ltda.
Tel: (21) 2201 - 6662